Patrick Aryee

30 Tiere, die uns klüger machen

Als Biologe und bekennender Abenteuerlustiger war *Patrick Aryee* schon immer fasziniert davon, wie Dinge funktionieren. Seit 2012 ist er als Dokumentarfilmer und Wildlife-TV-Moderator in einer Reihe von Programmen für große Sender, darunter BBC und Sky, tätig. Sein Ehrgeiz ist es, uns zu inspirieren und zu überraschen, während er uns von zu Hause aus auf eine Reise rund um den Globus mitnimmt.

Patrick Aryee

30 TIERE, DIE UNS KLÜGER MACHEN

Geniale Inspirationen für die Zukunft

Aus dem Englischen
von Nadine Lipp

dtv

FSC
www.fsc.org
MIX
Papier aus verantwortungsvollen Quellen
FSC® C019821

Deutsche Erstausgabe 2022

Titel der englischen Originalausgabe: 30 Animals That Made Us Smarter. Stories of the natural world that inspired human ingenuity

Umschlaggestaltung: FAVORITBUERO, München
Umschlagmotive: shutterstock.com
Satz: Greiner & Reichel, Köln
Gesetzt aus der Minion Pro
Druck und Bindung: Druckerei C.H.Beck, Nördlingen
Printed in Germany · ISBN 978-3-423-35198-0

Dieses Buch ist den neugierigen Köpfen aller Credos und kulturellen Hintergründe gewidmet. Denjenigen, die nach den unerforschten Wegen suchen, um ihren geistigen Horizont zu erweitern. Lasst euch nicht von den Grenzen der bekannten Pfade aufhalten, sondern folgt stets eurer Vorstellungskraft.

INHALT

BAUPLÄNE

Unser Planet ist ein perfekt kalibriertes Betriebssystem und der einzige uns bekannte Ort im gesamten Universum, auf dem Leben existiert. Aber lassen Sie sich nicht täuschen: Das Leben auf einem Gesteinsgebilde, das mit 107 826 Kilometern pro Stunde durch das Sonnensystem rast, birgt viele Gefahren. Die vielen verschiedenen Ökosysteme auf der Erde sind wunderschön, das Leben ist in manchen jedoch oft nur unter Extrembedingungen möglich. Der hohe Druck in den Tiefen der Ozeane, die Weite der sengend heißen Wüsten, die tödlich dünne Luft auf den Berggipfeln, die eisige Kälte in den Polarregionen: Diese extremen Umgebungen stellen für jede Lebensform eine große Herausforderung dar. Wenn wir uns heute auf dem Globus umsehen, finden wir jedoch eine erstaunliche Vielfalt von Arten, die hartnäckig und entschlossen sehr viele verschiedene Lösungen gefunden haben, um die Herausforderung zu meistern und in den unwahrscheinlichsten Umgebungen zu gedeihen.

Diese schiere Sturheit des Lebens lässt sich auf eine gemeinsame Wurzel zurückführen: die genetische Variation oder Evolution. Charles Darwin, dem britischen Naturforscher und Alleskönner in Sachen Biologie, wird die Theorie zugeschrieben, dass alle Arten durch den Prozess der natürlichen Selektion entstanden sind und sich weiterentwickelt haben. Diese natürliche Selektion kleiner vererbter Variationen oder genetischer Mutationen ist dafür verantwortlich, dass ein Organismus Eigenschaften und Merkmale erhält, die seine Überlebens-, Konkurrenz- und Fortpflanzungsfähigkeit erhöhen. Ein herausragendes Beispiel dafür ist die Evolutionsgeschichte eines unserer beliebtesten und bekanntesten Wildtiere: des Eisbären.

Sein schillerndes Aussehen würde es zunächst nicht vermuten lassen, aber der Eisbär stammt von einem eher »grizzlyartigen« Braunbären ab. Erst während der letzten Eiszeit wurde es von Vorteil, weißes statt braunes Fell zu haben. Die wenigen Bären, die diese genetische Mutation aufwiesen, die zu einem weißen Fell führte, waren nun im weißen Schnee getarnt. So konnte ihre Beute – hauptsächlich die Ringelrobbe – sie nicht mehr gut erkennen. Diese Tarnung war zunächst eine zufällige Mutation, entwickelte sich aber zu einer perfekten Anpassung, einem Merkmal, das über natürliche Selektion ausgewählt und über Jahrtausende von einer Generation zur nächsten weitergegeben wurde.

Das ist Evolution von ihrer schönsten Seite. Aber was wäre, wenn eine dieser Variationen Ihnen oder mir oder irgendeinem anderen Tier eine Eigenschaft verleihen würde, die für das Überleben nicht so nützlich wäre? Nun, in diesem Fall ist die Sache ganz einfach: Sie wird verworfen, indem das einzelne Individuum und mit ihm vielleicht die gesamte Spezies ausstirbt. Das mag hart klingen, aber beim Leben auf der Erde dreht sich alles um das Überleben der am besten angepassten Individuen.

Und nun folgt die Eine-Million-Dollar-Frage: Was hat

das alles mit uns und klugen Ideen für die Zukunft zu tun? Seit jenem wundersamen Moment, als das Leben begann, haben Pflanzen, Tiere, Pilze und Bakterien ständig nach den besten Wegen gesucht, um zu überleben und sich an die komplexen Ökosysteme unseres Planeten anzupassen. Wenn man bedenkt, dass die Natur so viel Zeit hatte – buchstäblich Jahrmilliarden –, um Probleme zu lösen, können wir dann nicht davon profitieren, um selbst etwas zu lernen? Genau dem wollte ich in meiner Podcast-Reihe mit dem BBC World Service nachgehen: Ich wollte herausfinden, was Tiere tun, um zu überleben, und prüfen, ob diese Beispiele uns bei der Bewältigung verschiedenster Herausforderungen der modernen Welt helfen können. Die Natur ist voller Problemlöser, schließlich haben viele verschiedene Spezies im Laufe der Zeit durch systematisches Ausprobieren viele Lösungen gefunden. Man kann sich die Natur als das ultimative Forschungs- und Entwicklungslabor vorstellen. Das Ganze nennt sich übrigens Biomimikry. Dieses Thema fasziniert mich schon sehr lange, und ich bin mir sicher, dass ich Sie damit anstecken kann.

Was ist Biomimikry? Einfach zusammengefasst geht es dabei um die Entwicklung brandneuer Technologien auf Inspirationsbasis von Errungenschaften aus dem Tierreich. Falls Sie zum ersten Mal davon hören, glauben Sie mir, es ist ein wirklich tolles Thema, und ich bin mir sicher, dass die Geschichten in diesem Buch Ihre Sicht auf die Natur grundlegend verändern werden.

Die Idee, sich von Mutter Natur inspirieren zu lassen, hat Janine Benyus, Wissenschaftlerin, Autorin und selbst ernannter »Naturfreak«, in ihrem 1997 erschienenen Buch *Biomimicry: Innovation Inspired by Nature* einem breiten Publikum nähergebracht. Sie beschreibt Biomimikry als eine neue Wissenschaft, die die Modelle der Natur studiert, um menschliche Probleme zu lösen. Benyus ist der Ansicht, dass wir die Natur unbedingt als eine »Mentorin« betrachten müssen, und interessanterweise hatte sie sogar die Weitsicht, Nachhaltigkeit als ein integriertes Ziel der Biomimikry zu definieren. Heutzutage sind nachhaltigere Prozesse und Produkte für unser Überleben als Spezies wichtiger als je zuvor.

Als vorausschauende Wissenschaftlerin ist Janine Benyus eine von vielen, die sich für diesen Ansatz zur Entwicklung von Lösungen für alltägliche Herausforderungen eingesetzt haben. Fast dreißig Jahre zuvor hat der amerikanische Biophysiker Otto Herbert Schmitt erstmals den synonymen Begriff »Biomimetik« verwendet, um diese junge Wissenschaft zu bezeichnen, während einer seiner Kollegen, Jack E. Steele, den gleichen Forschungsbereich als »Bionik« bezeichnet hat. Eines der frühesten Beispiele für Biomimikry stammt jedoch aus der Renaissance: Leonardo da Vinci war geradezu besessen vom Fliegen. Er fertigte mehrere Skizzen von »Flugmaschinen« an, deren Flügel den Flügeln einer Tiergruppe nachempfunden waren, die in Sachen Flugmanövrierfähigkeit die Lüfte vollkommen beherrscht: den Fledermäusen. Obwohl er seine Zukunftsvisionen zu seiner Zeit nicht verwirklichen konnte, dienten diese Entwürfe Jahrhunderte später den Gebrüdern Wright zweifellos als Inspiration für eine bahnbrechende Errungenschaft für die gesamte Menschheit: die erfolgreiche Entwicklung des ersten Motorflugzeugs.

Das allgemeine Thema dieses Buches lautet also: Wie können wir von Tieren in freier Wildbahn und aus den 3,8 Milliarden Jahre alten Bauplänen von Mutter Natur lernen? Ich nähere mich diesem Thema mit einer Kombination der Bereiche Wissenschaft, Technologie, Biologie und Innovation, eine Herangehensweise, die ich sehr mag. Sie ist spannend, regt zum Nachdenken an und ist in einer Welt, die zunehmend nach Lösungen zur Bekämpfung der Auswirkungen des Klimawandels sucht, besonders sinnvoll. Was erwartet Sie also auf den nächsten Seiten? Ich werde Ihnen ein paar überraschende Geschichten erzählen, an denen Sie sich festbeißen können – wobei Sie das natürlich selbst beurteilen müssen. Es wird unter anderem um Kühe gehen, die als Inspiration für neue umweltfreundliche Abwassersysteme gedient haben, oder um Fangschreckenkrebse, die die Sicherheit zukünftiger Flugzeuge revolutionieren werden. Es kommen Mantarochen vor, die als Ideengeber bei der Suche nach Lösungen zur Bekämpfung der Mikroplastikverschmutzung der Meere gehandelt werden. Dazu gesellen sich Röntgenteleskope im Weltraum, die von Hummeraugen inspiriert wurden, und springende Roboter, deren Mechanismus auf den Schnappkiefern einer ganz besonderen Ameisenart basiert.

Eine Geschichte, die meine Vorstellungskraft und Aufmerksamkeit besonders erregt hat, handelt von den Forschungsergebnissen eines gewissen Frank Fish, Professor für Meeresbiologie, den die Anatomie der Buckelwale fasziniert hat. Er war verblüfft, als er feststellte, dass die Vorderkanten der Walflossen nicht glatt sind, wie er es erwartet hatte, sondern mit großen Unebenheiten versehen. Als Wissenschaftler, der mit den Gesetzen der Luft- und Hydrodynamik vertraut ist, konnte er sich einfach nicht erklären, warum sich die Brustflossen der Wale so entwickelt hatten. Es wäre doch sinnvoller, wenn sie glatt und stromlinienförmig wären, wie die Flügel eines Flugzeugs. Ich kann an dieser Stelle noch nicht allzu viel verraten, aber so viel schon: Seine Neugier, mit der er an eine scheinbar so einfache Frage herangegangen ist, verändert gerade die Art, wie wir erneuerbare Energien nutzen, und zwar auf eine effiziente und intelligente Weise.

Nun, da Sie mit dem Thema dieses Buches vertraut sind, bleibt mir wohl nur noch, mich selbst vorzustellen. Ich bin Patrick Aryee, Fernsehmoderator und Tierfilmer, und ich war schon immer davon fasziniert, wie Dinge funktionieren. 2013 habe ich angefangen, für den Naturkundebereich der BBC Dokumentarfilme über die Flora und Fauna zu drehen, und seitdem hatte ich einige der atemberaubendsten Erlebnisse, die die Natur zu bieten hat. Ich habe mich für dieses Buch gerne in die innovativen Geschichten über Biomimikry vertieft, ein fast noch größeres Vergnügen war es jedoch, die Freuden dieser abenteuerlichen Naturerlebnisse für Sie noch einmal im Detail zu durchleben. Vom Freitauchen mit Meeresgiganten bis hin zum giftgewinnenden Melken tödlicher Klapperschlangen – jede dieser persönlich erlebten Begegnungen haucht den folgenden Buchseiten wahres

Leben ein und nimmt Sie mit auf ein wildes Abenteuer rund um den Globus.

Ganz gleich, ob Sie Tiere lieben oder einfach nur neugierig auf die Welt um Sie herum sind, es ist für jeden etwas dabei. Worauf warten Sie also noch? Auf geht die Entdeckungsreise zu den dreißig Tieren, die uns klüger machen und als Vorlagen für eine bessere Zukunft dienen!

1
Der Eisvogel und der Hochgeschwindigkeitszug

Die erste Geschichte dieses Buches stammt aus Japan und handelt davon, wie ein Vogel – der Eisvogel – dazu beitrug, das tägliche Pendeln von Millionen von Menschen zu verbessern. Fragen Sie mal einen Vogelbeobachter, was er empfindet, wenn er diesen farbenprächtigen Vogel zu sehen bekommt, und achten Sie auf seinen überaus freudigen Gesichtsausdruck, wenn er sich diesen flüchtigen Moment vorstellt. Der Eisvogel hält sich gerne in dichter Deckung in der Nähe von ruhigem oder langsam fließendem Gewässer auf. Hier kann er am einfachsten an seine Lieblingsspeise herankommen: Fische. Wenn Sie das Glück haben, zur richtigen Zeit am richtigen Ort zu sein, können Sie aus dem Augenwinkel einen plötzlichen hellblauen Blitz sehen: ein über die Wasseroberfläche sausender Eisvogel. Wenn Sie besonders geduldig sind, können Sie vielleicht sogar einen Eisvogel beim Fischen beobachten oder sehen, wie er mit seinem Fang im Schnabel stolz in der Sonne sitzt.

Eiji Nakatsu kennt sich sehr gut mit Eisvögeln aus. Er ist Vogelbeobachter, aber auch Ingenieur. Als Generaldirektor der Abteilung für technische Entwicklung von Japan Railway West war er maßgeblich an der Konstruktion des Shinkansen der Baureihe 500 beteiligt, eines Hochgeschwindigkeitszugs, besser bekannt unter dem englischen Namen »Bullet Train«. Falls Sie noch nie einen Hochgeschwindigkeitszug gesehen haben: Das sind beeindruckende Maschinen, die direkt aus der Zukunft zu stammen scheinen. Sie befördern Millionen von Fahrgästen auf einigen der meistbefahrenen Bahnstrecken und gehören zu den schnellsten Zügen der Welt. 1990 hatten die Züge jedoch eine Reihe von Problemen, die Eiji Nakatsu und sein Forschungsteam lösen mussten. Der erste Schritt bestand darin, sie noch schneller zu machen. Normalerweise dauerte eine Fahrt von Shin-Osaka zum Bahnhof Hakata in Fukuoka vier oder fünf Stunden, je nachdem, wie oft der Zug unterwegs anhielt. Die neuen Züge sollten diese Fahrzeit jedoch so verkürzen, dass die gleiche Fahrt weniger als 2 Stunden und 20 Minuten dauerte. Dafür musste jeder Zug eine Geschwindigkeit von über 300 Kilometer pro Stunde erreichen. Man könnte einfach annehmen, dass man dafür nur einen größeren und leistungsfähigeren Motor einbauen müsste – aber nicht die Leistung war der bremsende Faktor.

Als die Hochgeschwindigkeitszüge durch die Tunnel fuhren, gab es jedes Mal einen lauten Knall, wenn sie wieder herauskamen. Dieses dröhnende Geräusch störte sowohl die Tiere in der Nähe als auch die Fahrgäste an Bord und weckte die Bewohner der benachbarten Häuser auf. Ingenieurteams arbeiteten rund um die Uhr daran, eine Lösung zu finden. Sie fanden heraus, dass das Problem auf die Aerodynamik zurückzuführen war: Bei der Einfahrt der Züge in die Tunnel baute sich vor ihnen ein Luftdruck auf. Am besten kann man sich das wie bei einer Fahrradpumpe vorstellen: Jedes Mal, wenn der Kolben nach vorne gedrückt wird, komprimiert sich die Luft am vorderen Ende. Dasselbe geschah mit den Zügen, nur dass sich die komprimierte Luft jedes Mal, wenn sie aus einem Tunnel herauskamen, plötzlich ausdehnen konnte … und: *Bumm!*, es kam zu einem lauten Knall.

Der Lärm, den die Züge verursachten, war so laut, dass er wiederholt gegen japanische Umweltvorschriften verstieß. Um diese einzuhalten, mussten die Züge leiser als 75 Dezibel sein, was ungefähr der Lautstärke einer Toilettenspülung entspricht. Für einen Zug, der mit über 300 Kilometer pro Stunde fährt, ist das wirklich sehr leise. Außerdem wirkte die komprimierte Luft wie eine unsichtbare Bremse, die die Züge verlangsamte. Würde das Forschungsteam diese Probleme lösen können, würde es gelingen, die Züge sowohl schneller als auch leiser zu machen. Kurz gesagt, sie brauchten einen Zug, der effizienter durch die Luft gleiten konnte. Und genau hier kommt unser Eisvogel ins Spiel.

Auf unserem Planeten gibt es etwa 100 verschiedene Eisvogelarten. Abgesehen von den Polarregionen und einigen der trockensten Wüsten der Welt findet man sie überall auf dem Globus, wobei die meisten Arten in Afrika, Asien und Australien leben. Sie zeichnen sich im Allgemeinen durch lange, spitze Schnäbel, große Köpfe, kurze Beine und Stummelschwänze aus. Nicht alle Eisvögel fangen Fische, aber die, die es tun, sind dabei sehr effizient. Ihre Fähigkeiten als Angler beruhen auf ihrem außergewöhnlichen Sehvermögen und einem für das

Eintauchen ins Wasser perfekt geformten Schnabel. Er ist lang, schmal, besonders stromlinienförmig und wird von der Spitze zum Kopf hin immer breiter. Diese Anpassung verringert die Wucht des ersten Aufpralls in dem Moment, in dem der Eisvogel mit einer Geschwindigkeit von fast 40 Kilometer pro Stunde auf die Wasseroberfläche trifft. Der Vogel gleitet förmlich ins Wasser, das Wasser fließt seitlich am Schnabel vorbei, anstatt nach vorne geschoben zu werden. Wenn die Hochgeschwindigkeitszüge von der offenen Strecke in einen Tunnel einfuhren, haben sie genau das nicht geschafft.

Während er über dieses Rätsel nachdachte, besuchte Eiji Nakatsu zufällig den Vortrag eines Luftfahrtingenieurs bei der Wild Bird Society of Japan in Osaka. Es wirkt möglicherweise naheliegend, aber er war wirklich überrascht zu erfahren, dass Vögel nicht nur die bemannte Luftfahrt inspirieren, sondern den Luftfahrtspezialisten auch dabei helfen, einige ihrer größten Konstruktionsprobleme zu lösen. Das brachte ihn ins Grübeln: Wenn die Vorderseite seines Zuges stärker dem Schnabel eines Eisvogels ähneln würde, könnte das die Aerodynamik verbessern, sodass die Luft leichter um den Zug herumströmen könnte und sich der Luftstau vor dem Zug verringern würde? Wenn das möglich wäre, würde der Knall ausbleiben.

Es stellte sich heraus, dass er recht hatte. Nakatsu und sein Team machten sich an die Arbeit und studierten den Eisvogel im Detail. Sie stellten fest, dass der Querschnitt des Ober- und Unterschnabels eines Eisvogels komplizierter aussah, als es zunächst den Anschein hatte. Er ähnelte zwei Dreiecken mit abgerundeten Kanten, die zusammen eine zusammengedrückte Rautenform bildeten. Nakatsu beschrieb ihn als »eine zirkuläre Raute, die von vier Kreisen umgeben ist«, was ich mir zugegebenermaßen immer schwer vorstellen kann. Der entscheidende Punkt aber ist, dass sie eine neue Nase für die Hochgeschwindigkeitszüge entworfen haben, die dem Schnabel eines Eisvogels ähnelt. Wie Sie sich vorstellen können, sah das etwas seltsam aus, zumal die neue Nase mehr als doppelt so lang war wie die vorherigen Modelle – 15 Meter statt der ursprünglichen 6 Meter. Das Team verglich auch eine Reihe anderer Entwürfe, doch bei Tests in einem Modelltunnel erwies sich der vom Eisvogel inspirierte Zug als schneller, leiser und leistungsfähiger und wies einen um 30 Prozent geringeren Luftwiderstand auf als sein Vorgänger. Das Problem war also gelöst, einfach so. Nun, nicht ganz. Es gab noch ein zweites Problem, das eine weitere von Tieren inspirierte Innovation erforderte.

Der Strom für die Züge stammt aus elektrischen Oberleitungen, der über Stromabnehmer, sogenannte Pantografen, gewonnen wird. Sie haben sie wahrscheinlich schon auf den Dächern der Züge gesehen, ihnen aber nicht viel Aufmerksamkeit geschenkt. Wenn Sie das nächste Mal an einem Bahnhof sind, halten Sie Ausschau nach einem Zug, auf dessen Dach sie montiert sind. Sie sehen zwar nicht so aus, als hätten sie eine große Wirkung, aber wenn ein Zug mit hoher Geschwindigkeit fährt, wird der Luftstrom, der auf die Stromabnehmer trifft, unterbrochen und erzeugt eine wirbelnde Masse von lärmenden Miniatur-Windhosen. Das Team probierte eine ganze Reihe von Ideen aus, von der Verringerung der Anzahl der Stromabnehmer über die Änderung ihrer Form bis hin zum Einbau von Windabdeckungen. Die Abdeckungen waren jedoch schwer, sie vibrierten, und der daraus resultierende Lärm war in den Waggons zu hören. Zwar waren die Züge dann von außen leiser, aber innen waren sie lauter.

Wieder einmal fand Eiji Nakatsu die Lösung bei einer Vogelgruppe, die auf der ganzen Welt als Meister des lautlosen Fliegens bekannt ist. Einer der Gründe, warum diese Vögel so außergewöhnlich – ja sogar ein wenig gespenstisch – sind, ist ihre Fähigkeit, in fast völliger Geräuschlosigkeit zu fliegen. Sie geben kaum Flügelgeräusche von sich und können sich so aus der Dunkelheit heraus auf ahnungslose Beute stürzen: Eulen!

Nakatsu war von ihrem lautlosen Flug fasziniert und führte einige Experimente durch, um herauszufinden, ob der kammartige Rand an einigen ihrer Federn, der dazu beiträgt, dass sie so leise fliegen, auf den Hochgeschwindigkeitszug übertragen werden könnte. Das Team ersetzte den ursprünglichen Stromabnehmer durch etwas, das wie eine Reihe von nach unten gebogenen Flügeln mit kleinen Laschen aussah. Diese Laschen wirkten wie die Zacken an den Federn der Eulen, sie brachen tatsächlich die kleinen Wirbelstürme auf und reduzierten den Lärm.

Eiji Nakatsu stand kurz vor dem Ziel, es gab nur noch ein letztes Hindernis zu überwinden: den Stützrahmen für den Stromabnehmer. Auch er musste stromlinienförmiger werden, um den Lärm zu reduzieren, den er verursachte. Nakatsu wandte sich wieder einmal seinen gefiederten Freunden zu, nur diesmal einem, der seine Fähigkeit zu fliegen völlig verloren hat: dem Adéliepinguin. Mit seinem spindelförmigen Körper kann sich der Adéliepinguin fast mühelos durchs Wasser bewegen. Nach einigen Tests wurde die tragende Rahmenwelle des Stromabnehmers so umgestaltet, dass sie pinguinähnlicher aussah. Und siehe da: Sowohl der Windwiderstand als auch die Geräuschentwicklung wurden dadurch reduziert.

Es sind also drei verschiedene Vögel, die dazu beigetragen haben, dass drei Konstruktionsprobleme gelöst wurden: Diese drei Tiere haben uns wirklich klüger gemacht! Am 22. März 1997 wurde der neue elektrische Shinkansen-Zug der Baureihe 500 in Betrieb genommen. Wir erinnern uns, die Herausforderung bestand darin, die Fahrgäste in weniger als 2 Stunden und 20 Minuten von Shin-Osaka zum Bahnhof Hakata in Fukuoka zu bringen, und zwar bei einer Lautstärke von unter 75 Dezibel. Der Zug schaffte es … in 2 Stunden und 17 Minuten und mit nur 75 ruhigen Dezibel. Damals war das ein neuer Weltrekord für die schnellsten Züge der Welt. Seitdem rasen die Hochgeschwindigkeitszüge durch Japan, setzen Menschen und Tiere keiner Lärmbelästigung aus und halten die japanische Wirtschaft in Schwung. Nur sind ihre Nasen heute etwas weniger kugelförmig, dank Eiji Nakatsu und seinem am Flussufer fischenden Vogel. Vielleicht sollten wir sie stattdessen »Eisvogelzüge« nennen.

2
Der Krake, ein ultimativer Tarnkünstler

Wenn es um coole Tiere geht, ist aus meiner Sicht der Krake nur schwer zu übertreffen. Wenn man sich seine Merkmale vergegenwärtigt, klingt es auch so, als käme er direkt aus einem *Space Invaders*-Spiel. Er hat drei Herzen, blaues Blut, sprüht Tinte, um Fressfeinde abzuschrecken, kann abgehackte Arme nachwachsen lassen und sich, da er kein Skelett hat, in kleinste Räume hinein- und wieder herausquetschen. Am erstaunlichsten ist aber vielleicht, dass diese Tiere Meister der Tarnung sind, wenn es um Tricks und Täuschungen geht. Sie wechseln nicht nur die Farbe. Sie haben die außergewöhnliche Fähigkeit, ihre Gestalt zu verändern und die Beschaffenheit ihrer Haut anzupassen, was es ihnen ermöglicht, sich optisch an ihre Umgebung anzugleichen. Sie können sich auch ziemlich schnell bewegen. Wenn es brenzlig wird, flüchten sie mit einer Art Wasserstrahlantrieb, ähnlich wie ein Jetski. Sobald sie einen Platz gefunden haben, an dem sie sich niederlassen können, machen sie sich unsichtbar, wie durch Zauberei. Das ist genial, aber auch ein bisschen unheimlich. Stellen Sie sich vor, wir könnten das Gleiche tun und unsere Kleidung an unsere Umgebung anpassen. Das wäre super, um mit ausgefallenen

Festivaloutfits zu punkten, aber in einer Welt, in der Überwachung und Gegenüberwachung immer ausgeklügelter werden, könnte beim Wettlauf um das Lüften der Geheimnisse des Kraken sehr viel auf dem Spiel stehen.

Um besser zu verstehen, *wie* sie sich so meisterhaft tarnen, sollten wir damit beginnen zu fragen, *warum* sie es tun. Kraken gehören zur Familie – oder genauer gesagt zum Stamm – der Weichtiere, das heißt, sie sind entfernt verwandt mit Schnecken, Nacktschnecken und Muscheln, und alle Weichtiere haben eines gemeinsam: Sie haben einen Fuß. Der sieht zwar nicht so aus wie der Fuß eines Menschen, aber er hilft ihnen, sich fortzubewegen. Eine Schnecke schlittert auf ihrem Fuß, während Muscheln ihren Fuß benutzen, um sich in Sand oder Schlamm einzugraben. Der Fuß des Kraken hat sich stärker spezialisiert und sich zu einem Bündel von mit Saugnäpfen versehenen Armen entwickelt. Diese dienen unter anderem dazu, sich schnell bewegende Beute zu greifen. Kraken gehören zusammen mit Tintenfischen und Sepien zu den Kopffüßern oder Cephalopoden, was im Griechischen wörtlich »Kopf-Fuß« bedeutet und ihren grundlegenden Körperbau perfekt beschreibt: ein Kopf (oder Mantel), der an einem Fuß befestigt ist, der aus mit Saugnäpfen versehenen Armen besteht. Kraken haben acht Greifarme, während Tintenfische und Sepien zusätzlich zwei einziehbare Tentakel haben, die sie im letzten Moment herausschleudern können, um ihre Beute besser zu fangen.

Diese Tiere gibt es in allen Formen und Größen, und

sie leben in fast allen Teilen der Ozeane. Der Preis für den längsten Kopffüßer geht an den Riesenkalmar. Gemessen vom Ende seines Körpers bis zur Spitze seiner ausgestreckten Tentakel, kann er bis zu 15 Meter lang werden. Der schwerste Kopffüßer und das größte lebende wirbellose Tier auf unserem Planeten ist jedoch der Koloss-Kalmar aus den kalten Tiefen der Antarktis. Er ist nicht ganz so lang wie sein gigantischer Cousin, wiegt aber fast eine halbe Tonne und liefert sich regelmäßig Kämpfe mit Pottwalbullen, wobei man sagen muss, dass diese tief tauchenden Leviathane in der Regel die Oberhand behalten. Obwohl Koloss-Kalmare riesig sind und über die größten Augen aller Lebewesen verfügen – ein Auge ist größer als ein Basketball –, können Pottwale sie in einem einzigen gigantischen Schluck verschlingen. Am anderen Ende der Skala steht der winzige thailändische Bobtail-Tintenfisch. Ausgewachsen kommt er gerade einmal auf einen Zentimeter Länge und wiegt weniger als ein Gramm.

Der größte bekannte Kopffüßer ist der Pazifische Riesenkrake – er ist wirklich ein Riese. Mit ausgestreckten Armen kann er bis zu 10 Meter lang werden.

Und dann gibt es noch das vergleichsweise große Tiefseemonster, den Siebenarmigen Kraken, der seinen Namen daher hat, dass die Männchen einen Arm, der zur Befruchtung der Eier dient (der Hectocotylus), sicher verstaut halten. Er hat einen 3,5 Meter langen gallertartigen Körper und ernährt sich von Quallen. Der bezauberndste Vertreter dieser Tiergruppe ist jedoch der Dumbo-Oktopus. Es handelt sich dabei um eine Gruppe von Tiefseekraken mit großen Flossen, die jeden Betrachter sofort an die Ohren von Disneys berühmtestem Elefanten erinnern. Unabhängig von ihrer Größe ist den Kopffüßern jedoch gemein, dass sie ein außergewöhnlich intelligentes Völkchen sind.

Kraken, Tintenfische und Sepia stehen an der Spitze der IQ-Liste der Wirbellosen. Tintenfische etwa haben von allen wirbellosen Tieren das größte Gehirn im Verhältnis zur Körpergröße und werden von Meeresbiologen zu den intelligentesten Weichtieren im Meer gezählt. In Meereslaborversuchen haben Wissenschaftler aus erster Hand gesehen, wie Kraken durch systematisches Ausprobieren komplexe Rätsel lösen, und man nimmt an, dass der Kalifornische Tintenfisch über ein ausgeklügeltes Kommunikationssystem verfügt, das auf Farbveränderungen seiner Haut beruht. Diese Fähigkeit der Kopffüßer, ihr Aussehen schnell zu verändern, interessiert uns in diesem Kapitel besonders.

Wie schnell können sie also ihre Farbe wechseln? Der Pazifische Riesenkrake braucht weniger als eine Zehntelsekunde, um sich vor unseren Augen unsichtbar zu machen. Er ist ein Meister der Tarnung, auch wenn es einige Kraken gibt, die diese Fähigkeit noch stärker perfektioniert haben. Der Mimik-Oktopus etwa kann seine Hautfarbe verändern, seine Arme ausstrecken, und ehe man sichs versieht, starrt man in das Gesicht eines giftigen Rotfeuerfisches oder in eine wallende Masse tödlicher Seeschlangen. Das ist eine brillante Methode, um potenzielle Fressfeinde zu verscheuchen. Und dann gibt es da noch den heimtückischen und extrem giftigen

Blauring-Kraken. Er lebt in Gezeitentümpeln im Pazifik und im Indischen Ozean, von Japan bis hinunter nach Australien. Wenn sich dieser kleine Krake bedroht fühlt, erscheinen auf seinem gesamten Körper leuchtend blaue Ringe – und es ist unmissverständlich, was dieses blinkende Warnsignal sagen will: »Fass mich nicht an, ich bin giftig!«

Okay, also noch einmal die alles entscheidende Frage: Wie ändern Kraken ihre Farbe? Die Antwort liegt direkt unter der Oberfläche ihrer Haut in Tausenden von farbwechselnden Zellen, den Chromatophoren. Diese Zellen sind für die erstaunlichen Verwandlungen verantwortlich.

Stellen Sie sich vor, Sie halten einen Ballon mit farbigem Farbstoff in der Hand. Wenn Sie den Ballon leicht zusammendrücken, wird die Farbe nach oben in Richtung der Spitze gedrückt, wodurch die Oberfläche des Ballons dünner wird und die Farbe des Farbstoffs heller erscheint. Chromatophoren funktionieren ähnlich. In der Mitte jeder Zelle befindet sich ein Beutel, der mit schwarzem, braunem, orangefarbenem, rotem oder gelbem Pigment gefüllt ist. Wenn sich diese Zellen ausdehnen oder zusammenziehen, bewegt sich das Pigment näher oder weiter weg von der Hautoberfläche, und im Handumdrehen ändert der Krake seine Farbe. Neben den Chromatophoren verfügen einige Kopffüßer über weitere farbverändernde Zellen, die schillernde Grün-, Blau-, Silber- und Goldtöne erzeugen, wobei einige sogar die Farben ihrer Umgebung reflektieren, wodurch das Tier unsichtbarer wird.

Kraken können aber auch, wie bereits angedeutet, die Beschaffenheit ihrer Haut verändern. Es ist faszinierend, sie in Aktion zu sehen. Während sie sich über den Meeresboden bewegen, können sie ihren Körper buchstäblich umgestalten, um ihn an verschiedene Arten des Meeresbodens anzupassen, von glatten Felsen über stachelige Korallen bis hin zu Sand. Sie tun dies, indem sie die Größe der Papillen auf ihrer Haut sorgfältig anpassen, was zu kleinen Beulen bis hin zu großen, dicken Stacheln führt. Denken Sie also nicht einmal daran, mit diesen Tieren Verstecken zu spielen. Sie können nicht gewinnen.

Wie Sie sich vorstellen können, haben all diese Farbwechseltricks das Interesse der Überwachungstechnik geweckt. Unser erstes Beispiel stammt aus einer Zusammenarbeit zwischen Forschern der Universitäten von Houston und Illinois. Sie ließen sich von dem farbwechselnden Kraken inspirieren und entwickelten eine flexible Haut, die ihre Umgebung erkennt und nachahmt. Sie wird aus sogenannten thermochromatischen Materialien hergestellt. Das sind Materialien, die auf Temperaturschwankungen mit einem Farbwechsel reagieren. Wie die allerersten Fernsehgeräte arbeiten die Prototypen des Teams in Schwarz-Weiß und erzeugen verschiedene Grautöne, aber die Forscher hoffen, eines zu entwickeln, das in prächtigen Farben funktioniert. Sie fangen klein an, mit einer »Haut«, die nur ein paar Quadratzentimeter groß ist, die aber leicht vergrößert werden kann. Sie besteht aus ultradünnen Schichten, die eine Vielzahl von Sensoren, Reflektoren und farbwechselnden Materialien enthalten, die so zusammenwirken, dass sich das

Material – wie unser Krake – an die Farbe des Hintergrunds anpasst.

Ich stelle mir diese Haut gerne als ein mit Michelin-Sternen ausgezeichnetes Sandwich vor. Die oberste Schicht enthält einen temperaturempfindlichen Farbstoff, der bei niedrigen Temperaturen schwarz und ab 48 Grad Celsius klar erscheint. Die zweite Schicht besteht aus weißen reflektierenden Silberkacheln, gefolgt von einer ultradünnen Schicht aus Siliziumschaltkreisen, die die Temperatur des Farbstoffs steuern. Die unterste Schicht bildet eine Grundlage aus transparentem Silikonkautschuk. Insgesamt ist unser »Sandwich« weniger als 200 Mikrometer dick, also etwa so viel wie zwei Blätter normales Schreibpapier. Unter alldem befindet sich eine zusätzliche Basisschicht, die eine ganze Reihe von Lichtsensoren enthält, und so weiß die Haut, welche Farbe sie wann annehmen soll. Sie kann es innerhalb von ein bis zwei Sekunden tun, also nicht ganz so schnell wie ein echtes Tier, aber wenn man bedenkt, dass Kraken einen Vorsprung von 296 Millionen Jahren haben, ist das schon beträchtlich.

Wie viele neue Technologien könnte auch eine solche Haut für militärische Operationen verwendet werden, was bei mir zweifellos gemischte Gefühle hervorruft. Als Dokumentarfilmer bin ich jedoch begeistert von dem Gedanken, getarnte Roboter zum Filmen von Tieren in ihrem natürlichen Habitat einzusetzen. Man könnte nicht nur näher an sie herankommen als je zuvor, um neue, bisher unbekannte Verhaltensweisen zu beobachten, sondern man würde auch vermeiden, dass sich ein teurer High-End-Roboter im Nu in teuren Schrott verwandelt. Wenn Sie schon einmal hinter den Kulissen gesehen haben, was mit ferngesteuerten Kamerabuggys passiert, wenn große Katzen mit ihnen spielen, wissen Sie genau, wovon ich spreche.

Vielleicht gibt es dafür ja noch andere Wege. Ein Team von der Harvard University hat einen weichen, farbwechselnden Roboter entwickelt. Wie der Krake in unseren Ozeanen hat der Roboter einen weichen, gummiartigen Körper, mit dem er unter Hindernissen hindurchkriechen und sich an seine Umgebung anpassen kann – ein großartiges Stück Technik. Unter der Leitung von George M. Whitesides entwarfen die Forschenden 2011 ihren ersten weichen Roboter. Er wurde aus silikonbasierten Materialien hergestellt und bewegte sich durch Luft, die durch winzige Zylinder in seine vier Arme gepumpt wurde. Inzwischen wurde das Design des Roboters ein wenig verbessert: Er kann sich nun tarnen. Ein Netz winziger Kanäle, das unserem Blutsystem gleicht, durchzieht die hautähnliche Schicht, die den Roboter umgibt. Wenn verschiedene Farbstoffe hineingepumpt werden, ändert der Roboter schnell seine Farbe. Durch die Verwendung von heißen oder kalten Flüssigkeiten kann auch die thermische Tarnung des Roboters aktiviert werden, sodass er sogar vor Infrarot-Nachtsichtkameras getarnt ist. Wenn man das genaue Gegenteil erreichen will und ihn beispielsweise als Rettungssignal einsetzen möchte, ist das ganz einfach: Man pumpt fluoreszierende Flüssigkeiten hinein, und schon hat man einen leuchtenden Rettungsroboter. Zurzeit werden diese Flüssigkeiten noch aus einem separaten Reservoir angesaugt, aber das könnte in Zukunft in den Körper des Roboters integriert werden.

Es ist noch ein weiter Weg, bis viele dieser Ideen kommerziell genutzt werden. Aber Sie werden mir sicher zustimmen, dass dies ein sehr spannender Bereich der technologischen Innovation ist, den wir im Auge behalten sollten … wenn wir es können!

KRAKEN UND TRANSPLANTATIONEN

Kraken (Octopoda) haben, wie der lateinische Name schon sagt, acht Arme, mit denen sie sich perfekt an Felsen festhalten, Beute fangen und sich auf dem Meeresboden entlangbewegen können. Die Unterseite der Arme ist mit Saugnäpfen überzogen. Einige Arten, wie der Zirrenkrake, haben nur eine Reihe Saugnäpfe, während die meisten anderen, wie der Gewöhnliche Krake, zwei Reihen haben. Wie viele es genau sind, ist von Art zu Art unterschiedlich. Der Pazifische Riesenkrake zum Beispiel hat bis zu sechs Meter lange Arme, die jeweils mit 250 Saugnäpfen bedeckt sind. Das macht insgesamt 2000 Saugnäpfe, von denen der größte einen Durchmesser von 6,4 Zentimetern haben und ein Gewicht von bis zu 16 Kilogramm tragen kann.

Jeder dieser Saugnäpfe kann unabhängig voneinander bewegt werden, und zwar dank eines komplexen Bündels von Neuronen und Nervenzellen, das wir Ganglion nennen. Ganglien sind entscheidend für die Steuerung des Tast- und Geruchssinns und für die Manipulation von Gegenständen. Kraken können die Schalen von Muscheln aufbrechen, und man hat sie dabei beobachtet, wie sie Höhlen graben und sogar mit Steinen und Felsbrocken Mauern errichten, um die Eingänge zu schützen. Diese Geschicklichkeit beziehungsweise die Leistung ihrer Saugnäpfe hat die Aufmerksamkeit von Wissenschaftlern der University of Illinois Urbana-Champaign auf sich gezogen. Unter der Leitung von Hyunjoon Kong, Professor für Chemie- und Biomolekulartechnik, haben sie ein von den Saugnäpfen des Kraken inspiriertes Gerät entwickelt, das die medizinische Welt der Gewebetransplantation für immer verändern könnte.

Von Gewebetransplantationen haben Sie wahrscheinlich schon gehört. Es handelt sich dabei um ein Verfahren, bei dem Organe und Zellgewebe von einem Körperteil in einen anderen verpflanzt werden, entweder bei einer Person oder zwischen einem Spender und einem Empfänger. Diese Transplantationen können Leben retten und wichtige Körperfunktionen wiederherstellen. Nehmen wir zum Beispiel einen Patienten, der an Hornhautblindheit leidet. Durch die Entfernung der gesamten oder eines Teils der geschädigten Hornhaut – das ist der schützende, durchsichtige vordere Teil unserer Augen – und die Transplantation einer neuen Hornhaut von einem verstorbenen Spender kann das Sehvermögen vollständig wiederhergestellt werden.

In den letzten Jahrzehnten wurden immer öfter Gewebezellen zur Behandlung von verletztem oder erkranktem

Gewebe verwendet. Eine Herausforderung dieser Art von Transplantaten ist vor allem die Abstoßung von Gewebe – das geschieht, wenn das körpereigene Immunsystem das Spendergewebe als Eindringling betrachtet und »abstößt«. Ein anderer wichtiger Aspekt ist jedoch so grundlegend, dass man kaum daran denkt: der Transport und das Einsetzen des Gewebes. Wie hält man weiches Transplantatgewebe fest, ohne es zu verunreinigen oder versehentlich zu zerreißen?

Die Handhabung dieser lebenden Materialien bleibt eine echte Herausforderung, denn sie sind sehr anfällig und können leicht zerdrückt werden, wenn man sie von der Substanz abhebt, auf der sie gewachsen sind. Derzeit wachsen die Gewebeschichten auf einer temperatursensiblen, weichen Polymersubstanz, die nach der Übertragung schrumpft und die dünne Gewebeschicht freigibt. Das einzige Problem ist, dass es zwischen 30 und 60 Minuten dauern kann, um eine einzige Schicht zu übertragen, und dass die Gefahr besteht, dass sie reißt oder knittert, was den Erfolg der Operation gefährdet. Genau dieses Problem wollte das in Illinois ansässige Forscherteam lösen: Wie lassen sich dünne, empfindliche Gewebeschichten schnell abnehmen und übertragen, ohne sie zu beschädigen? Das Team ließ sich von den Armen und Saugnäpfen des Kraken inspirieren.

An dieser Stelle müssen wir ganz genau hingucken, um zu sehen, wie sich die Saugnäpfe durch Druckveränderungen an verschiedenen Objekten festhalten und sich davon lösen. Stellen Sie sich den Saugnapf eines Kraken wie eine Sanduhr aus Gummi vor. Wenn Sie die Spitze abschneiden, bleibt die Form einer offenen, geschwungenen Vase übrig. Stellt man diese Vase auf den Kopf, hat man die perfekte Form und Struktur eines Saugers mit zwei übereinanderliegenden Kammern. Die offene Kammer unten ist für das Haften zuständig und wird Infundibulum genannt, was »Trichter« bedeutet, und die Kammer darüber heißt Acetabulum, was »Essigbecher« bedeutet. Wir nennen sie abgekürzt Trichter und Becher.

Der Trichter ist recht biegsam und hat einen Grat um seinen offenen Rand. Die Oberfläche ist mit einer Reihe von Rippen und Rillen bedeckt. Der Becher hingegen ist steifer und hat glatte Wände. Die Saugnäpfe selbst enthalten verschiedene Muskelgruppen: die Radialmuskulatur, die quer zu den Wänden verläuft; kreisförmige Muskeln, die um den breitesten Teil der Saugnäpfe kreisen; und meridional angelegte Muskeln, die im rechten Winkel zur kreisförmigen und Radialmuskulatur liegen.

Wenn einer der Saugnäpfe gegen eine Oberfläche drückt, bildet er eine leichte Dichtung. Die Radialmuskulatur zieht sich daraufhin zusammen, wodurch die Wände der Kammern dünner werden und sich das Volumen des Bechers ausdehnt. Da der Trichter gegen eine Oberfläche abgedichtet ist, kann kein weiteres Wasser eindringen, sodass sich dieselbe Menge Wasser nun in einer größeren Kammer befindet. Dies führt zu einem Druckabfall und erzeugt einen Sog. Die Saugnäpfe lösen ihren Griff, indem sie entweder die Radialmuskulatur entspannen oder die kreisförmigen Muskeln zusammenziehen, wodurch sich das Volumen des Bechers und damit auch die Saugwirkung verringert.

Es gibt ein weiteres Merkmal, das die Saugnäpfe noch effektiver macht. Sie haben in ihrem Inneren eine Art Kolben oder pumpenartige Struktur. Wenn etwas versucht, sich vom Saugnapf zu lösen, wird der Kolben angehoben, wodurch der Druck im Inneren noch weiter sinkt und der Griff verstärkt wird, ähnlich wie bei chinesischen Fingerfallen. Falls Sie noch nie eine gesehen haben: Chinesische Fingerfallen sind ein kleines, genähtes bambusrohrähnliches Spielzeug, das sich übrigens hervorragend eignet, um nichts ahnenden Freunden einen Streich zu spielen. Sie bitten Ihre Freunde, einen Zeigefinger in ein Rohrende zu stecken. Wenn sie dann versuchen, ihren Finger wieder herauszuziehen, wird die Röhre enger, und je mehr sie sich anstrengen, desto schwieriger wird es, aus der Falle zu entkommen.

Das Team aus Illinois hat mit Forschenden an anderen Instituten in den Vereinigten Staaten sowie an der Chung-Ang-Universität in Südkorea zusammengearbeitet. Während sie beobachtet haben, wie ein Krake sowohl nasse als auch trockene Gegenstände aller Formen aufnehmen kann, indem er die kleinen Druckveränderungen in seinen muskelbetriebenen Saugnäpfen nutzt – anstatt Klebstoffe zu verwenden, wie wir es derzeit tun –, kamen sie auf eine Idee.

Sie machten sich an die Arbeit und bauten einen sogenannten Manipulator. Er ist etwa so groß wie eine Hand und besteht im Wesentlichen aus einem Saugnapf, der an einem stabförmigen Griff befestigt ist. Der Saugnapf selbst sieht ganz anders aus, als Sie es sich vielleicht vorstellen. Als ich zum ersten Mal davon gehört habe,

habe ich mir etwas Saugglockenähnliches vorgestellt. In Wirklichkeit besteht er aus einem flachen, flexiblen Heizelement und einem sogenannten Hydrogel.

Hydrogele sind dicke Gelees, die sehr gut Wasser speichern können. In diesem Fall hat das Team ein Gel entwickelt, das schnell auf Temperaturveränderungen reagiert, die durch die Heizung gesteuert werden. Das funktioniert so: Die elektrische Heizung wird eingeschaltet, und das Hydrogel erwärmt sich. Mit dem Handgriff, auch Manipulator genannt, wird das Hydrogel gegen eine dünne Gewebeschicht gedrückt, die das Team abnehmen möchte. Genau zur gleichen Zeit wird die Heizung ausgeschaltet. Dadurch dehnt sich das Hydrogel aus und erzeugt, wie der Saugnapf des Kraken, einen Sog. Die Schicht wird dann hochgehoben und vorsichtig auf das gewünschte Ziel gesetzt. Die Heizung wird wieder eingeschaltet, wodurch das Hydrogel schrumpft und die Gewebeschicht loslässt. Der gesamte Vorgang dauert etwa zehn Sekunden und ist damit 180-mal schneller als normal.

Das Team ist der Ansicht, dass der nächste Schritt darin besteht, den Manipulator weiterzuentwickeln und mit Drucksensoren auszustatten, die jede geringfügige Faltenbildung des Gewebes während des gesamten Eingriffs überwachen können. Indem sie die Saugkraft in Echtzeit anpassen, hätten sie endlich die Möglichkeit, sie zu überwachen und zu korrigieren. Sie haben sogar vorgeschlagen, dass dieses System für die Übertragung feiner elektronischer Implantate verwendet werden könnte, und mit ein paar weiteren Modifikationen könnten Roboter für den autonomen Transport ultradünner Materialien eingesetzt werden. Es wird zwar immer noch daran gearbeitet, aber es ist ein faszinierender Bereich der medizinischen Forschung – und das alles dank des Saugnapfes eines Kraken.

3
Rückkehr von den Toten: Das Bärtierchen

Stellen Sie sich ein Tier vor, das 15 Minuten lang über den Siedepunkt hinaus auf über 151 Grad Celsius erhitzt und acht Stunden lang auf minus 272 Grad Celsius eingefroren wird und anschließend wieder zum Leben erwacht. Und nicht nur das: Es kann auch einer tausendmal höheren Strahlung widerstehen als jedes andere bekannte Lebewesen auf unserem Planeten und eine gefühlte Unendlichkeit ohne Wasser in großer Trockenheit auskommen. Das klingt so, als würde ich die Kräfte einer neuen X-Men-Figur beschreiben, nicht wahr? Aber stellen Sie sich vor, dieses Wesen wäre real.

Vielleicht haben Sie noch nie von ihnen gehört, aber ich möchte Ihnen die Tiere vorstellen, die meiner Meinung nach nicht nur die zähesten, sondern auch die niedlichsten der Welt sind: Bärtierchen oder auch Wasserbären genannt. Sie sind der Stoff, aus dem Science-Fiction-Geschichten gesponnen werden: Sie haben unglaubliche Kräfte, die uns erschaudern lassen.

Das Thema große Trockenheit hat mich an das Gefühl erinnert, das man an einem heißen Sommertag hat, wenn man ein eiskaltes, durstlöschendes Getränk trinkt. Aber was wäre, wenn man einen ganzen Tag lang bis in den späten Abend hinein nichts zu trinken bekäme? Die meisten von uns würden sich dann schon ein wenig schwach fühlen. Und was wäre nach zwei Tagen? Jetzt kommen wir in den Bereich der ernsthaften Dehydrierung. Wer schafft mehr als drei Tage? Im Durchschnitt würden die meisten Menschen drei Tage lang ohne einen Schluck Wasser auskommen und dann verdursten. Es wäre eine nur 72-stündige Reise ohne Zwischenstopp ins Jenseits. Es gibt aber Organismen, die uns in den Schatten stellen und viel länger überleben können. Dennoch sollten Sie einige ihrer Techniken während einer Hitzewelle im Sommer oder auch sonst lieber nicht übernehmen.

Nehmen wir etwa die Landschildkröten in der Mojave-Wüste. Sie sind in der Lage, ein ganzes Jahr lang kein Wasser zu trinken, weil sie Wasser über ihren Urin wieder aufnehmen. Ja, sie trinken im Grunde genommen Pisse. Nicht im direkten Wortsinn, aber sie speichern viel Wasser in ihrer Blase, die sie wie ein mobiles Reservoir nutzen, aus dem sie schöpfen können, wenn sie es am dringendsten brauchen. Sie können das Wasser aus ihrem Urin wieder aufnehmen, sodass sie ein Jahr lang ohne zu trinken auskommen.

Wenn Sie das schauerlich finden, dann stellen Sie sich vor, dass Sie sich beim Sonnenbaden am Pool von Kopf bis Fuß mit einer schleimigen Schicht Rotz bedecken. Während langer, heißer und trockener Perioden umgibt sich Australiens Wasserhaltender Frosch mit einem Kokon aus Schleim, um dem Wasserverlust entgegenzuwirken. Wie die Schildkröten kann er Wasser aus seiner

Blase holen und einige Jahre lang durchhalten, bis der nächste Regen kommt – ein toller Trick, wenn man in den unwirtlichen zentralen Wüsten des Outbacks lebt. In der Sonora-Wüste trinkt die Kängururatte nur selten und bezieht ihr Wasser stattdessen aus der Nahrung, die sie frisst; die meisten Pflanzen, selbst getrocknete Samen, enthalten zumindest ein bisschen Wasser. Die Kängururatte versucht, das wenige Wasser, das sie bereits in ihrem Körper hat, durch Kondensation von Feuchtigkeit in ihren Nasengängen beim Ausatmen zu erhalten.

All diese Tiere können einen Wassermangel überleben, weil sie alles tun, um das Wasser bei sich zu behalten. Aber was ist, wenn es überhaupt kein Wasser gibt? Die Fähigkeit, eine fast völlige Austrocknung zu überleben, wird als Anhydrobiose bezeichnet, was so viel wie »Leben ohne Wasser« bedeutet, und das Tier, das dies am besten kann, ist natürlich das Bärtierchen. Deshalb zeigt die Wissenschaft großes Interesse an seiner Biologie. Mit einer Größe von etwa 0,5 bis 1 Millimeter ist ein Lichtmikroskop sehr nützlich, wenn man dieses Lebewesen genau sehen will. Ich kann Sie zu Hause schon grübeln hören: »Patrick, wer hat denn schon ein Lichtmikroskop herumliegen?« Keine Sorge, ich habe das perfekte Rezept, mit dem Sie in fünf einfachen Schritten Ihr erstes Bärtierchen entdecken können:

Schritt 1: Beginnen Sie mit einer schönen Portion Gartenmoos, ein kleines Stück reicht völlig aus.

Schritt 2: Als Nächstes fügen Sie etwas Leitungswasser hinzu und stellen sicher, dass das Moos gründlich benetzt ist.

Schritt 3: Stellen Sie den Timer auf 20 Minuten und lassen Sie die Mischung einweichen.

Schritt 4: Sobald die Zeit abgelaufen ist, drücken Sie das gesamte Wasser in einer flachen Glasschale aus und lassen den Schlamm abtropfen.

Schritt 5: Zum Schluss können Sie die Schale mit einer Lupe absuchen, oder, noch besser, Sie besorgen sich eine dieser schicken Makrolinsen fürs Smartphone.

Wenn Sie genau hinsehen, sollten Sie eine ganze Reihe winziger Lebewesen sehen, die sich im Wasser bewegen. Halten Sie die Augen nach etwas offen, das wie ein Miniatur-Staubsaugerbeutel mit acht Beinen aussieht. Klingt seltsam, aber keine Sorge: Ihre Augen täuschen Sie nicht. Die meisten Bärtierchen haben kleine schwarze Augen, und einige haben sogar gepanzerte Körperplatten. Wenn es an die Nahrungsaufnahme geht, sind einige Allesfresser – das heißt, sie fressen Pflanzen und Tiere sowie Algen und Pilze –, während andere reine Fleischfresser sind, rücksichtslose Raubtiere, die mit Vorliebe andere Bärtierchenarten auffressen. Winzige Sinneshärchen, die ihren Mund auskleiden, helfen dabei, die Nahrung zu einem spezialisierten Rachen oder einer Röhre zu leiten (die bizarrerweise dem Loch, an dem man einen Staubsaugerschlauch befestigt, verblüffend ähnlich sieht), die die Nahrung direkt in den Darm saugt.

All diese Vorgänge spielen sich im Miniaturformat ab, denn Bärtierchen sind unglaublich klein und sehen erstaunlich niedlich aus. Und dennoch haben sie sogar überlebt, als sie in einem Satelliten auf eine Umlaufbahn um die Erde geschossen wurden. Sie waren zwölf Tage lang dem Vakuum des Weltraums ausgesetzt und kamen auf wundersame Weise lebend zurück. Wenn wir uns ohne den Schutz eines Raumanzugs ins All begeben würden, würde der fehlende Druck die Luft in unserer Lunge zum Herausströmen zwingen. Gase, die bereits in Ihren Körperflüssigkeiten gelöst sind, würden sich ausdehnen und unsere Haut dazu zwingen, sich wie ein Ballon aufzublähen, und uns schließlich zerreißen. Unsere Trommelfelle und Kapillaren würden platzen, das Blut würde zu kochen anfangen. Selbst wenn wir das alles überleben würden, würde die ionisierende Strahlung die DNA in unseren Zellen zerstören. Doch zum Glück wären wir innerhalb von 15 Sekunden bewusstlos und kurz darauf tot. Bärtierchen erleiden keine dieser Auswirkungen. Etwa 450 der 3000 Bärtierchen, die auf Weltraummission waren, haben dort oben sogar Nachkommen gezeugt.

Auch ohne menschliches Zutun sind Bärtierchen gerne unterwegs. Sie leben nicht nur im Moos in Ihrem Garten, sondern wurden auch weit oben auf den Bergen des Himalaya in über 5500 Metern Höhe gesichtet, in den heißen Quellen Japans, wo die Temperatur bis zu 100 Grad Celsius erreichen kann, auf dem Grund des Ozeans, wo der Druck tausendmal höher ist als an der

Oberfläche, und sogar in der gefrorenen Einöde der Antarktis, wo die Bodentemperatur minus 94,7 Grad Celsius betragen kann – die kälteste Temperatur, die auf der Erde gemessen wurde. Man könnte sagen, sie sind die ultimativen unerschrockenen Entdecker, und weil sie solche extremen Bedingungen überleben können, haben sie sich das Recht verdient, damit zu prahlen und in eine ausgewählte Gruppe von Tieren aufgenommen zu werden, die »Extremophilen«. Dennoch stellt sich die Frage: Wenn sie so klein sind und in so extremen Umgebungen leben, wie haben wir sie dann überhaupt entdeckt?

Diese Ehre gebührt dem niederländischen Pionier der Mikrobiologie, Antoni van Leeuwenhoek, der Bärtierchen erstmals 1702 in einem Brief an die Londoner Royal Society beschrieben hat. Ähnlich wie bei den weiter oben beschriebenen fünf Schritten, um Bärtierchen zu entdecken, nahm er etwas trockenen, scheinbar leblosen Staub aus einer Dachrinne, fügte etwas Wasser hinzu und fand mit einem rudimentären Mikroskop (das er übrigens selbst gebaut hatte) etwas, das er als »kleine Tierchen« beschrieb, die herumschwammen und krabbelten. Die genauere Identifizierung ist dem deutschen Pfarrer Johann August Ephraim Goeze zu verdanken. 1773 bezeichnete er sie als Erster als »kleine Wasserbären«, weil sie aussahen und sich bewegten wie Bären.

Der Name, den wir heute am häufigsten für sie verwenden, geht direkt auf den italienischen Priester und Biologen Lazzaro Spallanzani zurück. Falls Sie noch nie von ihm gehört haben: Es ist der Wissenschaftler, der auch herausgefunden hat, dass Fledermäuse sich mithilfe der Echoortung fortbewegen. Er nannte die Wasserbären »il Tardigrado«, was so viel wie »langsamen Schrittes« bedeutet. Was er nicht wusste, was ihn aber sicher umgehauen hätte, ist, dass Bärtierchen unter bestimmten Bedingungen so langsam werden, dass sie in eine Art Scheintod übergehen.

Das Bemerkenswerteste an diesen Lebewesen ist jedoch, dass sie zwar im Wasser leben, aber lange Zeit ohne Wasser überleben können – Monate, Jahre, sogar Jahrzehnte. Das bringt uns zu unserer ursprünglichen Frage zurück: Wie überlebt man ohne einen einzigen Tropfen Wasser?

Wenn ein Bärtierchen auszutrocknen beginnt, reagiert es, indem es Kopf und Beine zurückzieht und seinen Stoffwechsel auf etwa 0,01 Prozent des Normalzustands herunterfährt. Wenn es fast das gesamte Wasser in seinem Körper verliert, rollt es sich zusammen und bildet eine trockene Schale, die sogenannte Tönnchenform. Bärtierchen können in dieser schützenden Form bleiben, bis sie rehydriert werden und wieder zum Leben erwachen. Die Frage ist: Wie lange können sie in diesem todbringenden Zustand des Scheintods ausharren? Die Antwort auf diese Frage wurde vielleicht schon vor über 70 Jahren gefunden.

1948 behauptete die italienische Zoologin Tina Franceschi, dass Bärtierchen aus getrockneten Moosproben, die über 120 Jahre alt waren, wiederbelebt werden konnten. Dieses Experiment konnte bis heute nicht wiederholt werden, aber 1995 wurden getrocknete Bärtierchenproben nach acht Jahren wieder zum Leben erweckt, während 2017 (und seitdem jedes Jahr) ein Team unter der Leitung von Mark Blaxter an der University of Edinburgh beobachten konnte, wie Bärtierchen aus getrockneten Algenproben wieder zum Leben erwacht sind; sie rehydrieren und überprüfen sie nun jährlich.

Für die meisten Tiere ist ein Leben ohne Wasser unmöglich, und deshalb hat dieses Wiederauferstehen von Bärtierchen nicht nur unser Verständnis der Grenze zwischen Leben und Tod infrage gestellt, sondern es liefert auch Inspiration für eine neue Welle von potenziell lebensrettenden Anwendungen.

Neben den Bärtierchen gibt es eine Reihe von Fadenwürmern, Hefen und Bakterien, die ebenfalls die Austrocknung (den Entzug von Feuchtigkeit – man denke nur an ausgetrocknete Kokosnussflocken) überleben können, und sie alle haben eine besondere Eigenschaft: Sie haben eine große Vorliebe für Süßes. Okay, vielleicht nicht ganz so wie wir Menschen, aber sie produzieren eine beträchtliche Menge der Zuckerart Trehalose. Sie bildet in ihren Zellen einen glasartigen Zustand, der Proteine, Zellmembranen und andere wichtige Komponenten stabilisiert, die andernfalls zerstört werden würden.

Dieser lebenswichtige Bestandteil und seine Rolle wurden in den 1970er-Jahren von dem kalifornischen Forscher John H. Crowe, heute Professor an der University of California in Davis, erkannt. Er entdeckte, dass das Bärtierchen, wenn es austrocknet, Trehalose verwendet, um Wassermoleküle in seinen Zellen zu ersetzen. So bleibt die Struktur der Zellen auf molekularer Ebene erhalten, bis wieder Wasser zur Verfügung steht und die

Zellen erneut rehydrieren. Professor Crowe erkannte, dass die medizinischen Auswirkungen dieser Entdeckung phänomenal waren. Wenn Trehalose die Zellen des Bärtierchens stabilisieren kann, könnte sie dann auch menschliche Zellen vor Schäden schützen, wenn sie austrocknen, wie etwa Blut?

Natürlich würde man sein Blut nicht austrocknen lassen wollen, solange es sich noch im Körper befindet – das würde definitiv nicht gut ausgehen –, aber was ist mit Blut außerhalb des Körpers? Nach Angaben der Weltgesundheitsorganisation werden jedes Jahr mehr als 100 Millionen Blutspenden gesammelt. Bei Bedarf kann das gespendete Blut in seine verschiedenen Bestandteile wie Plasma und Blutplättchen aufgetrennt werden, um es für lebensrettende Transfusionen, als Ersatz für bei Operationen verlorenes Blut oder in einigen Fällen zur Behandlung von Krankheiten zu verwenden, bei denen die Patienten nicht in der Lage sind, eigenes Blut zu bilden.

Thrombozyten (Blutplättchen) sind besonders nützlich, wenn es um die Wundheilung geht, aber ihre Verwendung und Lagerung kann schwierig sein. Man könnte meinen, dass man Thrombozyten einfach im Kühlschrank aufbewahren könnte, aber das würde sie zerstören; sie müssen bei Raumtemperatur gelagert werden. Ich war überrascht, dass sie nur drei bis fünf Tage haltbar sind, bevor sie unbrauchbar werden und entsorgt werden müssen. Aber was wäre, wenn man etwas hinzufügen könnte, um die Blutplättchen zu stabilisieren? Etwas wie Trehalose? Dann könnten wir sie gefriergetrocknet und als Pulver bis zu zwei Jahre aufbewahren. Dies würde uns die Möglichkeit geben, Blut über weite Strecken auf dem Land- oder Luftweg zu entlegenen Orten zu transportieren, in die bisher keine intakten Blutplättchen gelangen. Diese neue »Bärtierchen-Technologie« befindet sich derzeit in der klinischen Erprobung, und wenn sie erfolgreich ist, werden Blutplättchen viel leichter verfügbar sein und Leben auf der ganzen Welt retten können.

Und es gibt noch einen weiteren potenziellen Anwendungsbereich der »Bärtierchen-Technologie«: der Transport von Impfstoffen. Es besteht kein Zweifel daran, dass Impfstoffe seit der ersten Behandlung vor über 200 Jahren (im Jahr 1796) unser Leben verbessert und uns vor Krankheiten wie Hepatitis B, Cholera, Polio, Tetanus und aktuell Covid-19 geschützt haben. Die Impfstoffe gegen diese Krankheiten sind schwer zu transportieren. Tatsächlich wird die Hälfte aller Impfstoffe während des Transports inaktiv, denn im Gegensatz zu Blutplättchen *müssen* sie gekühlt werden, was nicht immer einfach ist, wenn keine durchgehende Stromversorgung gewährleistet ist. Selbst wenn sie unversehrt am Zielort ankommen, sind sie nur begrenzt haltbar und müssen ständig gekühlt werden. Wenn wir sie mit Trehalose oder einer ähnlichen Verbindung trocknen könnten, ließen sich die Impfstoffe bei Raumtemperatur transportieren und lagern und dann bei Bedarf durch Zugabe von Wasser aktivieren. In dieser stabilen, leicht zu transportierenden Form könnte man die Haltbarkeit dieser Substanzen von wenigen Tagen auf Monate oder sogar Jahre verlängern und so den Zugang zu Medikamenten in allen Teilen der Welt verbessern.

Die »Bärtierchen-Technologie« könnte sogar in der Raumfahrt von Nutzen sein. Es ist bekannt, dass ein längerer Weltraumflug schädliche Auswirkungen auf den menschlichen Körper haben kann. Der amerikanische Extremophilie-Forscher Thomas Boothby interessiert sich dafür, wie Bärtierchen mit den Auswirkungen der geringen Schwerkraft und der Strahlenbelastung zurechtkommen. Er leitet ein Projekt in Zusammenarbeit mit der NASA zur Züchtung von Bärtierchen auf der Internationalen Raumstation. Er hofft, dass Bärtierchen uns dabei helfen können, die Belastungen der Raumfahrt zu bewältigen. Wir könnten dieses Wissen nutzen und ähnliche Tricks anwenden, um Astronauten bei langen Weltraummissionen zu schützen.

So inspiriert ein Tier, das nur wenige je gesehen haben, mit seinem hartnäckigen Überlebenswillen zu einigen innovativen und lebensrettenden medizinischen Anwendungen. Nicht schlecht für ein Lebewesen, das wie ein Staubsaugerbeutel aussieht!

4
Der Specht und der Flugschreiber

Ist Ihnen schon einmal etwas Schweres auf den Kopf gefallen? Oder wurden Sie einmal von einer aufschwingenden Tür im Gesicht getroffen? Oder wurden Sie mal bei einer Sportart wie Rugby von der gegnerischen Mannschaft umgenietet? Diese Zusammenstöße tun verdammt weh, nicht wahr? Der menschliche Körper ist zwar sehr widerstandsfähig, sobald es aber zu Prellungen, Gehirnerschütterungen, Knochenbrüchen oder Schlimmerem kommt, liegen wir darnieder. Glücklicherweise ist Hilfe unterwegs – eine revolutionäre Technologie, die mit dieser Art von Hochgeschwindigkeitsaufprall fertigwerden soll. Es geht um verbesserte Fahrradhelme bis hin zum besseren Schutz von Flugschreibern, die wichtige Daten für die Aufklärung und Verhinderung von Flugzeugabstürzen speichern; und das alles dank eines possierlichen, hämmernden Waldvogels.

Spechte! Diese lärmenden Klopfer gehören zur Familie der Picidae und haben so charmant-kreative Namen wie: Piculets, Wendehälse und Saftsauger. Was ihre Größe angeht, sind sie ziemlich breit gefächert. Südamerikanische Zwergsäger sind nicht länger als ein Daumen, während die größten Spechte die Länge eines menschlichen Unterarms erreichen können. Die meisten sind Wald- und Forstvögel, aber es gibt ein paar Ausnahmen wie den Gila-Specht, der auf wilden Saguaro-Kakteen nistet und sich von ihnen ernährt und der nur in den trockenen Landschaften von Arizona, Kalifornien und Mexiko heimisch ist.

Spechte verbringen einen Großteil ihrer wachen Zeit damit, sich senkrecht an einen Baumstamm zu klammern und ins Holz zu picken. Sie hämmern schnell in die Rinde auf der Suche nach Nahrung wie Insekten und Larven. Sie können auch tiefe Löcher in tote oder absterbende Bäume bohren, wo das Holz etwas weicher ist. So entstehen kleine »Höhlen« im Inneren der Bäume, in denen sie ihre Nester bauen. Und, Achtung, Spechte nutzen ihren Schnabel nicht nur zum Picken, sondern auch zum Trommeln, um mit anderen Spechten zu kommunizieren, um ihr Revier abzustecken und um Partner anzulocken. Um den besten und lautesten Klang zu erzielen, brauchen sie einen Untergrund mit guten Resonanzeigenschaften. Sie trommeln auf Bäumen, hölzernen Telegrafenmasten und sogar auf Metallschildern. Wenn man sie trommeln statt picken hört, ist das ein Zeichen, dass sie nicht nach Futter suchen oder ein Loch bohren, sondern eine sehr deutliche Aussage machen: »Das ist mein Revier!« Aber wie hat dieser Vogel es geschafft, ein solcher Superstar-Headbanger zu werden? Um diese Frage zu beantworten, sollte man mit dem Teil des Körpers beginnen, der den ganzen Krach macht: dem Schnabel.

Spechte haben einen kräftigen, meißelförmigen Schnabel, ein fantastisches Werkzeug zum Bohren von

Holz. Außerdem haben sie eine sehr lange klebrige Zunge, mit der sie leicht Insekten und andere Nahrung aus der Rinde aufnehmen können. Ihr steifer Schwanz und ihre Greifzehen helfen ihnen, sich senkrecht an Baumstämmen festzuhalten. Aber der interessanteste Aspekt ihres Verhaltens (und ihrer Anatomie) ist, wie schnell sie ihren Kopf gegen Bäume schlagen können, ohne Schaden zu nehmen – bis zu 22-mal pro Sekunde, was unfassbar schnell ist. Man stelle sich einmal vor, was passieren würde, wenn wir etwas Ähnliches tun würden. Um zu verstehen, was da im Detail vor sich geht, müssen wir uns mit der Beschleunigung, der sogenannten g-Kraft (Kraft pro Masse), auseinandersetzen. Es ist die Kraft, die wir spüren, wenn wir uns vorwärtsbewegen oder sehr schnell abbremsen.

Wenn Sie schon einmal mit einem Flugzeug geflogen sind, kennen Sie das Gefühl, in den Sitz gedrückt zu werden, wenn das Flugzeug abhebt und an Geschwindigkeit zunimmt. Während das Flugzeug auf die Startgeschwindigkeit beschleunigt, wird Ihr Körper einer zunehmenden Veränderung der g-Kräfte ausgesetzt. Wenn Sie beim Autofahren plötzlich auf die Bremse treten müssen, spüren Sie dieselbe g-Kraft, nur diesmal in die entgegengesetzte Richtung. Das geschieht auch bei einem Aufprall: Wenn man mit etwas zusammenstößt oder wenn etwas oder jemand in einen hineinstößt, sind das im Wesentlichen sehr plötzliche Momente der Abbremsung.

Die g-Kraft wird praktischerweise in g gemessen. Dieses g erhöht sich um einen Faktor, der sich nach der Schwerkraft der Erde richtet – 1 g entspricht der normalen Schwerkraft, 2 g ist die doppelte Kraft, 3 g ist das Dreifache und so weiter. Je mehr g es gibt, desto stärker die Kraft, und unser Körper kann nur eine bestimmte Menge davon aushalten. Der Nervenkitzel-Sucher in mir fragt sich: Was ist die absolute Grenze? Die Kraft, die beim Abheben eines Flugzeugs wirkt, liegt unter 2 g; eine sehr schnelle Achterbahn würde jedoch, wenn auch nur kurz, bei etwa 5 g oder 6 g liegen; ein großer Spaß und ungefähr das, was ein Formel-1-Fahrer erlebt, wenn er auf die Bremse tritt, um eine enge Kurve zu fahren. Im Allgemeinen neigen wir Menschen dazu, ohnmächtig zu werden, wenn wir über einen längeren Zeitraum hinweg 6 g ausgesetzt sind. Es gibt Fälle, in denen Menschen bei einem plötzlichen Aufprall auf den Kopf etwa 80 g abbekommen und eine Gehirnerschütterung erlitten haben, aber das ist nichts im Vergleich mit dem, was der Kopf eines Spechts erfährt, wenn er gegen einen Baumstamm hämmert: eine Abbremsung von etwa 1200 g. Wie macht er das also?

Um einer Kraft, 1000-fach so groß wie die Schwerkraft, zu widerstehen, ist der Schädel des Spechts so gebaut, dass er Stöße abmildert und den Schaden verringert. Der Schädel kann sich zusammendrücken und ausdehnen, ähnlich wie ein Schwamm. Der Knochen, der das Gehirn umgibt, ist mit Trabekeln (mikroskopisch kleinen, bälkchenartigen Strukturen) gefüllt, das macht ihn dick und schwammartig. All das bildet ein engmaschiges »Netz«, das Halt und Schutz bietet und das Durchdringen niederfrequenter Schwingungen abhält. Es ist im Wesentlichen ein Panzer fürs Gehirn.

Zusätzlich zu diesem Panzer haben Spechte das Äquivalent eines »Sicherheitsgurtes« fürs Gehirn. Beim Menschen dient das Zungenbein als Anker für unsere Zunge und hilft uns beim Schlucken. Es befindet sich vorne am Hals, zwischen dem Unterkiefer und dem Kehlkopf, und hat die Form eines Hufeisens. Bei Spechten ist dieser Zungenbeinknochen sehr gut angepasst. Er bildet eine knöcherne, elastische Stütze; er ist viel länger als beim Menschen und formt eine Schlaufe um den gesamten Schädel. Im Gegensatz zu unserem Gehirn – das Spalten und Falten hat, die von Flüssigkeit umgeben sind – ist das Gehirn des Spechtes klein, glatt und wird auf engstem Raum festgehalten, damit es sich nicht zu sehr bewegt. Dank dieses ausgeklügelten Systems verteilt sich die Kraft bei jedem Aufprall des Gehirns gegen den Schädel, sie wird auf eine größere Fläche verteilt, und das macht den Vogel viel widerstandsfähiger gegen Gehirnerschütterungen.

Auch der Schnabel des Spechts trägt dazu bei, Traumata zu vermeiden. Er ist extrem stark und lässt sich nicht so leicht biegen oder brechen. Die Form ist auch ziemlich faszinierend: Die sichtbare äußere Schicht des Oberschnabels scheint länger zu sein als beim Unterschnabel, was eine Art Überbiss ergibt, aber das ist bis zu einem gewissen Grad irreführend. Wenn Sie einen Röntgenblick hätten, würden Sie feststellen, dass die Knochenstruktur, die den Unterschnabel stützt, tatsächlich länger und stärker ist als der Oberschnabel. Dank dieser Ungleichmäßigkeit wird jeder Aufprall vom Gehirn weg- und stattdessen zum Unterschnabel und den unteren Teilen des Schädels geleitet.

Der Specht hat also vier verschiedene Arten von Stoßdämpfern: ein harter, aber elastischer Schnabel, ein Bereich mit einer schwammartigen Knochensubstanz im Schädel selbst, ein federndes, die Zunge stützendes Zungenbein, das sich bis hinter den Schädel erstreckt, und den Schädel selbst, der so gebaut ist, dass er Erschütterungen abfedert.

Nun mag die Kunst des Headbanging nicht gerade der Fachbereich eines Laborkittel tragenden Technikers sein, aber Spechte und ihre stoßdämpfenden Fähigkeiten haben tatsächlich beträchtliches wissenschaftliches Interesse auf sich gezogen. Sang-Hee Yoon und Sungmin Park von der University of California, Berkeley, ließen sich vom Schädel des Spechts inspirieren, um elektronische Geräte wie Flugschreiber vor Schäden durch starke Stöße zu schützen. Sie untersuchten Hochgeschwindigkeitsvideos von Spechten in Aktion, zusammen mit CT-Scans von Kopf und Hals des Goldstirnspechts – einer nordamerikanischen Art –, um die Bereiche zu identifizieren, die mechanische Stöße abfedern. Unter Verwendung dieser Erkenntnisse gelang es ihnen, ein neu konzipiertes stoßdämpfendes System zu entwickeln, das die Mikroelektronik sehr viel besser schützt als bisherige Systeme.

Es besteht aus einem zylindrischen Stahlgehäuse, einer ersten Verteidigungslinie, die den Schnabel nachahmt. Im Inneren befindet sich eine Schicht aus Gummi, die wie das Zungenbein wirkt, gefolgt von einer zweiten Schicht aus Metall – diesmal Aluminium. Die schwammartige Knochensubstanz wurde hier durch Glaskugeln ersetzt, in denen die empfindliche Elektronik sitzt. Yoon und Park haben dann ihr System in eine Kugel gepackt und es mit einem Luftgewehr auf eine Aluminiumwand geschossen. Ihre Ergebnisse haben erstaunliche Zahlen ergeben. In ihren Tests war die Elektronik gegen Einschläge von bis zu 60 000 g geschützt. Heutige Flugschreiber können nur etwa 1000 g standhalten, was immer noch eine beachtliche Leistung ist, aber mit einer Steigerung um das 60-Fache hat ihr Entwurf viel zu bieten, von der Flugsicherheit bis zum Schutz von Raumfahrzeugen vor Kollisionen mit sich schnell bewegendem Weltraummüll oder einfallenden Mikrometeoriten.

Zurück auf der Erde, haben die Ingenieure der Cranfield University in Großbritannien, die sich auf Aufpralltechnik für Kraftfahrzeuge spezialisiert haben, ein enormes Anwendungspotenzial bei der Entwicklung von regenerativen Stoßdämpfern für Alltagsfahrzeuge auf der Straße gesehen, indem sie die Energie in eine Form umleiten, die leichter wiederherstellbar ist als die Wärme, die normalerweise freigesetzt wird. Die Studien an Spechten könnten auch in die Welt des Hochleistungsmotorsports einfließen, etwa in die Formel 1, wo die Herausforderung darin besteht, kontinuierlich Technologien zu entwickeln, die die Fahrer bei einem Unfall so schützen, dass schwere innere Traumata vermieden werden.

Ich erinnere mich an den überraschenden Unfall von Fernando Alonso in Melbourne 2016. Sein Auto kollidierte bei 305 Kilometern pro Stunde mit einem anderen Auto und schoss ihn durch die Luft und in die Absperrung. Er erlebte drei hohe g-Abbremsungen bei 45 g, 46 g und 20 g – Vorspeise, Hauptgang und Nachspeise –, ein vollständiges g-Kraft-Menü also. Sie sind immer noch nicht beeindruckt? Wie wäre es dann mit Romain Grosjeans entsetzlichem Unfall beim Grand Prix in Bahrain 2020? Die kleinste Berührung mit einem anderen Auto hat ihn mit Höchstgeschwindigkeit in die Absperrung geschleudert, in einem Flammenball, der so intensiv war, dass er eher an einen Michael-Bay-Film als an eine Rennstrecke erinnert hat. Wie durch ein Wunder haben die Fahrer in beiden Fällen dank der Kopf- und Nackenstützen, der HALO-Sicherheitsvorrichtungen und eines ausgeklügelt konstruierten Cockpits überlebt. Aber nicht alle hatten so viel Glück. In Zukunft könnten Spechte jedoch eine Lösung bringen.

Abseits der Rennstrecke, auf öffentlichen Straßen, wo wir Normalsterblichen fahren, hatte Anirudha Surabhi einen weniger dramatischen, aber ebenso schmerzhaften Unfall. Er fuhr mit seinem Fahrrad durch London und hatte einen Beinahezusammenstoß mit einem Bus. Zum Glück trug Anirudha einen Helm, aber dieser zerbrach bei seinem Sturz, und er wurde mit einer Gehirnerschütterung ins Krankenhaus eingeliefert. Zu dieser Zeit machte er einen Masterabschluss in Design am Royal College of Art und suchte nach einer Idee für sein Abschlussprojekt. Plötzlich hatte er die Antwort: einen besseren Fahrradhelm zu entwerfen – und der Specht kam ihm zu Hilfe.

Surabhi war neugierig auf die stoßdämpfende, schwammartig aufgebaute Knochensubstanz und interessierte sich besonders dafür, wie sich das Zungenbein um und über die Schädeldecke wickelt und diesen eingebauten Sicherheitsgurt bildet. Er begann, Versionen seines Entwurfs aus verschiedenen Materialien zu bauen: Glas, Gummi und Pappe. Nach Hunderten Laborversuchen mit jedem Material entschied er sich schließlich für Pappe. Aber das war nicht irgendein alter Pappkarton! Surabhi schuf eine spezielle Pappe mit doppelter Dichte und einer inneren Wabenstruktur. Für die Auskleidung schnitt er mit dem Laser Streifen aus diesem Wabenkarton und setzte sie zu einem ineinandergreifenden helmförmigen Gitter zusammen. Das Gitter war nachgiebiger und flexibler gebaut als die Polystyrolschaumeinlagen, die üblicherweise in Helmen verwendet werden. Diese Flexibilität sollte eintreffende Schläge abfedern, wobei die Lufttaschen innerhalb jedes einzelnen Streifens ebenfalls den Aufprall abdämpfen. Das Ziel war es, den Kopf des Helmträgers besser zu schützen, und es funktionierte. Der »Kranium liner«, wie er seinen Helm nannte, federt nicht nur die Abbremsung gut ab, sondern ist auch leicht und wiederverwertbar, da die Auskleidung zu 90 Prozent aus Luft besteht. Seitdem hat Surabhi mit einer Reihe von Unternehmen zusammengearbeitet, um Auskleidungen und Helme auf den Markt zu bringen. Wenn Sie also das nächste Mal einen Specht hören, der gegen einen Mast hämmert, um Sie zu ärgern, denken Sie einfach daran, dass dieser Vogel Unfälle verhindert, die andernfalls sehr böse ausgehen könnten!

5
Der Eisbär und die Wärmedämmung

Nördlich des Polarkreises ist der Winter lang und kalt, die Sonne steigt monatelang nicht über den Horizont. Für die Inuit – eines von mehreren indigenen Völkern, die dauerhaft in der nördlichen Polarregion leben – ist dies vielleicht die Zeit, um sich um ein Feuer zu versammeln, sich an der Glut zu wärmen und sich Geschichten aus Mythen und Legenden zu erzählen. Eine dieser Erzählungen ist die Geschichte vom König der Iqsinaqtuit, Raubtieren, von denen man sagt, dass sie jedem Menschen Angst einjagen. Sie suchen die treibenden Eisschollen heim, und ihr mächtiger König legt seinen prächtigen Mantel nur in seiner heiligen Eishöhle ab und enthüllt, dass er darunter in Wirklichkeit ein Mensch ist. Obwohl die Inuit diesen König jagen, respektieren sie ihn für seine Stärke und Weisheit, denn sie wissen, dass es ihnen großes Unglück bringen würde, wenn sie es nicht täten. Dieser König trägt den Namen Nanuq, aber er ist auch unter anderen, ebenso geheimnisvollen Namen bekannt: »Der ewig Wandernde«, »Der, der auf Eis wandelt« oder »Der große Weiße«. Viele von uns kennen ihn als Polar- oder Eisbär.

Der Eisbär ist eins der atemberaubendsten Geschöpfe

der Welt. Mit seinem weißen Fell und seinem äußerst mächtigen Körper ist er zweifellos das majestätischste aller Tiere, die in Eis und Schnee leben. Ein kurzer Blick auf seine biologischen Daten zeigt auch, dass er seinen Inuit-Titel »König« verdient hat. Auf den Hinterbeinen aufgerichtet, kann ein erwachsener Eisbär über drei Meter groß werden und bis zu 600 Kilogramm wiegen. Damit ist er das größte fleischfressende Landtier auf unserem Planeten. Seine einzigen natürlichen Fressfeinde – wobei einfach nur »Feinde« die genauere Bezeichnung wäre – sind die Menschen.

Seit Jahrhunderten haben die Menschen Ehrfurcht vor dem großen Eisbären. Sein offizieller wissenschaftlicher Name, *Ursus maritimus*, bedeutet »Bär des Ozeans«. Das ist ein sehr passender Name, da der Eisbär mehr Zeit damit verbringt, die riesige, sich ständig verändernde Landschaft des Nordpolarmeeres zu durchstreifen, als dass er sich auf dem Land aufhält. Trotz seines königlichen Rufs ist der Eisbär eine relativ »junge« Spezies. Nach Ansicht von Evolutionsbiologen haben sich Eisbären aus einem Vorfahren entwickelt, den sie mit Braunbären, einschließlich Grizzlys, geteilt haben. Mit Letzteren kreuzen sie sich bekanntlich und bringen fruchtbare Hybriden – »Pizzlies« – hervor. Wann genau die Divergenz, die Artaufspaltung, stattgefunden hat, ist noch unklar. Das älteste bekannte Fossil eines mutmaßlichen Eisbärkiefers ist etwa 100 000 Jahre alt, also müssen sich die beiden Arten – Eisbären und Braunbären – früher entwickelt haben. Nach den neuesten DNA-Analysen fand dies wahrscheinlich innerhalb der letzten 500 000 Jahre statt. Es geschah sicherlich während einer warmen Zwischeneiszeit, als das Klima mild genug war, dass Braunbären nach Norden ziehen konnten. Nachdem die nächste Eiszeit einsetzte, zogen die meisten wieder nach Süden, aber einige haben sich dank Mutationen in ihrer DNA, die für die Fellfarbe verantwortlich waren, an die härteren Bedingungen angepasst. Diejenigen mit den am besten geeigneten Anpassungen, nämlich ein helleres, weißeres Fell zur Tarnung bei der Robbenjagd, überlebten mit größerer Wahrscheinlichkeit. Diejenigen ohne diese Anpassungen starben. Der Eisbär ist durch diesen Prozess der natürlichen Auslese entstanden.

Im Laufe der Jahre haben sich die Eisbären von Allesfressern zu fast ausschließlichen Fleischfressern entwickelt, obwohl sie auch Seegras und Sommerbeeren fressen, wenn die Robben knapp sind. Sie haben sich auch an eine Umgebung angepasst, in der die Temperaturen oft mehrere Wochen lang auf unter minus 40 Grad Celsius sinken. Hinzu kommt, dass das Meereis, das so wichtig für ihr Überleben ist, ständig in Bewegung ist und von Winden und Meeresströmungen getrieben wird, sodass Eisbären manchmal Hunderte, wenn nicht sogar Tausende Kilometer auf der Suche nach Nahrung zurücklegen. Wenn man sie in Naturdokumentationen sieht, ist die Landschaft so groß, dass es aussieht, als würden sich die Bären in Zeitlupe bewegen, aber lassen Sie sich nicht täuschen. Wenn sie in einer scheinbar schwerfälligen, fast schläfrigen Art schlendern, sparen Eisbären Energie, und selbst bei diesem Tempo können sie leicht eine Strecke von bis zu 6000 Metern in nur einer Stunde zurücklegen.

Wenn sie sich entschließen, das Tempo zu erhöhen und zu sprinten, ist das eine ganz andere Geschichte – sie können Geschwindigkeiten von etwa 30 Kilometer pro Stunde erreichen.

Eisbären sind auch sehr gute Schwimmer. Sie können sich lange Zeit in den eisigen arktischen Gewässern aufhalten und leicht über 50 Kilometer am Stück zurücklegen – eine Notwendigkeit, wenn sie sich zwischen Eisschollen durchmanövrieren müssen. Aber mit der zunehmenden Schrumpfung des Nordpolarmeeres sind sie immer länger unterwegs. Im Jahr 2011 wurde nachverfolgt, wie ein Bärenweibchen in der Beaufortsee eine rekordverdächtige Schwimmstrecke von 687 Kilometern zurückgelegt hat – und das wegen des beispiellosen Eisverlusts. Glücklicherweise sind ihre massiven Pfoten, die bis zu beeindruckenden 30 Zentimetern breit werden können, perfekte Paddel, um sich im Wasser voranzubewegen.

Eisbärtatzen eignen sind auch gut, um auf dem glatten Eis zu laufen, denn ihre Breite hilft, das Gewicht des Bären gleichmäßig zu verteilen, und verhindert, dass sie durch das Eis fallen. An der Unterseite einer jeden Tatze befinden sich kleine, weiche Höcker, die dem Bären zusätzlichen Halt geben. Wenn das Eis besonders dünn und tückisch wird, rutscht er mit ausgestreckten Beinen – man stelle sich ein süßes kleines Reh auf dem Eis vor – wie Bambi.

Das hört sich zwar komisch an, aber dadurch, dass der Bär seinen Körper näher ans Eis heranbringt, kann er sein Gewicht besser verteilen und verhindern, dass er durch das Eis bricht.

Diese Fähigkeit, auf schwankendem Eis voranzukommen, ist entscheidend, wenn der Eisbär auf der Jagd nach seiner Lieblingsspeise ist – Robben, insbesondere Ringelrobben, die zahlreichsten Robben in der Arktis. Eine Robbe zu fangen, kann jedoch ziemlich schwierig sein, weshalb der Eisbär zum Meister der Observierung geworden ist. Geduld ist eine Tugend, die er in Hülle und Fülle besitzt, denn er wartet bis zu einer Stunde neben den kleinen Atemlöchern der Robben. Es ist das menschliche Äquivalent zum Eisangeln. Sicher, es kann eine Weile dauern, aber für den Bären ist die Aussicht auf eine energiereiche Mahlzeit, die sich durch dicke aufsteigende Wasserblasen ankündigt, das Warten wert. Wenn eine Robbe schließlich zum Luftholen auftaucht, nutzt der Bär seine explosionsartige Geschwindigkeit, um seine Beute mit dicken, gebogenen Krallen und scharfen Eckzähnen zu packen.

Die Jagd auf Robben versorgt die Bären mit dem Fett und den Kalorien, die sie brauchen, um ihre eigene dämmende Fettschicht aufzubauen, die über elf Zentimeter dick sein kann. Im Grunde ist es erstaunlich, dass sie so viel Fett essen können, ohne dass es ihre Gesundheit beeinträchtigt. Wenn wir uns das Genom des Eisbären ansehen, zeigen die Analysen, dass sich jene Gene, die mit der Herz-Kreislauf-Funktion und dem Fettstoffwechsel zusammenhängen, bei Eisbären leicht verändert haben. Würden wir den gleichen Anteil an Fett essen, wären wir innerhalb kurzer Zeit tot.

Abgesehen vom Fett ist die wichtigste Anpassung des Eisbären an die eisigen Temperaturen das auffällige

Fell. Doch das strahlende Weiß, das wir so sehr mit diesen Tieren assoziieren, ist eine Illusion! Eisbären sind in Wirklichkeit schwarz. Von außen sehen sie zwar weiß und flauschig aus, aber unter all dem Fell ist ihre Haut schwarz. Allerdings werden sie nicht so geboren. Babyeisbären sind zunächst rosa, und mit zunehmendem Alter wird ihre Haut immer dunkler. Ich weiß, es klingt, als hätte ich mir das alles nur ausgedacht, aber es stimmt. Die Wissenschaft weiß noch nicht genau, warum, aber eine wahrscheinliche Erklärung könnte der Schutz des Bären vor schädlichen UV-Strahlen sein. Und darüber hinaus ist schwarz die beste Farbe, um die kostbare und dringend benötigte Wärmeenergie der Sonne zu absorbieren.

Aber Moment mal! Wird dieser Absorptionseffekt nicht vollständig durch die Tatsache aufgehoben, dass Eisbären ein weißes Fell haben? Denn weiß reflektiert die Wärmestrahlung. Also wie jetzt? Das könnte eine noch größere Überraschung sein: Obwohl das Eisbärenfell weiß aussieht, ist es eigentlich fast durchsichtig. Die Bären haben zwei verschiedene Fellschichten, eine über der anderen. Die erste ist eine isolierende, kurze Unterwolle aus dichtem Haar direkt auf der Haut. Die zweite Schicht besteht aus sogenannten Deckhaaren. Das sind grobe, spitz zulaufende Haare, die bis zu einer Länge von etwa zehn Zentimetern aus der Unterwolle herauswachsen. Beide Fellschichten sind pigmentfrei und daher lichtdurchlässig. Das Einzige, was sie daran hindert, völlig durchsichtig zu sein, ist das Protein, aus dem sie bestehen – Keratin –, und das lässt sie leicht cremefarben wirken. Die Haare erscheinen hellweiß, wegen der Art, wie das Licht um sie herum reflektiert wird. Deshalb sehen Eisbären am weißesten aus, wenn sie von Eis umgeben sind und die Sonne am höchsten steht. Das gilt besonders, wenn man sie nach ihrem Fellwechsel sieht, der normalerweise im Mai oder Juni beginnt und im August endet.

In der Zeit davor können die Öle in ihrem Fell – vom Fressen der vielen Robben – etwas gelblich aussehen, und wenn Sie einen Blick auf diese prächtigen Kreaturen bei Sonnenuntergang erhaschen können, sind Eisbären pastellfarben wie die Farben des Sonnenlichts, weil das Licht um sie herum reflektiert wird. Es gibt sogar das seltsame Phänomen *grüner* Eisbären. In diesem Fall liegt es aber nicht an der Reflexion von grünem Licht. Es kommt vom Leben in Gefangenschaft. Algen aus dem Bärengehege können manchmal in sein Fell gelangen und dort wachsen und den Bären blassgrün färben. Die Algen gelangen aufgrund des Aufbaus der Deckhaare ins Fell. Jedes Haar enthält mehrere hohle, luftgefüllte Kammern. Diese sind im Inneren jedes Haarschafts aneinandergereiht, eine nach der anderen, und entscheidend für die Funktionsweise des Fells. Erstens: Die hohlen Haare machen das Fell superleicht, was hilfreich ist, wenn man ein großer Bär auf der Suche nach Nahrung ist. Zweitens, und am wichtigsten, ist, dass sie warme Luft einschließen und das Fell zu einem unglaublichen Wärmeisolator machen.

Es gibt jedoch eine Situation, in der das Fell unseren arktischen Spezialisten nicht so gut warm hält, und zwar wenn der Bär schwimmt. Obwohl es wasserabweisend ist, funktioniert das Fell in den eisigen polaren Gewässern nicht so gut. In dieser Situation verlassen sich die Bären mehr auf ihre dicke Fettschicht, um sich warm zu halten. An Land und auf dem Eis ist das Eisbärenfell jedoch so effektiv, dass die Bären beim Laufen sogar überhitzen können.

Die Inuit kennen die Eigenschaften des Eisbärenfells schon seit Generationen, weshalb sie es für ihre Stiefel und Kleidung nutzen. In den letzten Jahren ist auch ein Team von Wissenschaftlern auf den Pelz aufmerksam geworden; es möchte das Eisbärenfell als Modell für eine neue Art von Isolierung für Raumfahrzeuge nutzen. Ein Team von Forschenden an der University of Science and Technology in China hat sich vom Eisbärenfell inspirieren lassen und eine neue Art von Aerogel entwickelt, das im Weltraum verwendet werden kann.

Was ist Aerogel? Es ist eines der coolsten Materialien, von denen ich je gehört habe. Aerogel ist eine bemerkenswerte, von Menschenhand geschaffene Substanz, deren Geschichte 1931 mit einer Wette begann. Der amerikanische Wissenschaftler und Chemieingenieur Samuel Stephens Kistler wollte diese Wette gewinnen, nachdem einer seiner Freunde ihn vor die Aufgabe gestellt hatte, die gesamte Flüssigkeit aus einer geleeartigen Substanz zu entfernen, ohne ihre Form zu verändern. Nachdem er eine Weile darüber nachgedacht hatte, kam Kistler auf einen sicheren Weg. Es gelang ihm, eine Methode zu entwickeln, um Flüssigkeit aus einem Gelee zu entfernen, indem er sowohl die Temperatur als auch den Druck in der Umgebung erhöhte. Dieser Prozess verwandelte die

Flüssigkeit im Inneren in ein gasförmiges Superfluid. Das Ergebnis war ein Gelee, das außen seine ursprüngliche Form behielt, während es sich innen in ein Netzwerk aus faserigem Material verwandelt hatte, das von Löchern umgeben war, in denen sich früher die Flüssigkeit befunden hatte. Und so war Aerogel erfunden worden.

Aerogel wird oft auch als »gefrorener Rauch« oder »fester Rauch« bezeichnet, weil man, genau wie bei echtem Rauch, hindurchsehen kann, nur dass Aerogel eine feste Masse ist und außerdem ein paar ziemlich geheimnisvolle Eigenschaften hat. All die Poren bedeuten, dass es eine sehr geringe Dichte hat, was es extrem leicht macht – es ist einer der leichtesten bekannten Feststoffe. Obwohl es spröde ist und leicht bricht, kann es eine Menge Gewicht tragen: das 1000-Fache seines eigenen Gewichts, um genau zu sein. Das bedeutet, dass ein winziges Zwei-Gramm-Stück Aerogel einen Ziegelstein von zwei Kilogramm tragen kann. Und da es für Wärme schwierig ist, durch das Löchernetzwerk von einer Seite zur anderen zu gelangen, ist Aerogel ein fantastischer Wärmedämmer.

Obwohl es Aerogel schon seit einiger Zeit gibt, haben Wissenschaftler erst vor Kurzem damit begonnen, all die kreativen Möglichkeiten zu erforschen, die es bietet. Etwa bei der Gebäudeisolierung: Man könnte Milchglasfenster durch Aerogel ersetzen. Es würde immer noch Licht durchlassen, aber ohne dass Wärme ein- oder austritt. Noch spannender ist, dass Aerogel mittlerweile an einem Ort eingesetzt wurde, der buchstäblich nicht von dieser Welt ist. 1997 verwendeten NASA-Wissenschaftler Aerogel, um die Betriebssysteme des Pathfinder-Rovers vor Überhitzung oder Einfrieren auf dem Planeten Mars zu schützen, wo die Temperaturen zwischen plus 40 Grad Celsius am Tag und minus 40 Grad Celsius in der Nacht schwanken können.

Forschende in China haben sich unter der Leitung von Professor Shu-Hong Yu gefragt, ob sie eine neue und noch wirksamere Art von isolierendem Aerogel erschaffen können, indem sie die Struktur von Eisbärhaaren kopieren. Dafür bauten sie Millionen von Kohlenstoffröhren mit luftgefüllten Kammern, die die luftgefüllten Kammern, die in den Deckhaaren des Eisbären zu finden sind, nachbilden. Jede Röhre war winzig, etwa so breit wie ein menschliches Haar. Das Team bündelte die Röhren zu einem Block, und dies wurde die Grundlage für die neue Aerogel-Einheit – stellen Sie sich eine Ladung Spaghetti vor, die aufgerollt werden und sich immer wieder um sich selbst drehen und auf dem Boden einer Brotdose stapeln, und Sie haben eine gute Vorstellung davon, wie all diese Röhren aussehen – wenn auch in einem viel kleineren Maßstab.

Im Vergleich zu anderen Aerogelen stellte das Team fest, dass die vom Eisbärhaar inspirierte Gestaltung viel leichter war und sogar besser darin, Wärme abzuhalten. Und wie das Eisbärenfell war es wasserabweisend. Es hatte außerdem eine weitere nützliche und unerwartete Eigenschaft: Es war bemerkenswert dehnbar und flexibel, sogar noch mehr als das Haar eines Eisbären. Das war für das Team sehr aufregend, denn sie erkannten, dass es in weit mehr Bereichen eingesetzt werden konnte als die herkömmliche, brüchigere Aerogel-Version. Bisher hat das Forscherteam nur kleine Blöcke ihres vom Eisbärenfell inspirierten Aerogels hergestellt, aber es sucht nach Möglichkeiten, den Herstellungsprozess zu erweitern, um es in größeren Blöcken herstellen zu können. Wenn sie diese Herausforderung meistern können – oder, im Fall von Aerogel, verhindern, dass Sachen brechen –, sind sie zuversichtlich, dass ihre Lösung äußerst hilfreich für die Luft- und Raumfahrtindustrie sein könnte.

In der Wissenschaft handelt man Aerogel als die Antwort auf die Frage nach der Besiedlung des Mars durch Menschen. Es ist möglich, dass eine zwei bis drei Zentimeter dicke Schicht genügen könnte, um ein atmosphärisches Aerogel-Gewächshaus zu errichten, das die darin lebenden Menschen vor extremen Temperaturen als auch gefährlicher UV-Strahlung schützt, während gleichzeitig genügend Licht für den Anbau von Nutzpflanzen zur Unterstützung der Kolonie einfällt. Mit seiner Leichtigkeit, seiner Fähigkeit zur Temperaturregulierung und der neu gewonnenen Flexibilität frage ich mich, was die Inuit aus König Nanuqs Mantel als dem Schlüssel zur Verwirklichung futuristischer Träume zur interplanetaren Kolonisierung machen würden.

6
Stechmücken, Wespen und Fortschritte in der Medizintechnik

Wie viele andere Menschen auch würde ich sehr gerne regelmäßig Blut spenden, wäre da nicht die Angst vor der scharfen Nadel, die meinen Arm durchsticht. Ich bin sicher, dass es nicht nur mir so geht – und das wirft die Frage auf: Wenn so viele von uns helfen wollen, warum tun wir es nicht? Wovor haben wir solche Angst? Ich vermute, es ist der Schmerz, den die meisten von uns mit der langen Nadel assoziieren. Nach Angaben der WHO werden jedes Jahr mehr als 16 Milliarden »sichere« Injektionen verabreicht, was 44 Millionen Injektionen täglich entspricht. Aber was wäre, wenn alle diese Injektionen weniger schmerzhaft sein könnten? Das Geheimnis scheint im Mund eines Insekts zu liegen, das uns meist nervt, denn es durchsticht mit seinen nadelartigen Mundwerkzeugen unsere Haut, um sich an unserem Blut zu laben. Es aus der Nähe in Aktion zu betrachten, ist ziemlich schauerlich, aber für eine Gruppe von Forschenden ist dieser Prozess außerordentlich spannend. Denn das Besondere an diesem Blutsauger ist, dass man ihn zwar kommen hört, seinen Stich spürt man aber selten.

Stechmücken! Sie sind uns ungefähr so willkommen wie ein Lagerfeuer auf einer Eislaufbahn. Für einen

Naturfilmer sind einige der schönsten und artenreichsten Ökosysteme, die man auf Film festhalten kann, tropische Regenwälder. Hier findet man einige der bekanntesten Tiere der Welt: Faultiere, Affen, Kolibris und die Riesenanakonda. Allerdings – aber das bleibt unter uns – filme ich gar nicht gern im Regenwald, denn dort leben auch die aggressivsten Mücken, die ich je in meinem Leben getroffen habe, und Filmteams sind die ideale mobile Fütterungsstation. Beim Trekking durch dichtes Blattwerk mit schwerer Kameraausrüstung ziehen sich die Riemen der Tragetaschen eng an die Kleidung und bilden die ideale Angriffsstelle für diese aus der Luft mit Lanzetten angreifenden Insekten. Ich wünsche mir jedes Mal, sie würden einfach wegschwirren und meine Crew und mich in Ruhe lassen. Tja, man kann ja mal träumen …

Diese Gedanken spiegeln wahrscheinlich die Gefühle der Entdeckungsreisenden aus dem 16. Jahrhundert wider, während sie sich durch die amerikanischen Regenwälder bewegten. Das Wort *mosquito* scheint um 1580 im postkolumbianischen Nordamerika aufgetaucht zu sein. Es kommt aus dem Spanischen und bedeutet kleine Fliege, und das ist genau, was sie sind: eine Fliegenart aus der Ordnung der Zweiflügler *(Diptera)*. Ihr Aussehen ist uns vertraut: Wie alle echten Fliegen haben sie ein Paar Flügel, einen schlanken, segmentierten Körper, gefiederte Fühler, drei Paar haarähnliche Beine und die berühmten verlängerten Mundwerkzeuge. Wenn wir schon über Mücken sprechen, darf einer ihrer größten Auftritte auf der Leinwand nicht unerwähnt bleiben. *Jurassic Park* ist einer der meistgesehenen Filme unserer Zeit, und ich habe mich immer gefragt, ob es Aspekte in dem Film gibt, die auf echter Wissenschaft beruhen. Die Antwort lautet Ja und Nein. Bisher wurden noch keine Reste von Dinosaurier-DNA in fossilen Überresten gefunden, geschweige denn erfolgreich extrahiert (obwohl das so cool wäre) – sie ist einfach zu alt. Es stimmt jedoch, dass uralte Mücken, die denen von heute ähneln, in 79 Millionen Jahre altem Bernstein eingeschlossen gefunden wurden. Da Dinosaurier vor etwa 243 bis 66 Millionen Jahren gelebt haben, ist davon auszugehen, dass Mücken aus dieser Zeit (wie die im Bernstein eingeschlossenen) wahrscheinlich das Blut der Dinosaurier angezapft haben.

Heute gibt es mehr als 3000 Mückenarten, und sie leben in ziemlich jeder Region der Erde (mit Ausnahme der Antarktis, Islands und einiger Inseln im indopazifischen Raum). Wo immer Mücken leben, kommen mit Sicherheit auch Krankheiten vor, die durch Mücken übertragen werden – Malaria, Gelbfieber, Denguefieber und das West-Nil-Virus, um nur einige zu nennen. Die meisten dieser Krankheiten treten in den Tropen auf. Dennoch mag es überraschend sein, dass Malaria früher bis nach Nordengland verbreitet war, wo die Krankheit (übertragen durch die Stechmückengattung *Culex*) unter anderem als Wechselfieber oder Tropenfieber bekannt war. Heutzutage besteht durchaus die Sorge, dass sie infolge der globalen Klimaerwärmung wieder zurückkehren könnte.

Trotz ihrer Blutgelüste sind nicht alle Mücken Blutsauger. Schätzungen zufolge ernähren sich weniger als

14 Prozent der Mückenarten von menschlichem Blut. Dennoch sind es Mücken – nicht Haie, Löwen oder Giftschlangen –, die den wenig beneidenswerten Titel »Tödlichstes Tier der Welt« tragen. Das liegt daran, dass sie die perfekten Überträger für Viren und andere krankheitsverursachende Mikroorganismen sind, was jährlich weltweit zum Tod von Millionen Menschen führt. Die WHO stellte fest, dass allein die Malaria, die von der *Anopheles*-Mücke übertragen wird, für schätzungsweise 445 000 Todesfälle im Jahr 2016 verantwortlich war. Das Dengue-, Zika-, Chikungunya- und das Gelbfieber werden alle durch die *Aedes aegypti*-Mücke auf den Menschen übertragen. Da mehr als die Hälfte der Weltbevölkerung in Gebieten lebt, in denen diese Mücken vorkommen, ist es verständlich, warum diese kleine Fliege das Potenzial hat, so große Probleme zu verursachen.

Aber warum brauchen Stechmücken überhaupt unser Blut? Wenn es darum geht, den Hauptschuldigen auszumachen, ist es in diesem Fall das Weibchen. Männliche Mücken machen es sich sehr einfach und ernähren sich vom Nektar und Honigtau der Pflanzen, aber das Weibchen muss viel härter arbeiten und eine Blutmahlzeit aufspüren, bevor es seine Eier ablegen kann. Für die Entwicklung der Eier benötigt die Mücke die Proteine aus dem menschlichen Blut. Und wie alle guten Mütter weiß sie genau, wo sie diese Proteine aufspüren kann, um ihren Jungen den besten Start ins Leben zu ermöglichen. Sie beginnt mit der Suche nach Zeichen, die für das Auge unsichtbar sind: Kohlendioxid aus unserer Atmung, Körperwärme und verschiedene flüchtige Fettsäuren, die unsere Haut ausströmt. Ein klares Zeichen dafür, dass sie sich auf der Jagd befindet, ist das berüchtigte hohe Wimmern, das sie von sich gibt, nachdem sie sich nachts in Ihr Zimmer geschlichen hat. Sie schalten das Licht wieder an, und das Wimmern stoppt. Schalten Sie das Licht wieder aus, fängt das nervtötende Wimmern wieder an. Es fühlt sich an wie ein endloser Zermürbungskrieg, bis in der Dunkelheit plötzlich dieser Moment kommt, wenn das Geräusch abrupt aufhört – und man weiß: Sie frisst.

Sobald die Mücke auf dem Menschen gelandet ist, sucht sie eine Hautstelle, wo die Blutgefäße nahe an der Oberfläche liegen, und macht sich an die Arbeit. Aber erst nachdem sie Ihre Haut durchstochen und den Tatort verlassen hat, beginnt der Juckreiz, und Sie bemerken, dass sich eine Beule bildet.

Der Juckreiz hat nichts mit dem Biss selbst zu tun. Er wird durch Bakterien in dem gerinnungshemmenden Mittel verursacht, das das Insekt injiziert. Wenn Stechmücken ihr Unwesen treiben – Ihre Haut durchstechen und Ihr Blut saugen –, spüren Sie nichts, und das liegt an der Konstruktion ihrer Mundwerkzeuge.

Die Mundwerkzeuge der Mücken sind unglaublich komplex und bestehen aus mehreren Stiletten (oder Fühlern) in einer einziehbaren Abdeckung, die einen langen Stechrüssel bilden. Beginnen wir mit dem Labium, einer einziehbaren Hülle, die die anderen Mundwerkzeuge bedeckt. Wenn eine weibliche Stechmücke landet, benutzt sie das Labium, um sanft gegen die Hautoberfläche zu drücken, bevor die anderen Mundwerkzeuge in die Haut eingeführt werden. Als Nächstes treten die Mandibeln und Maxillen (Ober- und Unterkiefer) in Aktion, die das eigentliche Stechen übernehmen. Mandibeln haben spitze Enden und dringen tiefer in die Haut ein. Maxillen enden in gezackten Klingen, die das Fleisch greifen, während sie in den Wirt eindringen (und das sind übrigens Sie). Die Stechmücke vibriert sogar mit dem Kopf, um all diese Teile leichter ins Fleisch einzubringen. Und sind sie einmal drin, werden sie noch tiefer geschoben. Im Wirt stecken jetzt zwei Röhren: Die eine pumpt Speichel ins Fleisch, wodurch die Haut betäubt wird (deshalb spüren wir nichts), die andere saugt das Blut. In einigen Experimenten wurden Mücken dabei beobachtet, wie sie drei bis vier Minuten lang gesaugt haben, ohne dass ihr Wirt etwas gespürt hat. Wissenschaftler wollen sich die wunderbaren Maulwerkzeuge der Mücke zunutze machen, um eine schmerzfreie chirurgische Nadel zu entwickeln und der Menschheit die Antwort auf die schmerzfreien Injektionen der Zukunft zu geben.

Seiji Aoyagi und seine Kolleg:innen von der japanischen Kansai University haben eine Nadel entwickelt, die den Stechrüssel der Mücke nachahmt. Wie unterscheidet sich diese Nadel von den Nadeln, die Ärzte und Krankenschwestern normalerweise verwenden? Traditionelle medizinische Spritzennadeln haben bekanntlich ein scharfes Ende, um die Haut zu durchstechen, und eine glatte Oberfläche entlang der Nadellänge, um ungehindert durch Haut und Fleisch zu dringen. Ein großer Teil der Schmerzen, die man spürt, wird nicht von der Nadelspitze verursacht, sondern dadurch, dass das ganze Metall der Länge nach in direkten Kontakt mit der Haut gerät. Im Gegensatz zu dieser glatten Nadel ist das Stechwerkzeug der Mücke gezackt.

Man könnte meinen, dass Zacken noch schmerzhafter sein müssten; ich dachte das. Das Gegenteil ist aber der Fall. Die Zacken haben nur sehr wenig Kontakt mit der Haut, was die Stimulation der Schmerzrezeptoren verringert, und infolgedessen verspürt man weniger Schmerzen. Mit Hochgeschwindigkeits-Videomikroskopen hat das Wissenschaftlerteam die Abfolge der Ereignisse beobachtet, während sich die Mücke ernährte, und anschließend konnten sie den Vorgang in etwa nachahmen.

In Anlehnung an die Mücke schufen sie eine aus Silizium geätzte Nadel von 1 Millimeter Länge und einem Durchmesser von 0,1 Millimetern; das entspricht etwa der Dicke eines menschlichen Haares. Sie hatte zwei harpunenartige, gezackte äußere Schäfte, die zuerst die Haut durchdrangen, und dann drückte sich ein medikamentenabgebendes und blutsaugendes Rohr nach unten, zwischen die Schäfte. Es berührte den Patienten nur an der Stelle, an der es aus der geschärften Spitze austrat. Und genau wie die Mücke, die ihren Stechrüssel vibrieren lässt, um den Kiefer leichter durch das Gewebe zu bewegen, ahmte auch Seijis Nadel diese Bewegung nach. Jedes der drei Teile wurde durch winzige Motoren angetrieben, um zu vibrieren.

Diese komplizierte Konstruktion musste außerdem langlebig sein. In den frühen Entwicklungsphasen waren die Nadeln sehr spröde, was natürlich zu großen Problemen führen würde, wenn sie in einem Patienten zerbrächen. Die Forschenden entwickelten eine Methode, um ihre Stärke zu testen, indem die Nadel in ein Stück Silikonkautschuk gestochen wurde, das um ein Röhrchen mit rotem Farbstoff gewickelt war. Sie beobachteten, wie sich ein an der Nadel befestigter Tank langsam mit dem Farbstoff füllte, was bestätigte, dass die Nadel in der Lage war, die Haut erfolgreich zu durchstechen, ohne zu brechen. Dann kam der Versuch am Menschen. Wie ein echter Wissenschaftler testete Seiji die Nadel zunächst an sich selbst und dann an einer Reihe von Freiwilligen. Alle bestätigten, dass der Schmerz weitaus geringer war als erwartet, obwohl die Injektionszeit länger dauerte als bei einer normalen Spritze. Die neue Nadel war außerdem mit einem kleinen Tank ausgestattet, in dem das aufgefangene Blut oder die entsprechende Flüssigkeit gespeichert werden konnte. Dadurch könnten die Ärzte die Probe mithilfe eines Glasfaserkabels analysieren, das mit dem Tank verbunden ist.

Das Team hofft, dass seine Nadel den Weg ebnen wird für eine Reihe von kleinen, drahtlosen Geräten zur Injektion oder zur Blutentnahme, die dauerhaft am Körper befestigt werden. So könnten Patienten mehrmals täglich die lebenswichtigen Medikamente gespritzt oder Proben entnommen werden zur Überwachung des Blutzuckerspiegels bei Diabetes. Auch der Cholesterinspiegel könnte auf diese Weise überwacht werden, wenn ein Risiko für Herzversagen besteht. Nur würden Sie diesmal, genau wie bei der Mücke, nichts spüren.

STECHAPPARATE

Während die weibliche Stechmücke einen Stechapparat am vorderen Ende ihres Körpers hat, hat die weibliche parasitoide Wespe einen ebenso scharfen Apparat am Körperende. Wir alle kennen die schwarz-gelb gestreiften Wespen, die unsere Picknicks im Freien stören und uns mit ihren Stacheln bedrohen, aber die parasitoiden Wespen sind noch unheimlicher. Einige von ihnen legen nämlich ihre Eier tief in dem Körper anderer Insekten ab. Wenn die Larven schließlich schlüpfen, beginnen sie, ihre Wirte von innen heraus aufzufressen. Igitt! Für die meisten von uns müsste das der Stoff sein, aus dem Albträume sind, Wissenschaftler:innen hat diese Entdeckung aber in helle Aufregung versetzt. Denn diese Wespen, die ihre Eilegeröhre in ihre ahnungslosen Wirte stechen, könnten die Antwort auf die Verbesserung von Schlüsselloch-Chirurgietechniken sein und unzählige Leben retten.

Darf ich Ihnen *Glyptapanteles* vorstellen, eine Wespengattung, die in Neuseeland und auch in Nord- und Mittelamerika heimisch ist? Wenn das Wespenweibchen bereit ist, seine Eier zu legen, sucht es nach einem geeigneten Wirt. Wie die weibliche Stechmücke findet auch dieser Parasitoid sein Ziel teilweise über den Geruch, und in diesem Fall ist das ausgewählte Opfer die Raupe der Geometrid-Motte *Thyrinteina leucocerae.* Nachdem sie die Raupe aufgespürt hat, bohrt sich die Wespe mit ihrem langen, dünnen Eilegeapparat, dem Ovipositor, in ihr Fleisch. Der Ovipositor ist ein nadelartiges Organ, mit dem sie ihren Wirt sticht. Dann legt sie ihre Eier im Körper der Raupe ab. Zu meinem großen Entsetzen hat Arne Janssen, Ökologe an der Universität Amsterdam, gesagt, dass sie »bis zu 80 Eier in die Raupe pumpen kann«. Wenn aus den Eiern Larven schlüpfen, beginnen sie, sich von den Körpersäften der Raupe zu ernähren, wobei sie darauf achten, alle lebenswichtigen Organe zu meiden – wenigstens ein paar Tischmanieren haben sie. Während sie wachsen, durchlaufen sie mehrere Häutungen. Die Raupe zeigt sich von ihren Angreifern unbeeindruckt und frisst und wächst weiter.

Schließlich sind die Wespenlarven bereit auszubrechen, und sie tun es alle zusammen. Was noch außergewöhnlicher ist, ist, dass die Raupe beim Schlüpfen der Larven noch lebt. Es wird angenommen, dass die Wespenlarven ihre letzte Häutung auf ihren Austritt aus dem Körper der Raupe abstimmen, sodass sie sich durch die Haut der Raupe quetschen, und ihre eigene Haut, die sie zurücklassen, verstopft das Austrittsloch. Sie führen also ihre eigene Operation an ihrem schwer verletzten Wirt durch. Und gerade wenn man denkt, dass die Geschichte nicht noch seltsamer werden kann, kommt noch eins drauf.

Nicht alle Larven verlassen die Raupe. Einige bleiben in der Raupe, und ihre Aufgabe ist es, die »Zombie-Raupe« zu kontrollieren und sie dazu zu bringen, die Ausbrecher zu bewachen. Währenddessen gehen die geschlüpften Larven ins nächste Stadium ihres Lebenszyklus über, sie werden zu Puppen, die wie kleine blassbraune Schoten oder Samenhüllen aussehen. Die Raupe nimmt ihre

Position in der Nähe der Puppen ein, wölbt ihren Rücken, hört auf, sich zu bewegen, und stellt sogar die Nahrungsaufnahme ein. Gelegentlich spinnt sie Seide über die Puppen, um sie zu schützen. Wenn sie gestört wird, fängt sie an, heftig um sich zu schlagen, und verteidigt die Wespenpuppen vor potenziellen Fressfeinden wie etwa Schildwanzen. Wenn die neuen Wespen aus den Puppen schlüpfen und davonfliegen, stirbt die Raupe schließlich. Wenn Ihnen nun die Haare zu Berge stehen, bin ich ganz bei Ihnen. Dennoch denke ich, dass es an der Zeit ist, den Spieß umzudrehen und diesen Parasitoiden ein wenig Anerkennung zu zollen, denn es ist diese eierlegende Nadel, die die Entwicklung eines faszinierenden neuen Werkzeugs für die Schlüssellochchirurgie inspiriert hat.

Die Gewebeentnahme aus dem menschlichen Körper ist ein wichtiger Teil vieler verschiedener chirurgischer Eingriffe. Sie findet statt, um abnormales Gewebe oder Läsionen im Körper zu untersuchen oder tumoröses, absterbendes und infiziertes Gewebe zu entfernen. Die Entfernung von Gewebe an oder nahe der Körperoberfläche ist in den meisten Fällen einfach, aber die Entnahme von Gewebe aus dem Körperinneren ist weitaus schwieriger. Es wurden verschiedene Methoden entwickelt, und einige der effektivsten sind die sogenannten aspirationsbasierten Geräte. Der Begriff »aspirieren« bedeutet saugen oder einatmen. Aspirationsgeräte entfernen also durch Saugen Gewebe oder andere Teile aus einem bestimmten Bereich des Körpers.

Bei dieser Technik kann es zu Problemen kommen. Manchmal verstopfen die Geräte, etwa beim Entfernen von Blutgerinnseln, oder das Gewebe kann bei der Entfernung beschädigt werden, was zu Problemen bei der späteren Untersuchung führt. Es besteht auch die Möglichkeit, dass gesundes Gewebe versehentlich in die Röhre gezogen wird. Selbst mit all den wissenschaftlichen Durchbrüchen und unserem heutigen Stand der medizinischen Technologie ist es nicht einfach, entlegene Stellen im menschlichen Körper zu erreichen oder in engen Räumen an winzige Strukturen, zum Beispiel im Gehirn, heranzukommen, weil die Instrumente relativ groß sind. Aspirationsbasierte Geräte sind derzeit eine der besten Optionen, aber vielleicht gibt es bald eine verbesserte Alternative.

Ein Team der Technischen Universität Delft hat ein neues Gerät entwickelt, das sich an dem Ovipositor der parasitoiden Wespe orientiert. Als die Wissenschaftler:innen unter der Leitung von Aimée Sakes feststellten, dass die Legebohrer so dünn sind, dass sie keinen Platz für Muskeln haben, wussten sie, dass ein cleverer Mechanismus am Werk sein musste. Wenn sie herausfinden könnten, was und wie er funktioniert, könnten sie ihn vielleicht für die lebensrettende Schlüssellochchirurgie nachbauen.

Der Ovipositor hat die Form einer flexiblen, hohlen Nadel. Die genaue Funktionsweise wird noch untersucht, aber im Inneren befinden sich drei Ventile, die durch eine Nut-und-Feder-Fuge verbunden sind. Diese Anordnung ist ein raffinierter Weg, um zwei Oberflächen zusammenzufügen. Stellen Sie sich vor, Sie haben zwei flache Holzstücke. Jedes Stück hat an einer Kante einen Schlitz, die sogenannte Nut, und einen dünnen, tiefen Steg an der gegenüberliegenden Kante, die sogenannte Feder. Die Feder des einen Stücks passt in die Nut des nächsten Stücks und hält sie zusammen; so passen die Ventile in unserem Rohr zusammen. Es ist ein bisschen kompliziert, aber schauen wir es uns weiter an.

Es gibt ein großes Ventil und zwei kleinere Ventile. Um zu verstehen, wie sie zusammenpassen, stellen Sie sich ein Rohr vor, das Sie der Länge nach in drei Teile schneiden – ein großes Stück und zwei kleinere Stücke. Die drei Teile werden wieder zusammengesteckt und gleiten mithilfe der Nut-und-Feder-Fuge vor und zurück. Im Inneren des Rohrs können die Ventile unabhängig voneinander gleiten und so Reibungskräfte erzeugen. Zur Eiablage gleitet eines der kleineren Teile (oder Ventile) tiefer in den Körper. Dann gleitet das zweite kleine Ventil nach vorne, gefolgt von der großen Klappe, die nach vorne gleitet und die beiden anderen als Gleitstütze nutzt. Diese Bewegung der Ventile wird mehrmals wiederholt, und die erzeugte Reibung wird genutzt, um die Ventile und das Rohr tiefer in den Körper hineinzubewegen. Man nimmt an, dass diese Bewegung auch dafür verantwortlich ist, das Ei im Inneren der Legeröhre vorwärtszubewegen.

Davon inspiriert, wurde an der Bio-Inspired Technology Group der Universität Delft ein Prototyp von einer Reihe von Nadeln entwickelt. Die Nadeln haben vier bis sechs gleich große Stäbe, die individuell gesteuert werden können. In dem Experiment wurde das gleiche Prinzip der Reibungskräfte genutzt, um die Nadel durch eine Substanz aus Gelatine zu schieben. Auf der Grundlage der Ergebnisse dieser Experimente bestand der nächste Schritt für das Team darin, das System auf den Kopf zu stellen. Anstatt die Reibung zu nutzen, um die Nadel durch eine Substanz zu treiben, nutzten sie die Reibung, um eine Substanz durch die Nadel zu schieben.

Ihr Transportsystem besteht aus sechs Schaufeln, die durch ein äußeres Rohr zusammengehalten werden. Das Rohr hat etwa die Breite eines Streichholzes. Die halbzylindrischen oder gebogenen Blätter sind gleich groß und gleich geformt. Das Rohr und die Klingen sind an einem anderen Gerät befestigt, das die Klingen in Bewegung setzt und sie nebeneinander gleiten lässt. Stellen wir uns vor, das Rohr wird verwendet, um ein Stück Krebsgewebe zu entfernen. Die Klingen bewegen sich nacheinander in Richtung der Krebszellen. Während sich eine Klinge vorwärtsbewegt und ins Gewebe schneidet, gleiten fünf nach hinten und entfernen die Krebszellen. Die Reibung, die dadurch entsteht, dass sich eine Klinge in die entgegengesetzte Richtung zu den anderen fünf bewegt, zieht das Material weg und durch die Röhre nach oben. Je nach Bewegung der Klingen kann das Gewebe in beide Richtungen transportiert werden.

Der Prototyp hat zwar großes Potenzial, aber das Team will noch Verbesserungen vornehmen, bevor klinische Versuche beginnen können. Was der Prototyp aber bereits gezeigt hat, ist, dass der reibungsbasierte Transport eine praktikable und zuverlässige Alternative zur bestehenden Methode sein kann – und das ist genau das, was erforscht werden soll. Die Forschenden glauben, dass dieses System präziser werden könnte als die Standard-

Absaugrohre, die bei der Schlüssellochchirurgie verwendet werden – und dass es möglich sein könnte, dass Tumorgewebe tief im menschlichen Körper durch winzige Schnitte entfernt wird. Aimée Sakes hofft, dass dieses Gerät bereits 2025 in Kliniken eingesetzt werden kann. Man weiß ja nie: Wenn Sie sich irgendwann in Zukunft einer Schlüssellochoperation unterziehen müssen, haben Sie das Gelingen dieses minimalinvasiven Eingriffs der Eiablagetechnik von Zombieraupen produzierenden parasitoiden Wespen zu verdanken.

7
Besonders smarte Baumeister: Termiten

Termitenhügel sind außergewöhnliche Gebilde. Wie schlafende kleine Vulkane mit zusätzlichen Seitenschornsteinen und Luftschächten, sehen sie in der Landschaft ziemlich fremdartig aus. Die Termiten errichten ihren Hügel aus Lehm oder Schlamm und leben in einem Nest an seiner Basis. Eine meiner ersten Begegnungen mit Termiten war in Namibia, wo sie von Löffelhunden aufgespürt werden. Der Löffelhund gehört zu den kleineren fleischfressenden Wüstensäugetieren und verdankt seinen Namen den überproportional großen, fledermausähnlichen Ohren, mit denen er wie eine Satellitenschüssel die Geräusche seiner Beute auffängt. Und Termiten sind eine seiner Lieblingsspeisen.

Ihnen war bisher höchstwahrscheinlich gar nicht bewusst, dass Termiten laute Lebewesen sind. Um herauszufinden, wie der Löffelhund seine korngroße Beute findet, habe ich ein winziges Mikrofon in eines der Löcher des Termitenhügels gesteckt. Als ich mir die Kopfhörer aufgesetzt habe, hörte ich seltsame Geräusche. Es hörte sich an, als hätte ich einen Radiosender eingestellt, der Bonbons knallen lässt. Es war das Geräusch, das man hört, wenn man Milch über eine Schüssel mit Knusperreis gießt – knister, knister, plopp, knall, plopp! So verstand ich, dass, während draußen alles ruhig schien, die Termiten im Inneren des Hügels fleißig bei der Arbeit waren. Auch meine Anwesenheit blieb von ihnen nicht unbemerkt. Ein paar Termiten kamen heraus, um zu erkunden, was los war, und begannen dann, das Loch, das ich für mein Mikrofon benutzte, mit frischem, schlammigem Speichel zu verstopfen.

Wieder zu Hause in London, verbrachte ich Zeit mit Freunden, als ich an diese Termiten erinnert wurde. Es war ein heißer Sommertag, und die Temperatur in dem Geschäft, in dem wir waren, begann anzusteigen. Wir waren umgeben von vielen Menschen, der Ausgang war nicht in Sicht, und ich bekam plötzlich das Gefühl, gefangen zu sein. Selbst wenn ich jetzt darüber schreibe, wird mir ein wenig mulmig und heiß. Sie kennen das sicherlich: Man spürt, wie einem langsam immer wärmer wird, während man immer schwerer atmen kann. Es scheint kein Entkommen aus dem stickigen Laden zu geben. Man kann kein Fenster öffnen, und es gibt nicht annähernd genug Klimaanlagen. Schweißperlen bilden sich auf der Stirn, und man kann es kaum erwarten, nach Hause zu kommen und sich unter die Dusche zu stellen. Wie können wir dafür sorgen, dass Einkaufszentren gut belüftet sind, sodass es für die Kunden angenehm kühl bleibt? Wie es aussieht, kann die Bauweise eines blinden, unterirdisch lebenden Insekts Antworten auf diese Frage liefern.

Die Wissenschaft von der Heizung und Belüftung von Gebäuden ist eine Herausforderung, der sich Architekten und Bauingenieure regelmäßig stellen. So etwa der Architekt Mick Pearce, der 1991 beauftragt wurde, das größte Büro- und Einzelhandelsgebäude in Simbabwes Hauptstadt Harare zu entwerfen: das Eastgate Centre. Es galt dabei eine große finanzielle Hürde überwinden: die Kosten für die Kühlung des Gebäudes. Er musste ein effizientes Kühlsystem für das Gebäude entwickeln, das, im Gegensatz zu den bestehenden, kostengünstig zu betreiben war.

Für Pearce war es eine interessante Herausforderung, denn er beschreibt sich selbst als jemanden, der mit drei Parametern arbeitet: »Ästhetik, Ressourcen und Natur.« Auf den letzten Punkt konzentrieren wir uns in diesem Kapitel. Wenn er »Natur« meint, bezieht er sich auf die Gaia-Hypothese der natürlichen Systeme, in der die Erde und ihre Biosphäre wie ein lebendes System, ein Lebewesen, betrachtet werden. Lebende Organismen interagieren mit ihrer Umgebung als Teil eines sich selbst regulierenden Systems, das das Leben unterstützt. Im Grunde läuft alles darauf hinaus, in Harmonie mit dem Planeten zu leben. Pearce glaubt, dass wir unsere Städte stärker als Ökosysteme betrachten müssen, in denen alle Teile miteinander verbunden sind und sich gegenseitig beeinflussen. In diesem Sinne fragte er sich, ob es möglich wäre, ein Gebäude zu entwerfen, das die Heizung und Kühlung ganz von selbst regelt. Und eines Tages kam ihm die Lösung, als er eine BBC-Dokumentation über Termiten sah.

Termiten leben in warmen Erdregionen. Damit sie es kühl haben, leben sie in Nestern unter der Erde, am Fuße riesiger Erdhügel aus Sand, Lehm oder Schlamm, die sie mit Speichel vermischt haben. Diese Erdhügel können über neun Meter hoch sein; das ist höher als vier Menschen, die übereinanderstehen. Bei einer so großen Kolonie leben mehrere Millionen Insekten auf engem Raum zusammen, und die Gefahr besteht, dass infolgedessen die Luft im Inneren des Hügels sehr schnell abgestanden und anoxisch (sauerstoffarm) wird. Aber die Termiten haben dieses Problem gelöst – und Mick Pearce stellte vor dem Fernseher fest, dass die Lösung für sein Problem direkt vor seiner Nase lag.

Über die Wälder und das Grasland Afrikas, Asiens, Südamerikas und Australiens verstreut leben Gesellschaften von erfahrenen Baumeistern. Ihr Aussehen wird beschrieben als »Reiskörner mit großen Köpfen und Heckenscheren als Mundwerkzeugen«, was nicht unbedingt vertrauenerweckend klingt in Bezug auf die Stadtplanung. Diese Türme bauenden Termitenarten wissen jedoch genau, was sie tun, wenn es darum geht, ihre Häuser zu bauen; und das müssen sie auch, denn sie können nur überleben, wenn die Temperatur in ihrem Bau 31 Grad nicht übersteigt. In Simbabwe kann die Temperatur zwischen Tag und Nacht um bis zu 20 Grad schwanken – wie schaffen es die Termiten also, den Luftstrom und die Temperatur in ihren Bauten zu regulieren? Was ist ihr Geheimnis? Es stellt sich heraus, dass der große Erdhügel, den jede Kolonie über dem Nest errichtet, als ein natürliches Belüftungs- und Klimatisierungssystem fungiert.

Jahrzehntelang haben Wissenschaftler:innen diese gewaltigen Erdhügel und ihre Funktionsweise bewundert. Es wurde allgemein angenommen, dass diese Insektenaufbauten zur Belüftung des Nestes beitragen, indem sie verbrauchte Luft durch frische austauschen. Aber wie dieser Luftaustausch genau erreicht wurde, blieb ein Rätsel. Der Wissenschaftler Hunter King und seine Kolleg:innen von der Harvard University konnten das Rätsel schließlich lösen: mithilfe einer Pilzart aus dem tropischen Südwestasien namens *Odontotermes obesus*, von Wärmebildaufnahmen und der Installation winziger Luftstromsensoren in etwa zwei Dutzend Termitenhügeln.

Ihre Untersuchungen ergaben, dass jeder Hügel wie eine »externe Lunge« funktioniert und den Temperaturwechsel zwischen Tag und Nacht nutzt, um die Belüftung zu steuern. Das Ganze beruht auf dem Prinzip, dass heiße Luft nach oben steigt und kalte Luft nach unten sinkt. Eine andere Erklärung ist, dass Termiten Türme bauen, die die Durchmischung und den Austausch von Gasen wie Sauerstoff und Kohlendioxid optimieren, ähnlich wie unsere Lunge. Die Hügel sind also eine Erweiterung ihres Stoffwechsels – ein lebendes System, ein Superorganismus, wenn man so will.

Das funktioniert, weil die Wände der Termitenhügel keine feste Struktur haben, sie sind mit winzigen, für das menschliche Auge unsichtbaren Poren bedeckt, die die Luft durchlassen. Außerdem gibt es einen großen zentralen Schornstein, der mit einem System von Rohren in den dünnen, flötenartigen Seitenhügeln, den sogenannten Stützpfeilern, verbunden ist, die ebenfalls über Schornsteine verfügen. Tagsüber erwärmt sich die Luft in den dünnen Stützpfeilern schneller als die Luft in dem isolierten zentralen Schornstein. Infolgedessen steigt heiße Luft durch die äußeren Schornsteine auf, und die kühle Luft im zentralen Schornstein sinkt, sodass die Luft zirkuliert und kontinuierlich Sauerstoff einbringt und Kohlendioxid ausspült. Nachts funktioniert das Lüftungssystem andersherum: Die Luft in den äußeren Schornsteinen kühlt schnell ab und sinkt auf eine Temperatur unter jener des zentralen Schornsteins. Diese Umkehrung des Luftstroms führt dazu, dass die kohlenstoffdioxidreiche Luft, die sich tagsüber im unterirdischen Nest angesammelt hat, das Produkt der Lebewesen, die atmen und Sauerstoff verbrauchen, ausgestoßen wird. Einige Termitenarten passen zusätzlich den Erdhügel ständig an, indem sie abwechselnd neue Gänge öffnen und andere verschließen, um die Wärme, Feuchtigkeit und allgemeine Belüftung im Inneren aktiver zu regulieren. Das hält auch lästige Filmteams davon ab, Mikrofone in ihre Tunnel zu schieben!

Während Mick Pearce die Dokumentation über die Termiten sah, wurde ihm klar, dass er eine ähnliche Technik zur Belüftung des von ihm entworfenen Einkaufszentrums in Harare nutzen könne – und man sieht die Einflüsse bis heute. Die Anlage besteht aus zwei Gebäuden, die durch ein Glasdach miteinander verbunden sind. Ein Netz von Gehwegen und Stahlbrücken überspannt das darunterliegende Atrium mit Aufzügen und Rolltreppen zwischen den verschiedenen Ebenen und Übergangsbrücken. Das Gebäude besteht aus Betonplatten und Ziegeln, und genau wie der Boden in unserem Termitenhügel haben diese Materialien eine hohe thermische Masse, das heißt, sie können eine große Menge Wärmeenergie aufnehmen, ohne dass sich ihre Temperatur stark verändert. Die Außenseite des Gebäudes ist stachelig wie ein Kaktus, was seine Oberfläche vergrößert. Dies hat den Effekt, dass nachts weniger Wärme verlorengeht und tagsüber weniger Wärme aufgenommen wird.

Im Inneren des Gebäudes saugen elektrische Ventilatoren die kühle Nachtluft von außen an und blasen sie durch Hohlräume unter den Böden nach oben und von dort durch Lüftungsöffnungen in jedes Büro. Wenn die warme Luft aufsteigt, wird sie durch 48 runde Backsteinschornsteine herausgezogen. In kühlen Sommernächten werden Ventilatoren eingesetzt, um siebenmal pro Stunde Luft durch das Gebäude zirkulieren zu lassen und die Hohlböden abzukühlen. Tagsüber veranlassen die Ventilatoren zwei Luftwechsel pro Stunde. Auf diese Weise wird die Luft frisch gehalten.

Nachts werden die Betonblöcke gekühlt, wodurch die zirkulierende Luft abkühlt. Wenn der Morgen kommt und die Temperatur ansteigt, entweicht die warme Luft durch die Decke und durch die Schornsteine. Dank dieser Konstruktion wird die Temperatur auf einem angenehmen Niveau gehalten; und auch wenn dieses preisgekrönte Design noch verbessert werden kann, verbraucht es 50 Prozent weniger Energie als Gebäude, die mit herkömmlichen Klimaanlagen gekühlt werden.

Wie die Termiten und ihre stetigen Verbesserungen ging auch Mick Pearce noch einen Schritt weiter und arbeitete mit einem Team in Australien zusammen, um das Melbourne City Council House 2, auch bekannt als CH2, zu entwerfen und zu bauen. Die Fassade des Gebäudes besteht vollständig aus vertikalen Holzlatten, die eine verglaste Wand abdecken. Diese Lamellen schwenken vertikal, wie die Türen in einem Haus, und öffnen und schließen sich je nach Tageszeit und Sonnenstand. Es ist fast so, als würde die Struktur zum Leben erwachen, da sie auf die Bedingungen um sie herum reagiert. So hält CH2 eine Innentemperatur von 21 bis 23 Grad und verbraucht 80 Prozent weniger Energie als Gebäude gleicher Größe.

Auch Rupert Soar, Ingenieur an der Nottingham Trent University, interessiert sich seit Langem für Termitenhügel und ihr Belüftungssystem. Anhand von Lehren, die Rupert aus dem Termitenhügel zieht, ist er der Ansicht, dass wir versuchen sollten, Gebäude zu bauen, die durchlässig sind und einen besseren Luftstrom ermöglichen. Er argumentiert, dass Gebäude im Allgemeinen als hermetisch verschlossene Kästen entworfen werden, das heißt, dass sie praktisch luftdicht sind. Seiner Meinung nach muss sich das ändern, indem Wände eher wie Membranen wirken. Neben der Energieeinsparung durch die Nutzung des natürlichen Luftstroms statt von Elektrizität würden diese Membranen auch Probleme wie Feuchtigkeit beseitigen. Natürlich würde dies eine grundlegende Änderung der Art erfordern, wie Gebäude konzipiert und gebaut werden. Aber wer weiß – in den nächsten Jahren könnten wir das Ende der traditionellen Ziegel und Mörtel erleben, sie könnten durch leichtere, atmungsaktive Strukturen ersetzt werden – genau wie es die Termiten mit ihren Hügeln machen, um in der heißen Wüste einen kühlen Kopf zu bewahren.

8
Der Kabeljau und das Leben in eisiger Kälte

Ich muss ein Geständnis ablegen: Ich bin ein Sonnenanbeter. Okay, erwischt, ich habe gelogen … Ich bin ein riesengroßer Sonnenanbeter! Sie wissen sicher, wovon ich spreche: dieses Gefühl der wärmenden Sonne auf der Haut, und wie sich Ihre Batterien mit jedem einzelnen Strahl aufladen. Alles fühlt sich einfach besser an, wenn die Sonne scheint. Die Menschen um uns herum lächeln mehr, und im Sommer fühlt sich das Leben wie ein einziger großer Urlaub an. Wenn aber der Winter naht und die Tage immer dunkler werden und die Temperaturen sinken, geht es mir nicht so gut. Bilder von schneebedeckten Feldern und Bergen sind zwar sehr schön, in den Städten verwandelt sich die Schneelandschaft jedoch sehr schnell in einen grauen Schneematsch. Früher hat's mir vor den frühen Wintermorgen, an denen ich den Frost von der Windschutzscheibe des Autos meiner Mutter abkratzen musste, gegraut. Ich wollte viel lieber an einem mediterranen Ort sein, bei angenehmen 24 Grad und einer frischen Meeresbrise. Das ist der Grund, warum ich die Pflanzen und Tiere da draußen bewundere, die in der Lage sind, bei Temperaturen zu leben, bei denen nicht nur unsere Zähne klappern, sondern auch menschliches Blut gefrieren würde. Fische wie der Kabeljau und wirbellose Tiere wie etwa Schneeflöhe können diese Minustemperaturen überleben, ohne zu erfrieren. Sie sind zur Inspiration für neue Technologien geworden, die die Konservierungszeit von Transplantationsorganen verlängern und es uns ermöglichen, sie in weiter entfernte Gegenden zu fliegen, was viel mehr Leben retten könnte.

Das Problem beim Leben bei sehr niedrigen Temperaturen ist aber nicht unbedingt die Kälte selbst, sondern was mit dem Wasser im Körper dieser Lebewesen passiert. Wenn die Temperatur unter den Gefrierpunkt sinkt, bilden sich kleine Eiskristalle in den Zellen von Pflanzen und Tieren. Das wird vor allem bei Lebewesen deutlich, die ihre Körpertemperatur nicht regulieren können – die sogenannten Kaltblüter. Wenn diese Eiskristalle wachsen, ziehen sie Wasser aus den umgebenden Zellen, was deren Struktur zerstört und zum Tod der Zellen führt. Wenn Sie schon einmal versucht haben, eine Flasche Saft oder Wein im Gefrierschrank abzukühlen, sie aber zu lange dringelassen haben, wissen Sie nur zu gut, was passiert. Wenn die Flüssigkeit gefriert, dehnt sie sich aus, und schließlich platzt die Flasche. Lebensmittel wie Beeren sind nach dem Auftauen aus genau demselben Grund Brei – weil ihre Zellen beim Einfrieren geplatzt sind.

Was passiert eigentlich, wenn Wasser gefriert? Wenn Wasser kälter wird, wird es dichter, bis es etwa 4 Grad erreicht. Wenn es den Gefrierpunkt erreicht und zu Eis wird, bedeutet die Anordnung der neu gebildeten

Eiskristalle, dass die Wassermoleküle jetzt mehr Platz einnehmen, und so wird alles leichter und weniger dicht. Aus diesem Grund schwimmt Eis auf dem Wasser. Die Ausdehnung ist auch die Ursache dafür, dass Materialien reißen und brechen, wie bei einem Wasserrohrbruch im Winter. Dies kann auch für Pflanzen und Tierzellen schädlich sein. Es ist die Ausdehnung des Wassers, wenn es gefriert, die sie platzen lässt.

Einige lebende Organismen enthalten jedoch eine Gruppe von einzigartigen Molekülen, sogenannte Frostschutzproteine oder Anti-Frost-Proteine (AFP). Der Begriff »eisbindendes Protein« wurde als alternative Bezeichnung vorgeschlagen, denn AFP verhindern nicht unbedingt das Gefrieren als solches, sie verhindern jedoch Zellschäden, wenn es zu kalt wird. Diese Anti-Frost-Proteine haben eine bemerkenswerte Fähigkeit, den Gefrierpunkt einer Lösung zu senken, wodurch die Eiskristalle sehr klein und damit für den betreffenden Organismus besser handhabbar werden. Fische, die in der Arktis und im Südpolarmeer leben, sind fantastische Beispiele dafür. Sie können bei Temperaturen von etwa minus 2 Grad überleben, weil sie AFP im Blut haben. Diese Proteine senken den Gefrierpunkt des Wassers in ihrem Körper, was es ihnen ermöglicht, eiskalte Meere zu bewohnen, die unterhalb des Gefrierpunkts ihres Blutserums (minus 0,7 Grad) liegen. Unter diesen Bedingungen würden die meisten anderen Fische sterben.

Diese Arten vermeiden das Gefrieren durch einen Mechanismus, der »Adsorptionshemmung« genannt wird. Wenn sich die Gefrierschutzmoleküle an ein Eiskristall binden, verändern sie seine flachen Wachstumsflächen in Bereiche mit gekrümmten Flächen. Die Wassermoleküle können sich nicht so leicht an diese binden, sodass sie flüssig bleiben und nicht in festes Eis umgewandelt werden. Daher ist die einzige Möglichkeit, um die Wassermoleküle dazu zu bringen, in diesen gekrümmten Bereichen zu bleiben, die Senkung der Temperatur – das bedeutet, dass die Frostschutzmoleküle den Gefrierpunkt gesenkt haben.

Aber nicht nur diese Fische verfügen über Superkräfte bei Minusgraden. Eine ganze Reihe von Organismen – Bakterien, Pilze, Krebstiere, Mikroalgen und Amphibien – haben ebenfalls Strategien entwickelt, um die Kälte zu überleben. Aber bleiben wir erst einmal bei den Fischen.

Nehmen wir die Antarktisfische *(Notothenioidei),* zu denen der Krokodileisfisch gehört (er hat kein Hämoglobin in seinem Blut und sieht daher geisterhaft weiß aus) sowie die atlantischen und arktischen Kabeljauarten. Sie alle leben in sehr kalten und sehr salzigen Meeren, und genau diese Kombination aus Kälte und Salz macht diese Meere zu einem ziemlich unwirtlichen Lebensraum.

Aber es gibt noch etwas, das noch seltsamer ist. Schauen wir uns das eiskalte Meerwasser an, das noch nicht gefroren ist, denn Meerwasser gefriert nicht bei 0 Grad wie Süßwasser. Wegen des darin gelösten Salzes sinkt der Gefrierpunkt des Meerwassers von 0 auf minus 1,9 Grad. Dieses sehr kalte Meerwasser – das eine Flüssigkeit ist – müsste aber eigentlich das weniger salzhaltige

Wasser im Körper eines Fisches zum Gefrieren bringen, was es aber nicht tut. Wie also schafft der Fisch das?

Der Physiologe Professor Arthur DeVries von der University of Illinois hat herausgefunden, dass sich zuckerhaltige Proteine, sogenannte Glykoproteine, an Eiskristalle im Blut des Antarktischen Kabeljaus anlagern und die Eiskristalle daran hindern zu wachsen. In Verbindung mit natürlich vorkommenden Körpersalzen bedeutet das, dass die von ihm untersuchten Fische eine Bluttemperatur von minus 2,5 Grad halten können, ohne zu erfrieren.

Seit der Entdeckung der Anti-Frost-Proteine in den 1960er-Jahren besteht ein großes Interesse an ihrem wirtschaftlichen Potenzial. Eine faszinierende Entdeckung ist, dass die gleichen Frostschutzproteine, die Organismen in kalten Umgebungen vor dem Gefrieren bewahren, auch umgekehrt Eis bei wärmeren Temperaturen daran hindern zu schmelzen. Der Konsumgüterkonzern Unilever hat diese Entdeckung gemacht und verwendet die Eis-strukturierenden Proteine (oder kurz ISP) in einigen seiner Speiseeiserzeugnisse. Diese eisstrukturierenden Proteine funktionieren ähnlich wie die Anti-Frost-Proteine, die in unseren antarktischen Fischen vorkommen, allerdings können sie im Labor mithilfe von gentechnisch veränderter Backhefe hergestellt werden, der Konzern ist also nicht auf schwindende Fischbestände angewiesen. Die Hefe enthält das Gen eines Fisches namens Stintdorsch, der im nordwestlichen Atlantik vorkommt und der Frostschutzproteine in seinem Blut hat. Das Ergebnis ist eine Eiscreme, die bei steigender Temperatur länger ihre Form beibehält und viel langsamer schmilzt als normalerweise. Falls Sie denken, Speiseeis sei ein Nischenmarkt, sollten Sie wissen, dass für 2024 mit einer geschätzten weltweiten Produktion von Speiseeis im Wert von 74 Milliarden Dollar gerechnet wird. Anti-Frost-Proteine sind jedoch nicht nur bei der Produktion von Eiscreme nützlich.

Für viele Fluggesellschaften ist es eine große Herausforderung, ihre Flugzeuge bei kalten Bedingungen frostfrei zu halten. Jede Verspätung am Boden, die durch Eis auf Luftfracht- oder Passagierflugzeugen verursacht wird, verursacht Kosten und birgt das Risiko, das Flugzeug zu beschädigen. Je länger die Verspätung dauert, desto teurer wird es. In Deutschland arbeitet das Fraunhofer-Institut für Fertigungstechnik und Angewandte Materialforschung an einer Reihe von Strategien zur Minimierung der Eisbildung, einschließlich einer Anti-Eis-Beschichtung, die auf Anti-Frost-Proteinen basiert. Diese Proteine würden die Oberfläche des Flugzeugs vor Vereisung schützen und die Flugzeuge in Bewegung halten – gute Nachrichten für die Fluggesellschaften und weniger Verspätungen für uns Passagiere. (Trotzdem würde ich lieber das kostenlose Upgrade nehmen.)

Sinnvoll wäre es auch, Stromleitungen vom Eis zu befreien. Das Gewicht des Eises kann nicht nur dazu führen, dass die Kabel reißen, es wirkt auch als Isolator. Die Eisschicht führt dazu, dass sich die Kabel erwärmen. Dadurch wird die Energieübertragung weit weniger effizient. Wenn man also Stromleitungen mit Anti-Frost-Protein-Beschichtungen versieht, könnten Millionen

Dollar allein an Wartungs- und Reparaturkosten eingespart werden, zusätzlich zu den Vorteilen der verbesserten Energieeffizienz.

Die aufregendste Technologie, die aus diesem Studienbereich heraus entwickelt wird, befindet sich aber vielleicht im Gesundheitssektor. Anti-Frost-Proteine spielen eine entscheidende Rolle bei der Konservierung von Organen und Geweben, die für Transplantationen bestimmt sind. Tausende Menschen warten weltweit auf eine Transplantation, sodass es von großem Vorteil wäre, Organe über längere Strecken zu transportieren oder sie für längere Zeit lagern zu können. Dies könnte bald möglich werden, da Wissenschaftler mittlerweile in der Lage sind, neue synthetische Anti-Frost-Proteine herzustellen – und das alles dank des bescheidenen Schneeflohs.

Schneeflöhe sind gar keine Flöhe, der Name steht für verschiedene Gliederfüßer, aber es ist vor allem ein Springschwanz, an dem wir ein frostsicheres Interesse haben, ein dunkelblauer nordamerikanischer Schneefloh, der aussieht wie schwarze Pfefferflocken auf Schnee.

Springschwänze sind eine primitive Gruppe von Organismen, die eng mit den Insekten verwandt sind. Sie sind flügellos, haben Augen, die nur Licht und Dunkelheit wahrnehmen können, und ungewöhnliche Mundwerkzeuge, die sich innerhalb des Kopfes befinden. Wie Insekten haben sie sechs Beine und bewegen sich im Schnee, indem sie laufen oder springen. Anstatt ihre Beine zum Springen zu benutzen wie echte Flöhe, katapultieren sie sich in die Luft, indem sie einen federähnlichen Mechanismus, die Furcula, auslösen, der unter dem Hinterleib gefaltet ist. Durch die Furcula werden die Schneeflöhe bis zu 30 Zentimeter in die Luft geschleudert, was sehr beeindruckend ist, wenn man bedenkt, dass diese kleinen Kreaturen weniger als drei Millimeter lang sind. Das ist ein Sprung, der das 100-Fache ihrer Körperlänge übertrifft – als menschliches Äquivalent wäre das ein Sprung über die Londoner St Paul's Cathedral mit 60 Meter Abstand. Schneeflöhe leben hauptsächlich im Boden und unter Laubstreu und ernähren sich von verrottenden Pilzen, Algen, Bakterien und anderen organischen Stoffen. Ihr Name deutet es schon an: Während die meisten anderen Insekten (und vernünftige Menschen wie meine Mutter) sich gemütlich einmummeln, können Schneeflöhe Minusgrade überleben und springen im Schnee herum.

Professor Laurie Graham von der Queens University in Kanada fielen sie erstmals beim Skilanglauf auf. Sie sammelte einige ein, um sie in ihrem Labor zu untersuchen. Es stellte sich heraus, dass der Schneefloh durch Anti-Frost-Proteine, die reich an einer bestimmten Aminosäure (einem Proteinbaustein) namens Glycin sind, vor dem Gefrieren geschützt ist. Genau wie beim Kabeljau bindet sich diese an die Eiskristalle und hindert sie daran, größer zu werden, sodass das Wasser in den Zellen eines Schneeflohs nicht gefriert. Durch die Isolierung des Proteins konnten die Wissenschaftler seine Struktur genauer untersuchen und neue synthetische Anti-Frost-Proteine entwickeln, die unter anderem für den Transport von Transplantationsorganen eingesetzt werden könnten.

Eine der Herausforderungen bei Organtransplantationen ist, dass man die Organe sehr kühl halten muss, aber nicht so kalt, dass sie gefrieren und beschädigt werden. Anti-Frost-Proteine würden es ermöglichen, die Organe bei niedrigeren Temperaturen zu lagern, ohne dass sie gefrieren, wodurch sich die »Haltbarkeit« der Organe zwischen Entnahme und Transplantation verlängert. In diesem Wettlauf gegen die Zeit könnten Anti-Frost-Proteine den Unterschied ausmachen, wenn es darum geht, das Leben von Menschen zu retten, die ums Überleben kämpfen. Ein zusätzlicher Vorteil dieser Proteine ist, dass die Anti-Frost-Proteine bei höheren Temperaturen ihre Struktur verlieren, sodass sie sich auf natürliche Weise abbauen, sobald sie Körpertemperatur erreicht haben, und dann schnell aus dem System der Patient:innen ausgeschieden werden. Dadurch wird die Wahrscheinlichkeit von Nebenwirkungen verringert.

Die Forschung zu Frostschutzproteinen steckt noch in den Kinderschuhen, aber die Wissenschaftler:innen erkennen bereits eine breite Palette möglicher Anwendungen. Was wir nicht wissen, ist, wie sich der Klimawandel auf viele Arten auswirken wird, die von Anti-Frost-Proteinen profitieren. Wir können im Forschungsgebiet der synthetischen Anti-Frost-Proteine nur dann vorankommen, wenn wir mehr dieser Organismen beobachten, die Anti-Frost-Proteine auf natürliche Weise produzieren und in abgelegenen Teilen der Welt (wie in der Antarktis) leben und gedeihen, wie sie es seit Jahrmillionen vor unserer Entstehung getan haben. Es sollte uns eine Warnung sein, dass wir, um die biologische Vielfalt unseres Planeten weiterhin erforschen und nutzen zu können, um ihren Schutz und Erhalt kämpfen müssen.

9
Elefantenrüssel und bionische Arme

Stellen Sie sich vor, Sie wurden mit einer langen, dicken Nudel mitten im Gesicht geboren. Verständlicherweise haben Sie keine Ahnung, wie man diese riesige Nudel bewegt, es hat sogar den Anschein, dass sie einen eigenen Willen hat! In den nächsten Monaten werden Sie sich manchmal etwas linkisch vorkommen, aber ein Leben ohne sie wäre zweifellos der sichere Untergang für Sie und Ihresgleichen. Das klingt wie die einleitenden Worte für die Memoiren eines Ramen-Liebhabers, oder? Falsch, Sie haben gerade die Welt aller Babyelefanten betreten, die jemals auf diesem Planeten gewandelt sind.

Der Rüssel eines Elefanten erfordert für den richtigen Einsatz eine äußerst präzise Koordination. Wenn sie erwachsen sind, haben Elefanten die größten Gehirne aller Landsäugetiere, aber die Entwicklung und Stärkung der Nervenbahnen vom Gehirn zum Rest des Körpers brauchen Zeit. Wie Sie sich vorstellen können, mag der Rüssel eines neugeborenen Elefantenkälbchens eher als ein schlaffes, unbeholfenes Hindernis erscheinen als ein lebensveränderndes Anhängsel. Ich muss zugeben, dass es mir schwerfiel zu glauben, dass Elefanten erst einmal lernen müssen, wie sie ihren Rüssel gebrauchen, aber genau das konnte ich beobachten, als ich den Sheldrick Wildlife Trust in Kenia besucht habe. Diese Stiftung wurde 1977 von Dame Daphne Sheldrick gegründet, und sie arbeitet mit dem Kenya Wildlife Service, dem Kenya Forest Service und lokalen Gemeinden zusammen, um sichere Zufluchtsorte für Wildtiere zu schaffen.

Neben vielen anderen Bemühungen rettet, rehabilitiert und integriert das Projekt verwaiste Elefanten in eine neue Familienherde. Um den jungen Kälbern zu helfen, kümmern sich die Pfleger um sie und bewachen sie rund um die Uhr. Einige schlafen sogar über Nacht in den Ställen mit ihren kostbaren Babys. Neben dem Schlafen ist das Füttern ein wesentlicher Teil des Bindungsprozesses mit ihren menschlichen Ersatzherdenmitgliedern. Es war auch die perfekte Gelegenheit für mich, ihre Rüssel aus nächster Nähe zu beobachten. Ausgestattet mit einer Vier-Liter-Flasche mit Milch, und einer speziellen Elefantenmilchformel, die Dame Daphne als Erste perfektioniert hatte, konnte ich mit ansehen, wie zwanzig Elefantenkälber, in einer Reihe aufgereiht, im goldenen Morgenlicht auf die Fütterungsstation zudonnerten – ein Anblick, den ich nie vergessen werde.

Was mich am meisten überrascht hat, war ihre Größe. Neben den zweijährigen Tieren zu stehen, die bereits auf meiner Schulterhöhe waren, war ziemlich einschüchternd, besonders, wenn sie sich um die Pfleger und mich drängelten, um besser an die Milch zu kommen. Eines der älteren Kälber, offensichtlich unbeeindruckt von meinen Fütterungskünsten, rollte langsam seinen Rüssel um die Flasche und beschlagnahmte sie aus meinen Händen, um sich selbst zu füttern. Beim Füttern war der Unterschied zwischen den erfahreneren Kälbern und den viel jüngeren deutlich zu sehen. Eines der Waisenkinder, erst ein paar Monate alt, war so klein, dass es seine eigene Decke hatte, die die Ranger ihm über den Rücken legten, um den kleinen Elefanten an kühlen Morgen und Abenden warm zu halten. Er trank viel langsamer und war viel zögerlicher, wenn er seinen Rüssel benutzte, der sich gelegentlich so unbeholfen bewegte, dass es aussah, als würde er von jemand anderem kontrolliert werden.

In freier Wildbahn brauchen Elefanten etwa zehn Jahre, um alle Fähigkeiten und Kenntnisse zu erlernen, damit sie als Erwachsene überleben können. Das Erlernen des Umgangs mit dem Rüssel dauert mindestens ein ganzes Jahr, und das ist wohl die wichtigste Lektion für ein Elefantenbaby. Sobald es den Elefantenrüssel jedoch beherrscht, wird er zu seinem stärksten, geschicktesten und wichtigsten Werkzeug. Es ist kein Wunder, dass Wissenschaftler diese Kraft und Geschicklichkeit nachahmen wollten, um einen wendigen, aber weichen Arm zu schaffen, der den Bereich der Robotik für immer revolutionieren könnte.

Auf diese besondere Geschichte sind wir dank eines unserer *30-Animals*-Podcast-Hörers gekommen. Der siebenjährige Pranav Sanivarapu aus Bangalore, Indien, schrieb uns und schlug vor, dass wir uns eine Geschichte ansehen sollten, die ihn beeindruckt hatte: wie Elefantenrüssel zu einem neuen Roboterarm inspiriert haben. Also, Pranav, ich freue mich, dir sagen zu können: Danke für den Tipp, dieser Beitrag geht auf dich!

Es ist unbestritten, dass ein Elefantenrüssel absolut faszinierend ist. Er fühlt sich weich an und ist mit Knorpeln verstärkt – dem gleichen Material, aus dem die menschlichen Gelenke bestehen –, die dem Rüssel Stärke, Zähigkeit und Haltbarkeit verleihen. Die Beschaffenheit der Haut lässt sich am besten beschreiben als eine Mischung aus Samt und sehr feinem Schleifpapier. Aus der Nähe betrachtet ähnelt sie einem gerippten Schlauch, wie man ihn von Staubsaugern kennt. Die obere oder nach vorne gerichtete Seite des Rüssels ist mit Härchen bedeckt, während die nach hinten gerichtete Seite flacher und mit kleinen Höckern versehen ist, die sich über die gesamte Länge erstrecken. Diese Falten und Erhebungen der Haut haben mich an Miniaturberge und -täler erinnert, aber wenn der Rüssel ausgestreckt wird, werden sie flacher und ähneln der weiten, offenen Savanne, die der Afrikanische Elefant durchstreift. Ich dachte immer, das hat etwas wunderbar Poetisches. Die fingerartigen Fortsätze an der Spitze des Rüssels dienen dazu, die nähere Umgebung zu erkunden. Die Art, wie er sich bewegt, erinnert mich irgendwie an einen Blutegel, der die Luft nach der Wärme seines nächsten Wirtes absucht – aber ohne den gruseligen Blutsauger-Teil! Elefanten sind viel niedlicher als Blutegel, und sie sind die größten Landtiere, die heutzutage auf dem Planeten leben. In Anbetracht dessen ist es nur fair, ein paar Zahlen zu nennen, um zu unterstreichen, wie großartig sie wirklich sind.

Ihr Rüssel enthält unglaubliche 40 000 Muskeln. Er ist stark genug, um Bäume umzustoßen und mehr als 300 Kilogramm zu heben, aber er ist auch sehr empfindlich. An der Spitze des Rüssels befinden sich die »Finger« – Afrikanische Elefanten haben zwei, während der Asiatische Elefant nur einen hat –, mit denen der Rüssel heikle Manöver ausführen kann, wie etwa einen einzelnen Grashalm greifen. Der Rüssel hat zwei lange Nasenlöcher, die Gerüche zu einem der besten Geruchsnervenzentren des gesamten Tierreichs führen. Der Geruchssinn der Elefanten ist übrigens brillant, sie können sogar Wasser (!) aus der Ferne erschnüffeln.

Der Rüssel ist nicht nur ein super Schnüffelgerät – der Geruchssinn eines Elefanten ist vermutlich viermal stärker als der eines Bluthundes –, er nimmt auch Vibrationen wahr. Elefanten können aus weiter Entfernung Herden und sogar Gewitter spüren. Sie spüren die eintreffenden Infraschallwellen (sehr niederfrequente Geräusche), indem sie ihren Rüssel auf den Boden legen oder in die Luft heben. Ihre Füße enthalten auch vibrationsempfindliche Zellen, Pacini-Korpuskeln, die ihnen helfen, diese tiefen, rumpelnden Töne wahrzunehmen. Aber zurück zum Rüssel, der auch die unglaubliche Fähigkeit besitzt, eine Menge Wasser zu speichern. Der Elefant kann seine Nasenlöcher aufblähen und seinen Rüssel um 64 Prozent erweitern, um mehr als 9 Liter Wasser auf einmal zu speichern, und er saugt es mit 3 Litern pro Sekunde auf, was der gleichzeitigen Spülung von 20 Toiletten entspricht. Dazu muss die Luft mit einer Geschwindigkeit von 531 Kilometern pro Stunde eingeatmet werden, das ist 30-mal schneller als menschliches Niesen und vergleichbar mit einem Hochgeschwindigkeitszug. Mit demselben Rüssel kann der Elefant Bäume ausreißen, Futterhaufen aufsaugen, aber auch einen Tortilla-Chip vom Tisch aufheben, ohne ihn zu zerbrechen.

Entgegen der landläufigen Meinung funktioniert der Rüssel jedoch nicht wie ein Strohhalm, der direkt zum Trinken benutzt wird. Er transportiert das Wasser zum Mund des Elefanten. Er ist auch nützlich, damit sich der Elefant mit Wasser bespritzt oder sich trockenen Schlamm auf den Rücken und die Ohren sprüht, um sich abzukühlen und äußere Parasiten abzuwehren. Wenn der Elefant tiefes Wasser durchquert, dient der Rüssel ihm auch als Schnorchel. Dieser Rüssel ist einfach genial – ein muskulöses Multitasking-Tool des Elefanten.

Der Rüssel kann auch als Objekt der Zuneigung und des Trostspendens benutzt werden. Eine Elefantenmutter wickelt ihren Rüssel um die Beine und den Bauch ihres Kälbchens und gibt dabei beruhigende Geräusche von sich. Es ist sogar bekannt, dass sich Elefanten mit ihrem Rüssel selbst streicheln und drücken, um sich besser zu fühlen.

Diese Vielseitigkeit – die Fähigkeit zu greifen, stark und biegsam zu sein, aber auch ein feines Händchen zu haben – ist es, was die Ingenieure des Bionic Learning Network begeistert, ein Forschungsprojekt, an dem ein Konsortium aus Universitäten, Instituten und Entwicklungsunternehmen, darunter das deutsche Industrie- und Automatisierungsunternehmen Festo, beteiligt sind. Was ist der Grund für ihr Interesse? Die Ingenieure haben ein Problem mit den massiven Robotern, die in Fertigungsstraßen eingesetzt werden, wie jene, die etwa die Autos in Fabriken zusammenbauen. Vielleicht haben Sie schon

Videos davon gesehen, wie diese Roboter ihre Aufgaben mit einer faszinierenden Genauigkeit erledigen. Sie sind stark, präzise und bewegen sich fast ballettartig. Obwohl sie brillant sind bei der Ausführung exakter Aufgaben in exakten Zeiten, sind sie gefährlich. Wenn ihre scharfen Metalloberflächen mit einem Menschen zusammenstoßen würden, wäre das für den Menschen schmerzhaft. Deshalb müssen Roboter und Menschen voneinander getrennt arbeiten. Das ist allerdings nicht immer praktisch, denn es gibt Momente, in denen man sich einem Roboter nähern möchte, etwa wenn er bei einem medizinischen Eingriff verwendet wird.

Deshalb beschloss das Team unter deutscher Leitung im Jahr 2010, einen Roboter zu entwickeln, der weit weniger gefährlich, aber genauso flexibel und stark sein sollte – und so begannen sie, sich mit all den besonderen Eigenschaften eines Elefantenrüssels zu beschäftigen. Die Ingenieure wollten die Weichheit des Rüssels in ihrem Roboterarm imitieren und entschieden sich daher dagegen, harte Metalle wie Stahl oder Eisen zu verwenden. Sie nahmen einen leichten Kunststoff, Polyamid. Für den Bau des Arms verwendeten sie eine Technologie, die damals revolutionär war und es auch heute noch ist, wenn Sie mich fragen: 3D-Druck, ein computergesteuertes Verfahren, mit dem Materialien zu einer 3D-Form verbunden oder verfestigt werden können. Der Arm ist keine feste Kunststoffmasse, sondern enthält viele Hohlkammern, die übereinandergestapelt sind. Laut den Ingenieur:innen führt diese leichtere Konstruktion dazu, dass der Roboter viel weniger Gefahr läuft, einen Menschen zu verletzen, selbst wenn er jemanden versehentlich mit voller Wucht treffen sollte. Und damit war der »Bionische Handling-Assistent« geboren.

Nachdem das Problem, einen leichten Arm zu entwickeln, gelöst war, mussten die Ingenieure herausfinden, wie sie ihn so flexibel und stark wie ein Elefantenrüssel machen konnten. Sie hatten sich darauf konzentriert, dass ihr Roboter keine harten oder gefährlichen Gegenstände enthielt, und so fiel die Entscheidung: Er sollte nur mit Luft funktionieren. Im täglichen Leben scheint Luft nicht so besonders, aber wenn man sie unter Druck setzt, also komprimiert, wird sie zu einem kraftvollen Mittel zum Heben und Bewegen schwerer Lasten. Das Team baute eine Reihe von Ventilen und eine Steuereinheit, die an der Basis des Roboters untergebracht sind und die Luft in komprimierte Luft verwandeln. Über die Ventile leiteten sie die komprimierte Luft in die Hohlkammern im Inneren des Arms.

Um eine Vorstellung davon zu bekommen, wie diese Kammern aussehen, denken Sie an viele kleine, leere Luftballons im Inneren des Arms. Die Ventile dienen zum Aufblasen und Entleeren dieser Ballons, indem sie die Luftmenge variieren und so den Arm bewegen. Wenn die Ventile die Ballons auf der linken Seite des Arms aufblasen, dehnen sich diese aus und verlängern sich, so als würde man einen Ballon aufblasen. Dies schiebt den Arm in die entgegengesetzte Richtung, in diesem Fall nach rechts. Und da haben wir es: ein Roboterarm, der leicht ist, sich in alle Richtungen bewegen kann und stark genug ist, um schwere Lasten zu heben. Aber das ist nicht die einzige Art, wie der Bionische Handling-Assistent den Elefantenrüssel nachahmt.

An der Spitze des weichen Arms hat das Team Finger angebracht, genau wie die Finger an der Spitze des echten Elefantenrüssels. Diese werden ebenfalls mit Druckluft auf- und abgeblasen, damit sie sich bewegen. Sie sind aus einem weichen Material gefertigt, das sich um jedes Objekt legen kann, selbst wenn es extrem zerbrechlich ist. Das bedeutet, dass die Finger kein Problem damit haben, so etwas Zartes wie ein Ei oder etwas Dünnes wie einen Grashalm hochzuheben, genau wie der Elefant.

Als der Bionische Handling-Assistent im Jahr 2010 entwickelt wurde, waren seine weichen und flexiblen Eigenschaften ziemlich revolutionär. Seitdem hat er viele andere Roboter inspiriert, die noch flexibler sind. In den letzten Jahren ist das Feld der Softrobotik regelrecht explodiert, und es gibt inzwischen Hunderte verschiedene Modelle. Das bedeutet mehr menschenfreundliche Maschinen, die in vielen Situationen eingesetzt werden können, in denen es früher nicht möglich war. In Zukunft könnten wir uns sogar an weiche Roboterarme gewöhnen, die alltägliche Aufgaben übernehmen, die wir als langweilig oder gefährlich empfinden. Wie wäre es mit einem automatischen Fensterputzer oder einem sanften Roboter, der Ihr Auto wäscht? Ein Teammitglied hat den Roboterarm sogar so programmiert, dass er das Spielzeug im Spielzimmer seiner Kinder aufhebt. Ziemlich cool, wenn man an die bescheidenen Anfänge denkt: eine empfindliche, flexible Nudel, die in der Mitte eines Elefantengesichts hängt. Der Elefantenrüssel ist wahrlich fantastisch!

10
Albatrosse, Fledermäuse und Roboter

Auf offenem Meer nach Spuren von Überlebenden nach einer Luft- oder Seekatastrophe zu suchen, ist eine nahezu unmögliche Aufgabe. Schiffe und Flugzeuge können jeweils nur relativ kleine Gebiete auf einmal untersuchen. Das Suchgebiet wird weitgehend durch die Koordinaten des letzten Mayday-Signals bestimmt, aber ohne diese Koordinaten ist das Suchgebiet oft zu groß und zu weit für eine effektive Suche durch Menschen. Stellen Sie sich vor, wir könnten stattdessen ein Team fliegender Suchroboter aussenden, die mühelos über die Wellen gleiten und große Entfernungen zurücklegen können und dabei nur ein Minimum an Energie verbrauchen. In Zukunft könnte das möglich sein! Wir wenden uns dafür einem Tier zu, das vielleicht die erstaunlichste Leistung der Evolution in der Luft darstellt: dem Wanderalbatros.

Wenn ich an Tiere denke, die wahre Meister der Lüfte sind, ist der Wanderalbatros ein starker Anwärter auf den Spitzenplatz. Er ist ein riesiger Seevogel, der die größte aufgezeichnete Flügelspannweite aller Vögel aufweist: Mit einem Durchmesser von bis zu 3,5 Metern entspricht sie in etwa der Länge eines Kleinwagens. Seine Flügel sind einzigartig angepasst, um mit minimaler Anstrengung Tausende Kilometer zurückzulegen.

Da Albatrosse auf abgelegenen Inseln nisten und mehrere Jahre ihres Erwachsenenlebens auf See verbringen, haben viele von uns wahrscheinlich noch nie einen Albatros in natura gesehen. Aber wenn Sie sich einen Vogel vorstellen, der ein bisschen wie eine übergroße Möwe aussieht und einen großen rosafarbenen Schnabel und rosafarbene Füße hat, dann sind Sie auf der richtigen Spur. Seit Jahrhunderten beflügelt der Albatros die Fantasie von Künstlern, Dichtern und Schriftstellern. Ich wurde mit diesen Vögeln vertraut, während ich an der BBC-Dokumentarserie *Frozen Planet* gearbeitet habe, aber zum ersten Mal habe ich als Kind in einem meiner Lieblingsfilme von ihnen gehört: in *Bernard und Bianca im Känguruland.* Obwohl der Filmvogel Wilbur eigentlich kein Wanderalbatros war – der größte Albatros der Familie der *Diomedeidae* –, war er berühmt für seine Fähigkeit, die Protagonisten über große Entfernungen hinwegzufliegen, in diesem Fall nonstop von New York nach Australien. Außerhalb der Leinwand haben diese anmutigen Vögel die Aufmerksamkeit der Flugroboterbauer erregt als Inspiration für eine neue Flugmaschine, die sich die Kraft von Wind und Wasser zunutze macht.

Wanderalbatrosse sind in gewisser Weise Wundervögel. Sie verbringen die meiste Zeit ihres Lebens nicht an Land, sondern gleiten über die Wellen und kehren nur zum Brüten auf festen Boden zurück. Ihr Verbreitungsgebiet erstreckt sich über das gesamte Südpolarmeer bis hin zu den subtropischen Gewässern – also über riesige

Distanzen. Es ist schon lange bekannt, dass Albatrosse große Entfernungen zurücklegen, aber erst als Satellitenortungsgeräte an ihnen angebracht werden konnten, wurde nachgewiesen, wie weit sie tatsächlich fliegen. Ein außergewöhnliches Beispiel dafür ereignete sich 1989, als ein männlicher Wanderalbatros, der auf den subantarktischen Crozet-Inseln im südlichen Indischen Ozean gebrütet hatte, bis zu 15 000 Kilometer auf Nahrungssuche zurückgelegt hat. Das ist die gleiche Entfernung wie ein Flug von New York bis hinunter zum Südpol (was ziemlich genau dem entspricht, was ich vor vielen Jahren in diesem Kinderfilm gesehen habe). Im Laufe eines einzigen Jahres haben einige Individuen das Südpolarmeer dreimal umrundet – das ist eine Strecke von mehr als 120 000 Kilometern, mehr als ein Drittel des Weges zum Mond.

Ihre Anstrengungen werden noch beeindruckender, wenn man bedenkt, dass die Entfernung, die ein Albatros fliegen kann, für die meisten anderen Vögel mit einem enormen Energieaufwand verbunden wäre, was bedeutet, dass sie viel mehr Nahrung zu sich nehmen müssten. Der Albatros kann jedoch in der Luft bleiben und geschickt durch sie gleiten, ohne mit den Flügeln zu schlagen. Diese Fähigkeit hat die Wissenschaftler fasziniert. Stellen Sie sich vor, wir könnten eine Maschine bauen, die auf ähnliche Weise fliegt.

Ein Blick zurück in die Geschichtsbücher zeigt, dass die Methode dieses Vogels, mit dem vorherrschenden Wind zu fliegen, bereits im 17. Jahrhundert die Aufmerksamkeit eines Händlers, Reisenden und Schriftstellers auf sich gezogen hat: Peter Mundy. Mundy war erstaunt, wie Albatrosse so mühelos dicht über dem Wasser gleiten können, ohne mit den Flügeln zu schlagen. Das brachte ihn zum Nachdenken darüber, dass manche Schiffe besser abschneiden würden, wenn sie auf ähnliche Weise segelten. Er fragte sich, ob die Antwort in der Art und Weise liegen könnte, wie der Wind auf die leicht gewölbte Unterseite des Vogelflügels trifft und, parallel dazu, in der gekrümmten Vertiefung, die das Segel eines Schiffes bildet.

Einige Zeit später, Mitte des 19. Jahrhunderts, war der französische Kapitän Jean-Marie Le Bris fasziniert von den Flugkünsten der Albatrosse, die er auf seinen Reisen beobachten konnte. Sorgfältig studierte er die gefangenen und konservierten Exemplare. Er nutzte sie als Grundlage für sein eigenes Modell – er baute und flog zwei leichte Segelflugzeuge, die er *L'Albatros artificiel* nannte. Zu Beginn des 20. Jahrhunderts stellte der amerikanische Ornithologe Robert Cushman Murphy die gleiche Verbindung her. Er beobachtete Albatrosse, die in einem südatlantischen Sturm flogen, und schrieb: »Wenn die Menschen das Geheimnis ihrer perfekten Balance lüften und auf Flugzeuge anwenden, dann werden wir fliegen.«

Das Geheimnis der Albatrosse beruht auf der Technik des dynamischen Segelflugs, bei dem der Vogel die natürliche Energie des Windes nutzt und über weite Strecken durch die Luft gleitet, ohne mit den Flügeln zu schlagen. Er hat zwei wichtige Anpassungen vorzuweisen: Erstens »verriegeln« spezielle Sehnen die ausgebreiteten Flügel, sodass keine Energie benötigt wird, um sie offen zu halten, und zweitens verwendet der Vogel ein dynamisches Flugmuster, bei dem er im Zickzackkurs über die Wellen fliegt und auf den starken Winden, die im Südpolarmeer üblich sind, »surft«. Indem er im rechten Winkel zum Wind gleitet, gewinnt der Albatros an Auftrieb und steigt auf etwa 15 Meter, woraufhin er sich leicht dreht und mühelos windabwärts gleitet, bis er sich der Wasseroberfläche nähert. Der Vogel dreht sich in den Wind und steigt wieder nach oben, und der Zyklus wiederholt sich.

Gabriel Bousquet, ein ehemaliger Doktorand in Maschinenbau am Massachusetts Institute of Technology, und einige seiner Kolleg:innen verwendeten ein Computermodell, um die Flugmuster der Albatrosse zu analysieren. Es stellte sich heraus, dass durch diese sanften Zickzackbewegungen beim Auf- und Abstieg der Luftwiderstand stark reduziert wird, was dem Albatros hilft, effizienter zu fliegen. Auch die Färbung des Vogels könnte eine Rolle bei seinen Luftkünsten spielen. Wie viele andere Seevögel haben Albatrosse eine schwarze Oberseite und einen weißen Bauch. Es wurde kürzlich nachgewiesen, dass schwarze Federn mehr Sonnenenergie absorbieren. Wenn sie sich von der Sonne aufheizen, entsteht ein Temperaturunterschied zwischen der Ober- und der Unterseite des Flügels. Dadurch sinkt der Luftdruck auf der Oberseite, und es entsteht ein zusätzlicher Auftrieb.

Inspiriert von diesen Vögeln, haben Bousquet und sein Team an einem Robotergleiter gearbeitet, der auf der Wasseroberfläche gleiten und wie ein Albatros auf dem Wind reiten kann und gleichzeitig wie ein Segelboot auf den Wellen surft. Bousquet hebt hervor: »Wenn man bei starkem Wind wie ein Albatros fliegen und bei Windstille wie ein Boot segeln kann, dann erweitert das die Regionen, in die man gelangen kann.«

Mit diesem Gedanken im Hinterkopf fragte sich Bousquet, ob er und sein Team nicht ein Fahrzeug entwickeln könnten, das sowohl in der Luft als auch im Wasser vorankommt und das die Hochgeschwindigkeitsqualitäten und die Energieeffizienz eines Albatros und eines Segelboots kombiniert. Das Team schuf einen Entwurf für ein Hybridfahrzeug. Es ähnelte einem Segelflugzeug mit einer Spannweite von drei Metern, das in seiner Form den Flügel eines Albatros imitierte. Sie fügten einen Schwanz, ein dreieckiges segelartiges Ruder und einen schlanken flügelartigen Kiel hinzu. Ihren Berechnungen zufolge würde dieses windgetriebene Fahrzeug nur relativ ruhige Winde von etwa 5 Knoten (9 km/h) benötigen, um mit einer Geschwindigkeit von 20 Knoten (37 km/h) über das Wasser zu zischen, was in Bezug auf Geschwindigkeit und Effizienz ein ziemlich guter Wert ist.

Als sie den Prototyp bauten, waren sie überzeugt, dass er echtes Potenzial hat. Bousquets Vision ist, dass Forschungsteams diese kompakten, schnellen Roboter-Gleitboote einsetzen könnten, um große Gebiete des Ozeans zu untersuchen, insbesondere an Orten wie dem Südpolarmeer, wo Strom und das Aufladen von Batterien zur Versorgung der Elektronik sehr teuer sind. In einem schwer zugänglichen Gebiet wie diesem wäre ein künstlicher Albatros perfekt geeignet, um viele verschiedene Daten zu sammeln, vom Austausch von Kohlendioxid in der Region bis hin zur Erfassung atmosphärischer Informationen, die uns helfen könnten, die Auswirkungen des Klimawandels zu verstehen sowie Hurrikane und starke Stürme besser vorherzusagen.

Erwarten Sie aber nicht, dass Ihnen albatrosähnliche Flugkünste eines Tages in Passagierflugzeugen begegnen, denn das wäre für die Passagiere sehr unangenehm. Selbst Bousquet weist darauf hin, dass man nicht in einem Flugzeug sitzen möchte, das ein sich wiederholendes Zickzackmanöver durchführt, und das acht Stunden lang. Stellen Sie sich das aber trotzdem mal vor: riesige Flotten von Albatrosseglern, die sich auf- und ab-, in die Wellen hinein- und aus ihnen herausbewegen, um lautlos wissenschaftliche Informationen zur Erweiterung unseres Horizonts zu sammeln. Das wäre eine wunderschöne, umweltfreundliche Art, die Ozeane zu überwachen, und die echten Albatrosse würden den Roboterseglern vielleicht sogar Gesellschaft leisten!

EULEN UND FLUGTURBULENZEN

Es gibt zwei verschiedene Typen herkömmlicher Drohnen: Drohnen mit Rotoren, wie bei Hubschraubern, und Drohnen mit festen Flügeln, wie bei normalen Flugzeugen. Da die erste Art relativ klein ist, wird sie leicht vom Wind umgeworfen, aber auch Drohnen mit festen Flügeln werden durch Turbulenzen leicht aus dem Gleichgewicht gebracht. Wahrscheinlich erschaudern Sie leicht, wenn Sie das lesen. Viele von uns haben schon einmal in einem Flugzeug gesessen, das Turbulenzen durchflogen hat. Das kann eine ziemlich beängstigende Erfahrung sein; ich habe schon ein paar beklemmende Momente erlebt – es hat sich wirklich angefühlt wie eine Achterbahn, und dabei saß ich in einem Linienflugzeug. Je kleiner das Fluggerät – in diesem Fall die Drohne –, desto leichter wird es umgestoßen. Experten des Royal Veterinary College haben sich mit Ingenieuren der Abteilung für Luft- und Raumfahrttechnik der University of Bristol zusammengetan, um herauszufinden, ob sie sich bei Vögeln abgucken könnten, wie man Drohnen und Kleinflugzeuge stabilisiert, damit sie Turbulenzen und plötzliche Windstöße besser bewältigen können.

Sie entschieden sich, Vögel zu beobachten, die von den West Country Falknern Lloyd und Rose Buck trainiert wurden. Darunter befanden sich ein Falke, ein Rabe, ein Waldadler und eine Schleiereule. Die Eule war aber keineswegs eine gewöhnliche Schleiereule! Lily ist schon in vielen naturgeschichtlichen Dokus der BBC aufgetreten und war bereits eine internationale Fernsehsensation. Ihre konstante Flugleistung hat das Team am meisten beeindruckt.

Um die Vögel besser beobachten zu können, bauten die Forschenden einen vierzehn Meter langen Korridor. Hier hatten die Vögel genug Platz, um mit den Flügeln zu schlagen und eine ausreichende Geschwindigkeit aufzubauen, bevor sie in einen sanften Gleitflug übergingen. Während des Gleitens bliesen ihnen Ventilatoren Luft entgegen, um starke Windböen zu erzeugen, die die Vögel nach oben trieben. Währenddessen hielten zehn Hochgeschwindigkeits-Foto- und Videokameras, die 1000 Bilder pro Sekunde schießen können, den Moment fest, in dem die Böe auf den jeweiligen Vogel traf. So konnten unsere Experten genau sehen, wie die Vögel reagierten.

Als Lily durch diesen Korridor flog, entdeckte das Team etwas Überraschendes. Noch bevor es ihren Flug analysierte, konnte es sehen, dass Lilys Körper und Kopf trotz der starken aufwärts gerichteten Luftstöße stabil blieben. Als das Team die Bilder untersuchte, wurde klar, warum. In dem Sekundenbruchteil, in dem die Luftstöße Lilys Körper trafen, schwenkten ihre Flügel sofort nach oben. Es war aber nicht so, dass Lily ihre Flügel bewusst in diese Position bewegte, es war eher eine augenblickliche Reaktion, etwas, das geschah, ohne dass sie es kontrollieren musste. Dies ist eine rein mechanische Reaktion, Biologen bezeichnen sie als Präflex. Es ist eine Art Reflex, der das Nervensystem umgeht und stattdessen die elastischen Eigenschaften eines Muskels nutzt, um schnell auf einen Reiz zu reagieren. Bei diesem Anblick kam das Forschungsteam auf eine geniale Idee.

Es fragte sich, ob das Verhalten von Lilys Flügeln das Phänomen widerspiegelt, das sich ereignet, wenn man bei Sportarten wie Baseball, Tennis und Kricket den Ball mit dem »perfekten Schlag« trifft. Wenn Sie jemals ein solches Spiel gespielt haben, dann wissen Sie sicher, wovon ich spreche. Es ist dieser unglaubliche Moment, in dem sich Schläger und Ball so verbinden, dass der Schlag mühelos erscheint, der Ball aber mit phänomenaler Geschwindigkeit zurückprallt – ein Volltreffer! In der

Mechanik wird dieser Volltreffer Stoßmittelpunkt (Center of Percussion) genannt.

Das Forschungsteam hatte einige bemerkenswerte Beweise dafür gefunden, dass die aufwärts gerichteten Luftstöße auf Lilys Flügel trafen, was die Präflexreaktion stimulierte und Lilys Flügel dazu brachte, sich nach oben zu drehen, ohne dass sich ihr Körper sonst bewegte. So war sie in der Lage, die Auswirkungen der Böe zu absorbieren, ohne von ihr herumgeschleudert zu werden. Deshalb konnten ihr Kopf und ihr Körper bemerkenswert ruhig bleiben, und das alles geschah unbewusst und gleichzeitig. Der springende Punkt dabei ist, dass dieser Präflex Lilys zentralem Nervensystem ein paar zusätzliche Momente Zeit gab, um zu erkennen, was passierte, um dann die Muskeln richtig zu aktivieren, sodass sie die Kontrolle über den Flug behalten konnte.

Nach dieser Entdeckung erforschten die Ingenieure nun die verschiedenen Möglichkeiten, wie Lilys Reaktion auf den Flugzeugbau übertragen werden könnte. In Zukunft könnten Drohnen und Kleinflugzeuge vielleicht eine Art Scharnier an der Stelle haben, an der die Flügel am Rumpf angebracht sind, sodass die Fluggeräte besser auf Windböen und Turbulenzen reagieren. Dies könnte die Funktionsweise von Drohnen und Kleinflugzeugen so verändern, sodass sie mit starkem Wind viel besser umgehen können. Und vielleicht wird man eines Tages auch größere Flugzeuge mit solchen Scharnieren ausstatten, die uns einen sanfteren, komfortableren Flug ermöglichen; alles inspiriert durch den ruhigen Flug von Lily, dem Superstar unter den Schleiereulen.

FLIEGEN WIE EINE FLEDERMAUS

Die Nachwirkungen eines Erdbebens gehören zu den verheerendsten Folgen einer Naturkatastrophe. Häuser liegen in Trümmern, riesige Bäume sind über Autobahnen verstreut, Autos wurden herumgeschleudert wie Legosteine. Es herrscht das totale Chaos. Es könnte auch leckende Gasleitungen geben, abgerissene Stromleitungen und weitere Gefahren. Das ist kein Szenario, bei dem man sich zu Fuß auf Erkundungstour begeben sollte. Aber was wäre, wenn es eine schwebende Maschine gäbe, die sich mühelos und sicher durch die Luft bewegt und von oben das Ausmaß der Katastrophe filmt? Wie würde eine solche Maschine aussehen?

Sie müsste relativ klein, flexibel und wendig sein, um in kleine Räume und um enge Kurven fliegen zu können. Sie könnte einem Vogel ähnlich sein oder, noch besser, einem noch flinkeren Tier: einer Fledermaus! Für ein Team an der University of Illinois wurden geflügelte Säugetiere zum Topthema. Sie haben sie genau untersucht, um einen fliegenden Roboter zu entwickeln, eine Drohne, die wie eine Fledermaus aussieht und von ihren Flugkünsten inspiriert ist.

Fledermäuse haben nicht den besten Ruf. Mit ihnen assoziieren wir Hexerei, das Böse, die Dunkelheit, Vampire und sogar den Tod – aber all das könnte nicht weiter von der Wahrheit entfernt sein, und ich spreche da aus persönlicher Erfahrung. 2014 hatte ich meine erste richtige Begegnung mit Fledermäusen. Damals habe ich recherchiert, wie die tierischen Sinne funktionieren, unter anderem wie Fledermäuse nachts navigieren. Unser Filmteam hat Infrarotkameras benutzt, die die Körperwärme sichtbar machen, um Fotos in völliger Dunkelheit erzeugen zu können. Sobald die Kameras aufgebaut waren, habe ich den abgedunkelten Raum betreten und bin in völlige Dunkelheit eingetaucht. Und plötzlich schwirrten zehn Nilflughunde um meinen Kopf herum.

Die Nilflughunde gehören zu der Familie der Megafledermäuse. Trotz dieses Namens haben Nilflughunde relativ kleine Körper, sie sind nur etwa fünfzehn Zentimeter lang, aber ihre Flügelspannweite kann bis zu sechzig Zentimeter betragen. Sie werden auch Fruchtfledermäuse genannt, weil sie sich fast ausschließlich von Beerenobst ernähren. Nilflughunde sind in ganz Afrika heimisch, außer in der Sahara, und im gesamten Nahen Osten bis nach Pakistan und Nordindien.

Es war ein sehr seltsames Gefühl, dass mir mein Sehsinn in dem Moment genommen wurde, als ich dachte, ihn am meisten zu brauchen. Ich konnte die Fledermäuse zwar nicht sehen, aber ich konnte sie hören, und ich konnte auch spüren, wann sie sich näherten, denn ihre schlagenden Flügel verursachten Luftstöße in alle Richtungen. Ich war ein bisschen angespannt, schließlich steht man nicht alle Tage in einem Raum, in dem man nichts sehen kann, und es fliegen einem nicht eine, nicht zwei, sondern gleich zehn Fledermäuse am Kopf vorbei. Mein erster Instinkt war, ihnen auszuweichen, aber sobald ich mich entspannt hatte, wurde mir klar, dass sich die Fledermäuse genau unter diesen Bedingungen entwickelt hatten.

Fledermäuse navigieren in der Dunkelheit, indem sie ein System namens Echoortung nutzen. Sie erzeugen Schallimpulse und hören auf die Echos, um ein 3D-Bild ihrer Umgebung zu erstellen. Die insektenfressenden Mikrofledermäuse erzeugen sehr hochfrequente Knackgeräusche mit dem Kehlkopf, während viele Flughunde, darunter die Fruchtfledermäuse, einschließlich des Nilflughundes, das Geräusch mit der Zunge erzeugen. Es gibt sogar eine Fledermausart, die die Knackgeräusche für die Echoortung mit den Flügeln erzeugt. Dank ihrer Fähigkeit, im Dunkeln zu navigieren, konnten sich die Fledermäuse in unserem kleinen Filmgehege mit äußerster Präzision um mich herum bewegen. Sie stießen nicht ein einziges Mal mit mir zusammen. Könnte diese Fähigkeit, wie sich die Wissenschaft schon seit Langem fragt, nicht blinden oder sehbehinderten Menschen neue Möglichkeiten bieten?

Abgesehen von Fledermäusen gibt es auch Säugetiere, denen man nachsagt, sie würden »fliegen«, und die tatsächlich durch die Luft gleiten, etwa das Opossum oder das Eichhörnchen. Fledermäuse hingegen gehören zur Ordnung der *Chiroptera,* eine Tiergruppe, die eine Haut entwickelt hat, die ihre Vorderbeine und verlängerten Finger und Zehen wie eine Schwimmhaut verbindet. Dieses gespannte Stück Haut ermöglicht der Fledermaus ihre Flugkünste, aber sie kann dank ihrer auch gut Beute fangen, Fressfeinden ausweichen und weite Strecken zurücklegen. Und mittlerweile haben diese Flügel das Design eines fliegenden Roboters inspiriert, der uns in gefährlichen Katastrophengebieten behilflich sein könnte.

Wenn Sie schon einmal Fledermäuse beim Fliegen beobachtet haben, wissen Sie, dass ihre Bewegungen recht sprunghaft und wenig grazil wirken können. Aber in Wirklichkeit sind Fledermäuse hocheffiziente Flieger, sogar effizienter als Vögel. Sharon Swartz, Professorin für Biologie und Ingenieurwesen an der Brown University, hat die These aufgestellt, das Geheimnis des effizienten Fledermausflugs liege in den mehrgelenkigen Flügeln und der flexiblen Hautmembran. Zusammen bilden sie eine formveränderliche Struktur, die mehr Auftrieb, weniger Luftwiderstand und eine größere Manövrierfähigkeit bietet als die Flügel von Vögeln. Im Gegensatz zu Insekten und Vögeln, die relativ starre Flügel haben, die sich nur in ein paar Richtungen bewegen können, hat der Flügel einer Fledermaus über zwanzig verschiedene Gelenke. Sie sind mit einer dünnen elastischen Membran bedeckt, die sich dehnen kann, um verschiedene Gleitformen zu erzeugen. Einfach ausgedrückt: Fledermäuse sind sehr geschickt darin, die dreidimensionale Form ihrer Flügel während des Fluges zu kontrollieren. Wie Professorin Swartz hervorhebt, können Insekten das Gelenk, das unserer Schulter entspricht, bewegen. Vögel haben mehr Gelenke in ihren Flügeln als Insekten, was hilfreich ist, aber immer noch nichts im Vergleich zu Fledermäusen.

Fledermäuse haben ein Skelett, das in vielerlei Hinsicht dem unseren ähnelt, da sie Säugetiere sind wie wir. Bemerkenswert ist jedoch, dass jedes Gelenk, das sich in einer menschlichen Hand befindet, auch im Flügel einer Fledermaus zu finden ist – und darüber hinaus noch ein paar Gelenke mehr. Wenn man das weiß, wird es viel einfacher, sich die Flexibilität des Fledermausflügels zu erklären. Im Grunde können Sie es gleich mal ausprobieren. Strecken Sie eine Hand zur Seite und stützen Sie den Ellbogen in der Hüfte ab. Biegen Sie nun langsam Ihre Finger hin und her. Ziehen Sie sie fest zusammen und danach dehnen Sie sie. Bewegen Sie sie in verschiedenen Geschwindigkeiten und in verschiedenen Winkeln. Wenn Sie sich nun Ihre Hand als Flügel einer Fledermaus vorstellen, verstehen Sie, wie die Tiere diese Geschicklichkeit nutzen, um während des Fluges feine Anpassungen vorzunehmen.

Was die dünne und flexible Flügelmembran angeht, so haben Studien gezeigt, dass der Flügel vor allem beim Abwärtsschlag, wenn die Fledermaus geradeaus fliegt, am stärksten ausgefahren ist, und da sich die Flügelmembran stärker biegen und dehnen kann als ein Vogelflügel, können Fledermäuse mit weniger Energie mehr Auftrieb erzeugen. Mithilfe von ungiftigem Rauch und Hochgeschwindigkeitsvideos konnten Professorin Swartz und ihr Team sehen, wie die Luft die Fledermäuse umströmt, wenn sie mit den Flügeln schlagen. Während des Abschlags verläuft der Luftwirbel – der einen Großteil des Auftriebs erzeugt – eng an den Flügelspitzen entlang, aber beim Aufwärtsschlag scheint er von einem ganz anderen Ort zu kommen.

Seth Hutchinson, Professor und Inhaber des KUKA-Lehrstuhls für Robotik am Georgia Institute of Technology, hat eine aufschlussreiche Erklärung dafür. »Wenn eine Fledermaus mit den Flügeln schlägt«, sagt er, »füllen sich die Flügel mit Luft und verformen sich. Am Ende der Abwärtsbewegung stößt der Flügel die Luft dann aus, wenn er zurückfedert. Das Ergebnis ist eine große Leistungsverstärkung, die allein dadurch entsteht, dass sich im Flügel flexible Membranen befinden.«

In den Flügelmembranen sind viele Muskeln, mit denen die Fledermäuse die Steifigkeit der Haut verändern, um während des Fliegens winzige Anpassungen vorzunehmen. Und sie haben noch einen weiteren Trumpf im Ärmel beziehungsweise im Flügel. Sie können ihre Flügel nicht nur biegen, beugen und aufblähen, sie können auch kopfüber landen. Wenn sie sich etwa einem Ast nähern, werden sie langsamer, drehen sich mit dem Kopf nach unten und landen, indem sie sich an ihr Ziel hängen. Das ist ein bisschen wie ein Sturzflug, aber in umgekehrter Richtung.

Fledermäuse haben eine solche Kontrolle über ihre Flügel, dass sie sich schnell erholen können, wenn sie von einer plötzlichen Windböe hin und her geworfen werden. Professorin Swartz hat eine ausgeklügelte Anordnung von Lasern und Luftdüsen gebaut, um diese Theorie zu testen. Wenn eine Fledermaus durch die Laserstrahlen flog, löste sie einen Luftzug aus, der sich direkt auf sie richtete. Das Team fand heraus, dass die Tiere selbst bei starken Böen ihre Stabilität innerhalb eines einzigen Flügelschlags wiederherstellen können. Die Haut von Fledermäusen ist mit Sinnesnerven überzogen, die wahrscheinlich Echtzeitinformationen über die Luftströmung liefern, die das Tier trifft, während es fliegt.

Man könnte meinen, es sei eine große Herausforderung, sich an der Fledermaus als Modell für eine Drohne zu orientieren, aber für das Team aus Illinois, das auch mit dem California Institute of Technology zusammenarbeitet, war es unumgänglich. Die Flügel ihrer Drohnenfledermaus – bekannt als Bat Bot – sind weich und so gegliedert, dass sie die wichtigsten Flugbewegungen der Fledermäuse nachahmen. Videos davon, wie die Drohne fliegt, sind sensationell; aus der Ferne sieht sie aus wie eine große weiße, noch unentdeckte Fledermausart. Ziemlich beeindruckend!

Der Roboter schlägt mit den Flügeln wie eine echte Fledermaus, obwohl der Bat Bot in Wirklichkeit eine viel einfachere Version seines Vorbilds ist. Eine Herausforderung für das Team war, dass Fledermausflügel während des Fluges über vierzig Gelenke benutzen. Einem Roboter so viele Gelenke zu verpassen, würde ihn viel zu schwer und unhandlich machen, also hat er stattdessen einen Flügel mit nur neun Gelenken, die jeweils aus Kohlefaser bestehen. Dadurch bleibt der Flügel leicht und ist dennoch stark und hochflexibel.

Die nächste Herausforderung war die Wahl des Materials für die Flügelmembranen. Es musste leicht, stark und flexibel sein, um seine Form verändern zu können. Die Forschenden entschieden sich für dehnbare, ultradünne Membranen auf Silikonbasis. Im Inneren wird der Roboter von winzigen Motoren in seinem Rückgrat gesteuert, und er hat Sensoren an Bord, die den Winkel der Gelenke messen, damit er seine Flügelposition beim Fliegen anpasst. Als das Team ihn testete, war der Roboter in der Lage, zu wenden und steile Sturzflüge durchzuführen, genau die Art von Bewegungen, die man sieht, wenn Fledermäuse ihre Beute jagen. Ein Mitglied des Teams, Soon-Jo Chung, argumentiert, dass ein von Fledermäusen inspirierter Roboter eine energieeffizientere und zuverlässigere Lösung im Vergleich zu herkömmlichen Flugrobotern ist, da bereits ein stationärer Schwebeflug für Quadcopter – Drohnen mit vier Rotoren – bei leichtem Wind schwierig ist.

Das Team hat einen Flugroboter entwickelt, der zur Überwachung von Orten eingesetzt werden könnte, die zu gefährlich sind, um sie zu betreten, wie etwa eingestürzte Minen und Gebäude oder ein verlassener Kernreaktor. Er befindet sich zwar noch im Prototypenstadium, aber dieser Fledermausroboter ist nicht nur manövrierfähig und robust, durch die Aufrüstung mit einem Strahlungsdetektor, einem 3D-Kamerasystem sowie Temperatur- und Feuchtigkeitssensoren wird er in zahlreichen Bereichen einsetzbar sein. Wenn Sie also das nächste Mal nach oben schauen und sich wundern, dass Sie Fledermäuse am helllichten Tag fliegen sehen, schauen Sie noch einmal genauer hin. Die Chancen stehen gut, dass es Bat Bots auf Erkundungsflug sind.

11
Nebelsammler

Wasser ist essenziell für alles Leben auf der Erde, aber während einige Teile der Welt das Glück haben, dass das Wasser zu ihnen kommt – durch starke Regenfälle oder durch einen einfachen Zugang zu Seen und Flüssen –, ist der Zugang zu Wasser insbesondere in Wüstenländern extrem begrenzt. Es ist alarmierend, dass die Vereinten Nationen prognostizieren, dass bis 2025 1,8 Milliarden Menschen in Ländern leben werden, die unter Wasserknappheit leiden. Ich wette, Sie denken insgeheim: »Gut, dass ich nicht in einem Wüstenland lebe.« Tja, da habe ich Sie ertappt! Es stellt sich nämlich heraus, dass auch der Rest von uns nicht ungeschoren davonkommt, denn zwei Drittel der Weltbevölkerung werden voraussichtlich unter wasserarmen Bedingungen leben. Wasserknappheit ist also kein Problem, das nur »die anderen« in weiter Ferne betrifft, es betrifft uns alle – und die Auswirkungen des Klimawandels werden die Situation nur noch extremer machen.

Wie wäre es also, wenn wir Wasser endlich auch dorthin leiten könnten, wo es vorher nicht hinkam? Hier beginnt die Geschichte eines wenig bekannten namibischen Käfers, von dem wir lernen können, wie man Wasser direkt aus der Luft gewinnt und eine der wichtigsten Lösungen für das drängende Problem der globalen

Wasserknappheit findet. *Stenocara gracilipes* ist der wissenschaftliche Name für die Gattung des blaubeergroßen, langbeinigen Wüstenkäfers, der in der Namibwüste im Südwesten Afrikas heimisch ist. Mit spärlichen und unvorhersehbaren Niederschlägen ist dies eins der trockensten Ökosysteme der Welt.

Was dieser Region an Niederschlägen fehlt, gleicht sie durch einen Küstennebel aus, der mit dem kalten Benguelastrom und der frühen Morgenbrise hereinzieht. Dieser vom Meer angetriebene Nebel kann bis zu 100 Kilometer ins Landesinnere vordringen und hat sich für diejenigen von unschätzbarem Wert erwiesen, die am besten wissen, wie man ihn nutzt. Da es hier so wenig regnet, ist die Gegend unwirtlich, doch dieser eine Käfer verfügt über einen evolutionären Trick, der ihm hilft zu überleben: Er kann Wasser aus dem Wüstennebel entnehmen. Unser Käferheld ist ein Nebeltrinker!

Während er sich im Nebel aalt, nutzt er seinen Körper, um Wasser zu sammeln. Dafür stellt er sich auf den Kamm einer Sanddüne, die dem Wind zugewandt ist, wobei er seinen Körper in einem Winkel von etwa 45 Grad hält und den Kopf in den Wind streckt. Winzige Wassertröpfchen aus dem Nebel sammeln sich langsam auf den verhärteten Deckflügeln des Nebeltrinker-Käfers. Die Tröpfchen sind winzig, etwa fünfzehn bis zwanzig Mikrometer im Durchmesser; sie sind sogar so klein, dass sie für das menschliche Auge unsichtbar sind. Der Käfer kann den Nebel dank einem Muster aus speziellen Höckern und Knoten auf seinem Rücken sammeln; sie sind für den gesamten Prozess entscheidend.

Hunter King, ein Physiker an der University of Akron in Ohio, wollte sich die Technik des Nebeltrinker-Käfers genauer ansehen. Mithilfe von 3D-Drucktechniken testete er verschiedene Oberflächentypen in Windkanälen und fand heraus, welche den Nebel am besten auffängt. Er entdeckte, dass man, wenn man eine Kugel mit einer unebenen Oberfläche bedeckt, wie die des Käferrückens, sie praktisch in einen »Nebelmagneten« verwandelt. Die unebene Oberfläche ist im Nebeltröpfchensammeln 2,5-mal effizienter als eine glatte. Zweieinhalbmal mehr Wasser, nur durch das Hinzufügen von ein paar Unebenheiten! Rechnen Sie das auf Tausende oder Millionen Liter Wasser hoch, die aufgefangen werden könnten …

Die Oberfläche der Deckflügel des Käfers hat noch ein paar andere interessante Eigenschaften. Der Spitzenbereich jeder Beule ist hydrophil, das heißt, er zieht Wassermoleküle an. Die dazwischenliegenden Mulden haben eine wachsartige hydrophobe Beschichtung, sie stoßen Wasser also ab. Vielleicht haben Sie noch nie darüber nachgedacht, aber Wassertröpfchen auf einer öligen Oberfläche neigen dazu, sich aufzublähen, während Wassertröpfchen auf einer nicht öligen Oberfläche dazu neigen abzuflachen, und zwar umso mehr, wenn sie mit diesen hydrophilen, wasserliebenden Höckern auf dem Rücken des Käfers in Berührung kommen. Dies verhindert, dass sie vom Wind weggeblasen werden. Außerdem bieten sie eine Oberfläche für andere Wassertröpfchen, die sich an ihnen festsetzen können. Erst wenn das Tröpfchen einen Durchmesser von etwa fünf Millimetern erreicht, löst es sich sozusagen ab und rollt aufgrund der Schwerkraft den Rücken des Käfers hinunter. Von den verschiedenen Oberflächen geleitet, fließt das Wasser zum Maul des Käfers, sodass das Insekt den dringend benötigten Schluck nehmen kann. So überleben diese cleveren Käfer in der rauen Wüstenlandschaft: indem sie Wasser aus dem frühen Morgennebel gewinnen.

Mit demselben Problem konfrontiert – einen zuverlässigen Zugang zu Wasser zu finden –, können auch Menschen Wasser aus der Luft gewinnen. Das erste Beispiel dafür ist etwa 2000 Jahre alt und geht auf den römischen Naturforscher und Philosophen Plinius den Älteren zurück. Er berichtete von den Bewohnern der Kanarischen Inseln, die Nebeltröpfchen auffingen, indem sie Steine unter Baumäste legten, um das herabtropfende Wasser aufzufangen. In Marokko haben die Menschen den Nebel mithilfe eines Netzes aufgefangen, das die Wassertröpfchen auffängt, die dann durch Rohre zu den Bedürftigen geleitet werden. Eine ähnliche Geschichte von Erfindungsreichtum stammt aus dem chilenischen Dorf Chungungo, das zwischen 1992 und 1997 beeindruckende 94 riesige Netzkollektoren auf dem nahe gelegenen Bergrücken von El Tofo aufstellen ließ. Sie fingen den Küstennebel ein und sammelten durchschnittlich 15 000 Liter Wasser pro Tag, wobei der höchste Wert an einem einzigen Tag bei 100 000 Litern lag. Dieses Wasser wurde über Rohrleitungen sieben Kilometer den Berg hinuntergeleitet, in eine ausgedörrte Gemeinde mit 700 Einwohnern. Leider ist das als Erfolgsgeschichte des Umweltschutzes gepriesene Projekt nicht mehr in Betrieb, aber es hat das

Potenzial und die Praktikabilität der Nebelnutzung aufgezeigt. Sein Vermächtnis inspiriert zweifelsohne Projekte der Zukunft.

Die praktischste Option, Nebel einzufangen, ist die Verwendung von Kollektoren aus Kunststoffnetzen. Sie sind günstig, effizient und langlebig. Wie kann man also Kunststoffnetze verbessern und fit für die Zukunft machen? Hier kann das Wissen, das wir durch die sorgfältige Beobachtung des Nebeltrinker-Käfers gewonnen haben, nützlich sein. Wie wäre es mit der Entwicklung eines neuen, vom Käfer inspirierten Stoffs? Könnte er beim Einfangen von Tau- oder Nebelwasser effektiver sein als herkömmliche Kunststoffgewebe?

Unter dem Elektronenmikroskop erscheinen die winzigen Unebenheiten und Kanäle auf den Deckflügeln des Käfers wie riesige Gebirgszüge und tiefe Täler. Anhand dieses Fahrplans können wir die Mikrostruktur kopieren und durch eine Spritzgusstechnik in Bahnen reproduzieren. Andrew Parker von der University of Oxford und Chris Lawrence vom britischen Sicherheits- und Verteidigungsunternehmen QinetiQ arbeiten in diesem Bereich. Sie prognostizieren dieser Art Materialien ein großes Potenzial. Sei es, um Wasser von Gebäudedächern einzusammeln, oder um Wasser durch einen Regenwasserkanal zu leiten – diese Materialien können auch zur Verbesserung herkömmlicher Methoden, um Wasser einzusammeln, nützlich sein.

Forscher am Massachusetts Institute of Technology haben die Fähigkeit der Käfer, Wasser aufzufangen, nachgeahmt, indem sie eine speziell strukturierte Oberfläche geschaffen haben, die abwechselnd hydrophobe und hydrophile Materialien und Flächen kombiniert. Die Hauptanwendung ist ideal für die Nebelsammlung an Orten mit Wasserknappheit. Natürlich sind auch die großen Unternehmen auf diesen Zaubertrick zum Wassereinsammeln aufmerksam geworden. NBD Nano hat in diesem Bereich großes Interesse gezeigt. Sie haben vielleicht schon von einigen ihrer Ideen gehört: Das Unternehmen steht hinter einem Konzept für eine sich selbst auffüllende Wasserflasche, die, je nach Umgebungsbedingungen, bis zu drei Liter Wasser pro Stunde sammeln kann. Inspiriert durch den Käfer, wäre die Oberfläche der Flasche mit einem strukturierten hydrophilen und hydrophoben Material bedeckt. Ventilatoren würden die neblige Umgebungsluft über die Oberfläche eines ganzen Regals dieser speziellen Flaschen leiten. Sobald genug Nebel gesammelt wurde, könnte das aufgefangene Wasser sofort verwendet oder für einen späteren Zugriff aufbewahrt werden.

DER DORNTEUFEL

Der Nebeltrinker-Käfer ist natürlich nicht das einzige Lebewesen, das uns etwas über effiziente Wassernutzung lehren kann. Das trockene australische Outback ist die Heimat eines furchterregend aussehenden Tieres namens Dornteufel. Trotz des ominösen Namens ernährt sich diese Echse nur von Ameisen und bewegt sich eher entspannt und sanft, obwohl sie mit ihrem von dornigen Schuppen bedeckten Körper – ein Schutz gegen potenzielle Fressfeinde – ein angsteinflößender Anblick ist. Der Dornteufel lebt im Buschland und in der Wüste, die einen Großteil Zentralaustraliens bedecken, eine Gegend, die mit weniger als 250 Millimetern Niederschlag pro Jahr zu den rauesten Landschaften der Erde zählt. Trotz der lebensfeindlichen Bedingungen findet die Echse immer noch genug Wasser, um zu überleben, auch wenn die Pfützen, aus denen sie sonst trinkt, trocknen.

Sein Geheimnis liegt unter der Haut. Zwischen den furchterregenden Stacheln befindet sich ein subtiles Netz mikroskopisch kleiner Rillen. Das Tier nutzt diese Rillen, um Wasser aus feuchtem Sand zu absorbieren – durch die Rillen wird die Flüssigkeit entgegen der Schwerkraft über den gesamten Körper der Echse bis in ihr Maul gezogen. Der Dornteufel muss dafür nur in der richtigen Position stehen, und schon trinkt er mit seiner Haut – der ultimative Feuchtigkeitssammler! Und, kaum zu glauben, die Entdeckung, dass der Dornteufel das kann, ist schon fast hundert Jahre alt.

1923 beschrieb der Biologe Patrick Alfred Buxton den Dornteufel in seinem Buch *Animal Life in Deserts*. Er stellte fest, dass dieses Reptil »die Fähigkeit besitzt, nach Regenschauern Wasser über die Haut aufzunehmen«. Das klingt cool, aber nicht plausibel: Wie kann ein Wüstenreptil eine durchlässige Haut haben? Bei Hitze würde dieses System ja auch in die entgegengesetzte Richtung funktionieren, und die Echse würde austrocknen. 1962 entdeckten zwei Wissenschaftler von der University of

Western Australia, was wirklich vor sich geht. Sie setzten einen Dornteufel in ein seichtes Becken und bemerkten, wie sich eine »Wasserfront« über die Haut des Tieres in Richtung Maul bewegte, das immer wieder geöffnet und geschlossen wurde.

Das Wasser wurde nicht direkt von der Haut absorbiert, sondern bewegte sich über die Haut zum Maul durch einen Prozess, der Kapillareffekt oder Porensaugwirkung genannt wird. Aufgrund der natürlichen Anziehungskraft von Wassermolekülen hin zur Oberfläche eines Rohrs und zueinander kann Wasser (wie auch andere Flüssigkeiten) ohne weiteres Zutun durch sehr enge Röhren fließen. Sie können dieses Prinzip selbst beobachten, wenn Sie einen Schwamm oder ein Papierhandtuch in Wasser tauchen. Die untergetauchten Teile werden wie erwartet nass, aber die Wasserfront, die Sie sehen, bewegt sich nach oben und weg vom Wasser, was auf den Kapillareffekt zurückzuführen ist. Ganz ähnlich macht es der Körper des Dornteufels. Durch ein Kapillarsystem, das zwischen seinen Schuppen liegt, zieht er Flüssigkeit aus feuchtem Sand.

Philip Withers, Professor für Zoologie an der University of Western Australia, vermutete 1993, dass der Dornteufel den Morgentau nutzt, der auf dem Sand kondensiert. Es dauerte dreiundzwanzig Jahre, bis Professor Withers zusammen mit Philipp Comanns von der RWTH Aachen 2016 eine Arbeit veröffentlichte, in der der Vorgang analysiert und der Prozess genauer erklärt wird. Sobald die Echsen in eine Pfütze gesetzt wurden, begannen sie innerhalb von zehn Sekunden zu trinken und löschten innerhalb von einer Stunde ihren Durst. Währenddessen öffneten und schlossen sie 2500-mal ihr Maul – und nahmen insgesamt 1,28 Gramm Wasser zu sich. Das klingt nicht nach viel, aber in der Wüste zählt jeder Tropfen. Setzte man die Dornteufel auf feuchten Sand mit einem Feuchtigkeitsgehalt von 22 Prozent, konnten sie interessanterweise nur 59 Prozent der Hautrillen füllen, was nicht ausreichte, um Wasser in ihre Mäuler zu bekommen. Um dies zu überwinden, haben die Echsen ihr Verhalten angepasst und schaufeln sich feuchten Sand auf den Rücken, ein Verhalten, das besonders nach Regenschauern beobachtet werden kann. Dadurch vergrößert sich die Oberfläche, die für die Wasseraufnahme genutzt wird, der Prozentsatz in den Hautrillen erhöht sich und ermöglicht es den Echsen, ihren Durst zu stillen.

Philipp Comanns untersuchte anschließend ein ähnliches Verhalten bei der Texas-Horneidechse, einem weiteren Reptil mit Stachelkörper, das in ganz Nordamerika, von Colorado in den USA bis nach Nordmexiko, heimisch ist. Philipp vergleicht den Kapillareffekt zur Aufnahme von Wasser aus dem Sand mit einem auf der Haut angebrachten Strohhalm. Indem sie den feuchten Sand zu nutzen wissen, schützen sich die Echsen vor dem Austrocknen. Das Team hat Plastikfolien entworfen, die auf den Kapillareigenschaften der Echsenhaut basieren, die den Flüssigkeitsfluss in eine Richtung verlangsamen, während sie den Fluss in die andere Richtung fördern. Sie glauben, dass diese Technologie für Anwendungen in elektronischen Tintendisplays geeignet sein könnte, in der Lebensmittel- und Getränkeherstellung, bei medizinischen Geräten etc. Doch eine noch drängendere Frage steht noch aus. Gibt es eine Möglichkeit, Wasser für Milliarden von Menschen zu sammeln und zu verteilen, ähnlich wie Mutter Natur es tut, und zwar nicht erst in Zukunft, sondern schon jetzt? Könnte dieses drängende Problem von einem stacheligen kleinen Teufel und einem nebeltrinkenden Käfer gelöst werden? Die Forschungsarbeit geht weiter.

12
Haie und keimfreie Krankenhäuser

Ich werde nie vergessen, wie ich zum ersten Mal mit Haien getaucht bin. Ich bin zur Küstengemeinde Simon's Town nach Südafrika gereist mit dem Vorhaben, so nah wie möglich an einen Weißen Hai heranzukommen. Der Weiße Hai gehört zu den größten und stärksten Haiarten der Welt und ist der größte Raubfisch. Diese Tiere können bis zu sieben Meter lang werden! Doch obwohl sie länger sind als ein riesiger Lkw, ist es schwer, ihre Größe von außerhalb des Wassers zu schätzen. Ich wollte also ein wahres Gefühl für ihre schiere Masse bekommen und mit eigenen Augen sehen, wie sie sich unbemerkt und schnell heranpirschen können.

Es gibt Haibegeisterte, die sind mutig genug, um mit Weißen Haien im offenen Ozean zu tauchen, aber ich gehöre nicht dazu. Ich wollte kein Risiko eingehen und beschloss daher, beim traditionellen Ansatz zu bleiben: Der Taucher bleibt zu seiner Sicherheit in einem Käfig. Aber noch bevor ich das Wasser erreicht hatte, rasten meine Gedanken. Ich dachte an ein Video, das ich ein paar Tage zuvor gesehen hatte. Darin ging es um eine Tauchergruppe auf der Insel Guadalupe vor der Küste Mexikos, die mit dem blanken Horror konfrontiert worden war: Ein Taucher war kurzzeitig gemeinsam mit einem Weißen Hai in dem Taucherkäfig gefangen. Ich konnte meinen Augen kaum trauen, als ich die Szenen sah. Der Hai, der mit einem Thunfischköder angelockt worden war, war über sein Ziel hinausgeschossen. Er war zum Käfig geschwommen, dabei löste sich eines der Metallgitter, und der Hai fand sich plötzlich auf der falschen Seite der Gitterstäbe wieder. Nach einigen sehr schnellen, heftigen Flatterschlägen des Hais – Haie können nur vorwärts schwimmen – konnte er aber zum Glück an der Oberseite aus dem Käfig entkommen und hat nur ein paar kleine Verletzungen davongetragen. Und der Taucher? Zu meinem Erstaunen ging es ihm gut, er war zwar ein wenig durchgeschüttelt, aber die Erfahrung schien ihn überhaupt nicht aufgewühlt zu haben. Er wirkte sogar auf unerklärliche Weise unbeeindruckt. Trotzdem kann man verstehen, warum ich kurz vor meiner eigenen Begegnung mit einem Hai so aufgeregt war.

Nachdem wir alles überprüft hatten, betrat ich mein neues Käfigbüro. Als ich unter die Wasseroberfläche tauchte, ließ der Schock des eisigen Südatlantiks meinen Puls in die Höhe schnellen. Ich hatte keine andere Wahl, als die totale Kontrolle über meinen Körper zu behalten. Ich atmete tief ein, um mich zu beruhigen, während der Druck des Sauerstoffs in meine Maske eindrang. Nun befand ich mich völlig außerhalb meiner Komfortzone, mitten im Reich der größten Raubfische der Welt. Das Wasser war mit einer Wolke aus Plankton gefüllt, weshalb ich kaum etwas sehen konnte. Alles, was ich tun konnte, war, in meinem Käfig zu treiben und vorsichtig auf Anzeichen zu warten, dass ein Hai aus dem trüben Blau auftauchte. Eine Stimme knisterte durch das Headset: »Okay, Patrick, mach dich bereit, der Hai kommt! Wie fühlt es sich an, ihm so nah zu sein?«

Ich antwortete mit Schweigen. Ich konnte immer noch nichts sehen. Ich fragte mich, ob mir meine Kollegen einen üblen Streich spielten, als er mich buchstäblich getroffen hat. Obwohl ich den Hai nicht sehen konnte, konnte ich spüren, wie etwas Großes gegen den Käfig schlug. Ich drehte mich um, und da war er: ein großer Weißer Hai, der gegen die Metallstangen drückte und meinen Käfig im aufgewühlten Wasser hochhob. Seine Kraft war nicht zu verkennen. Mit jedem seiner Schwanzschläge wurde der Käfig gegen die Bordwand des Bootes geschmettert. Dies war nicht der Moment, um sich von der Situation überwältigen zu lassen, schließlich hatte ich eine Mission. Ich riss mich also zusammen, filmte und hielt das Wissen über dieses Spitzenraubtier mit der Unterwasserkamera fest: Die Gigantothermie ermöglicht ihm, die Körperwärme aufrechtzuerhalten, er jagt bevorzugt in der Morgen- und Abenddämmerung, Pelzrobben sind sein Lieblingssnack. Das war Adrenalin pur. Nach einer gefühlten Ewigkeit, aber gleichzeitig einem Sekundenbruchteil, wurde das aufgewühlte Wasser wieder klarer, der Hai zog sich zurück, und ich konnte vor Erleichterung aufatmen.

Der Weiße Hai ist nur eine von mehr als 500 Haiarten, die die Ozeane und einige der großen Flüsse der Erde bewohnen. Ihre Größe variiert stark und reicht vom Walhai – dem größten lebenden Fisch der Welt, der bis zu zwölf Meter lang werden kann – bis hin zum

Zwerg-Laternenhai in der Tiefsee, der gerade einmal so groß ist wie eine Menschenhand. Die verschiedenen Haiarten, die es heute gibt, haben sich alle aus einem gemeinsamen Vorfahren, der vor über 400 Millionen Jahren gelebt hat, entwickelt. Wir sprechen hier von einer Zeit, lange bevor es Dinosaurier gab. Doch während von den riesigen Dinosauriern nur Fossilien übriggeblieben sind, haben Haie mindestens fünf große Massenaussterben überlebt und sind bis heute in den meisten Gewässern der Welt zu finden. Weiße Haie sind wahre Schirmherren einer prähistorischen Welt.

Während der Walhai und der Riesenhai (der zweitgrößte Hai) harmlose Filtrierer sind, sind viele andere große Haie in der Tat Spitzenprädatoren und stehen an der Spitze ihrer Nahrungskette. Dennoch ist ihre Sicherheit nicht garantiert: Einige dieser Raubtiere werden selbst zur Beute. Orcas (Killerwale) sind die einzigen Tiere, von denen bekannt ist, dass sie es mit Weißen Haien aufnehmen. Die Anwesenheit eines einzigen Orcas kann das Verhalten der Haie schon so ändern, dass sie das Gebiet verlassen. Abgesehen von den Killerwalen, ist das Jagdgeschick eines Weißen Hais unübertroffen, schließlich hat sich sein Körper in Jahrmillionen der Evolution immer weiter angepasst, so gut, dass er sogar einen sechsten Sinn hat: Elektromagnetismus. Einen solchen Sinn zu haben ist fantastisch! Der Hai nutzt ihn, um sich anhand des Magnetfelds der Erde zu orientieren, aber auch, um kurz vor einem Angriff die winzigen elektrischen Ströme in den Muskeln seiner Beute aufzuspüren. Das ist auch gut so, denn in den letzten Momenten eines Angriffs schwimmen Haie oft blind.

Um ihre Augen vor Verletzungen zu schützen, rollen sie sie entweder in die Augenhöhlen zurück, wie etwa der Weiße Hai, oder sie benutzen spezielle Membranen, die sich über die Augen legen, wie die Tiger- und Bullenhaie. Diese Gruppe von Meerestieren hat einen besonders ausgeprägten Geruchssinn. Kombiniert mit einem schlanken, torpedoförmigen Körper, führen all diese Fähigkeiten dazu, dass Haie äußerst geschickte Jäger sind.

Haie scheinen mühelos durchs Wasser zu gleiten; manche Arten legen sehr weite Strecken zurück, um sich fortzupflanzen und Nahrung zu finden. Weibliche Weiße Haie, wie derjenige, dem ich in Südafrika begegnet bin, wurden auf ihrer Reise durch den Indischen Ozean bis nach Westaustralien und wieder zurück getrackt. Ich würde gerne wissen, wie es sich anfühlt, einen so großen Raum zu durchschwimmen. Hinzu kommt, dass einige Haie täglich große Entfernungen vom tiefen Wasser zur Wasseroberfläche zurücklegen. Dieses Phänomen wird vertikale Wanderung genannt, und je nach Art können Haie Hunderte Meter rauf und runter schwimmen. Blauhaie verbringen die Nacht in der Nähe der Oberfläche des offenen Ozeans, tagsüber jagen sie dann aber vertikal wandernde Fische und Tintenfische und tauchen dabei in Tiefen von über 400 Metern. Also, es ist eindeutig: Haie sind cool und haben dabei auch noch Killerqualitäten! Und es gibt noch eine weitere evolutionäre Anpassung des Hais, die nicht so offensichtlich ist, von der wir aber viel lernen können.

In meinem Tauchkäfig fiel mir damals etwas an der Haut des Weißen Hais auf: Sie sah so makellos aus, ohne eine Spur von Algen oder Seepocken. Sie war so seidig glatt, dass ich sie gerne angefasst hätte. Aber ich habe mich selbstverständlich zurückgehalten und habe nicht versucht, einen Hai zu streicheln. Ich habe meine Hände innerhalb des Käfigs behalten, aber wenn ich eine Hand ausgestreckt hätte, um ihn zu berühren, wäre das sicherlich eine sehr sinnliche Erfahrung gewesen. Wenn man über die Haut eines Weißen Hais vom Kopf zum Schwanz hin streicheln würde, würde man eine glatte Haut spüren, würde man aber in die andere Richtung streicheln, hätte man den Eindruck, raues Sandpapier anzufassen. Das liegt daran, dass die Haut eines Hais aus Millionen von winzigen V-förmigen Schuppen, den sogenannten dermalen Dentikeln oder Placoidschuppen, besteht. Man kann sie sich wie winzig kleine Zähne vorstellen, flexible kleine Dreiecke, die mit Rillen versehen sind und die stromlinienförmig am Körper des Hais entlanglaufen. Diese Rillenstruktur soll den Strömungswiderstand verhindern, der den Hai verlangsamen würde. Dank der Rillen fließt das Wasser sanfter über die Haut, und diese geringere Reibung macht die Schwimmleistung des Hais effizienter. Es ist also nicht überraschend, dass sich menschliche Profischwimmer für diesen Effekt interessieren.

Um das Jahr 2000 hatte das internationale Schwimmbekleidungsunternehmen Speedo eine Produktreihe eingeführt, die die Wirkung der Haifischhaut imitiert hat. Die nachgebaute Placoidschuppenhaut war so effektiv, dass bei den Olympischen Spielen 2008 in Peking die Schwimmerinnen und Schwimmer, die eine fein abgestimmte Version dieser Haifischhauttechnologie trugen,

98 Prozent der Medaillen gewannen. Seither ist diese Art von Schwimmanzügen bei olympischen Wettkämpfen verboten. Das klingt verrückt, nicht wahr? Die Anzüge waren so gut, dass man sie eiskalt ausmustern musste. Aber die zusätzliche Geschwindigkeit und Effizienz beim Schwimmen waren nicht der einzige Vorteil.

Abgesehen von den Narben, die sie sich bei der Paarung und bei Dominanzkämpfen zuziehen, haben Haie im Allgemeinen eine makellose Haut. Ein Blick auf andere große Meerestiere zeigt, dass viele von ihnen Wirte für Anhalter aller Art sind, von Seepocken bis hin zu mikroskopisch kleinen Algen, und es sind nicht nur Tiere, die davon betroffen sind. Im Jahr 2002 hatte die US-Marine ein Problem: Ihre Schiffe, insbesondere die U-Boote, waren mit dicken Algenschichten überzogen. Die Beseitigung war eine Angelegenheit der nationalen Sicherheit – es musste etwas unternommen werden.

Professor Anthony Brennan von der University of Florida ist ein Spezialist für Materialwissenschaften und Technik. Er macht zufällig auch beim Marineforschungsprogramm mit, das sich mit Biofouling wie im Fall der U-Boote beschäftigt. Er und der Rest des Teams haben sich also auf die Suche nach einer Lösung für das Algenproblem gemacht. Brennan stand auch vor der Herausforderung, eine Methode zu finden, um die giftigen Bewuchsschutzfarben, die eingesetzt werden, zu reduzieren; die Schiffe sollten darüber hinaus effizienter im Wasser sein, und die Zahl der teuren Trockendocks sollte reduziert werden. Eine ziemlich große Herausforderung!

Der erste Schritt bestand darin zu verstehen, wie der

Bewuchs von Schiffen beginnt. Bakterien, die sich auf der Suche nach Nahrung an der Oberfläche des Schiffsrumpfs festhalten, scheiden verschiedene Substanzen aus. Dadurch werden andere Organismen angezogen und setzen sich dort fest. Die Bakterien beginnen zu fressen, sie vermehren sich, und die Population wächst. Andere Organismen, darunter Seepocken und Algen, siedeln sich ebenfalls an. Da auch sie beginnen, sich zu ernähren und zu vermehren, wächst auch ihre Zahl. Das ist das Äquivalent zur Umwandlung eines kleinen Fischerdorfs in eine Megastadt an der Küste. Je mehr sie wächst, desto mehr Platz gibt es für andere Organismen, die sich anheften können, und desto größer wird das vom Bewuchs betroffene Gebiet. Wenn der Bewuchs unkontrolliert bliebe, würden diese marinen Mikroorganismen zu einem großen Effizienzverlust führen und die Kosten in die Höhe treiben.

Anthony Brennan und sein Team haben beobachtet, wie ein mit Algen bedecktes U-Boot in den Hafen zurückkehrte. Er notierte, dass es aussah wie ein schwerfälliger gestrandeter Wal. Das brachte ihn zum Nachdenken: Wie ist das bei den Meerestieren? Gibt es auch sich langsam bewegende Meeresbewohner, die resistent sind gegen die Ansammlung von Mikroorganismen? Nun, Sie haben es wahrscheinlich schon erraten: Die Antwort lautet Ja. Der Hai! Brennan wollte verstehen, was es mit den Haien auf sich hat, warum sich auf ihnen keine Mikroorganismen ansammeln. Er nahm einen Abdruck von den Hautschuppen eines Hais – den dermalen Dentikeln –, analysierte sie mittels Elektronenmikroskopie und konnte die besondere Anordnung der Schuppen aufzeigen: ein klar definiertes Rautenmuster. Bei der Vergrößerung sah es so aus, als wäre jede Schuppe mit Millionen von winzigen Rillen versehen. Brennan hatte so etwas noch nie gesehen. Er war sich sicher, dass diese Dentikel das Bakterien- und Algenwachstum verhinderten – er hatte seine Lösung für das Verschmutzungsproblem der Schiffe und U-Boote gefunden.

Wegen der dermalen Dentikel können sich keine Mikroorganismen auf der Haut des Hais ansiedeln. Es ist schwierig für Bakterien, sich an diese Art von Oberfläche zu heften. Sie müssen sich entweder über die Grate spreizen oder sich in den Lücken zusammenkrümmen. Diese Belastung übt Spannung auf ihre Zellmembranen aus, und im Vergleich zu einer flachen Oberfläche verringert sich dadurch die Kontaktfläche. Der Energieaufwand, um sich an dieser unebenen Fläche festzuhalten, ist zu groß, daher siedeln sich die Mikroorganismen woanders an. Brennan hat das Verhältnis von Breite zu Höhe der Rillen gemessen, um den genauen Wert zu ermitteln, der die Mikroorganismen davon abhält, sich anzusiedeln. Darauf basierend wurde eine synthetische Oberfläche entwickelt, die Sharklet genannt wurde. Mit dieser neuen Haitechnologie wollen Brennan und sein Gründerunternehmen eine Reihe von Produkten entwickeln, die das Anhaften von Bakterien nicht nur auf Schiffen, sondern auch auf anderen Oberflächen verhindert.

Eine bahnbrechende Anwendung für diese Art von bakterienfreier Oberfläche wäre der Einsatz in Krankenhäusern, wo Bakterien auf Oberflächen ein echtes Problem darstellen. Wissenschaftler haben bereits untersucht, wie man verschiedene Materialien einsetzen kann, um die Ausbreitung von Bakterien zu verhindern. Kupferlegierungen etwa sind eine Möglichkeit, denn für Bakterienzellen sind sie giftig. Sie greifen in die zellulären Prozesse ein und töten sie bei direktem Kontakt ab. Das Material nach dem Vorbild der Haifischhaut funktioniert ein bisschen anders: Anstatt Bakterien abzutöten, verhindert es einfach, dass sie sich überhaupt anlagern. Sie können sich vorstellen, wie nützlich so etwas für alle berührungsintensiven Oberflächen in öffentlichen Bereichen wäre, für Türgriffe und -verkleidungen, Lichtschalter und Schreibtischoberflächen. Diese Kontaktpunkte werden im Laufe eines Tages von vielen Menschen berührt und sind somit ideal für Bakterien, vor allem in Verbindung mit einer unregelmäßigen Reinigung. Durch die Aufwertung dieser Oberflächen mit bakterienresistenten Materialien könnten wir die Ausbreitung und die Infektionsraten von tödlichen Superbakterien wie dem methicillinresistenten *Staphylococcus aureus* (MRSA) reduzieren.

Draußen auf dem Meer, wo diese Geschichte begann, könnte die Haifischhauttechnologie auf Schiffsrümpfen, Unterwasserforschungsschiffen und Tiefseerobotern landen. Sie würde endlich ihre Oberflächen von lästigen Mitfahrern wie den Seepocken befreien. Obwohl wir uns Haie oft als Killermaschinen vorstellen, wird die Haihauttechnologie in Krankenhäusern dazu führen, dass Millionen Leben gerettet werden.

13
Explosives Hinterteil: Der Bombardierkäfer

Der große britische Naturforscher Charles Darwin gilt als Begründer der Evolutionsforschung. Er hatte viele verschiedene Interessengebiete: den Ursprung des Lebens, das Verhalten von Tieren, aber er interessierte sich auch dafür, wie Tiere schmecken. Als Student an der University of Cambridge war Darwin Mitglied einer Gesellschaft, die sich Glutton Club nannte. Dieser Klub frönte einem Nischenhobby: Die Mitglieder trafen sich jede Woche, um sich an »fremdem Fleisch« zu laben. Die Studenten probierten alles aus, vom Habicht (gar nicht so schlecht) bis zum Waldkauz (geradezu ekelerregend). Das ist nicht gerade das Bild, das wir normalerweise von Darwins berühmtesten Taten haben. Nichtsdestotrotz setzte sich seine Vorliebe für Merkwürdiges im Erwachsenenalter fort und bis in die Zeit seiner Reisen an Bord der HMS *Beagle*. Tatsächlich probierte er auf der Speisekarte für exotische Tiere vieles aus, bei dem heutige Naturforscher:innen den Kopf schütteln würden – Gürteltier, Puma und sogar Riesenschildkröte, die offenbar einen buttrigen Geschmack hat. Mindestens drei Riesenschildkrötenarten wurden bereits ausgerottet; die Riesenschildkröten der Galapagosinseln stehen unter Naturschutz, ihr Verzehr würde Ihnen keine Sympathiepunkte bringen.

Darwin war auch ein großer Käfersammler, und ich bin mir sicher, dass er auch probiert hat, wie sie schmecken. Schließlich bekam er die Quittung für seine Neugier und Sammelwut. In einem Brief an einen guten Freund beschrieb er seine Erfahrung, als er versuchte, einen einzelnen Bombardierkäfer zwischen den Zähnen zu halten, während er nach einem weiteren Exemplar auf dem Feld suchte. Wer weiß, was Darwin gedacht hat, was der arme Käfer tun würde. Sicherlich hat er aber nicht erwartet, dass der Käfer ihm ein ätzendes Säuregemisch in den Rachen schießt, das »rücksichtslose kleine Biest«, wie er schrieb. Unser geschätzter Naturforscher wusste nicht, dass diese feurige Mundspülung viele Jahre später der modernen Technologie der Kraftstoffeinspritzung und ihrer Zukunftssysteme dienen würde.

Wie sein Name schon andeutet, ist der Bombardierkäfer eine lebende Miniaturkanone, ein mobiles Geschütz, das Wolken aus beißender Flüssigkeit ausstößt, um Angreifer abzuwehren. Ameisen, Frösche, Spinnen und sogar Vögel begeben sich dann in Deckung. Aber wie kann das in einem so kleinen Körper, auf so engem Raum, passieren, und warum explodiert der Käfer dabei nicht?

Die Bedingungen, unter denen das alles im Inneren des Käfers passieren kann, untersuchen wir einmal genauer, um zu verstehen, wie er einen so explosiven Strahl erzeugen kann, ohne sich dabei den eigenen Hintern in die Luft zu sprengen.

Weltweit gibt es über 500 Arten von Bombardierkäfern. Während sie in Europa selten vorkommen, sind sie in Afrika, Asien und den wärmeren Teilen Nordamerikas weit verbreitet. Man hat sie in einer Vielzahl von Lebensräumen gefunden, darunter Wälder, Graslandschaften und Wüsten. Viele von ihnen sind Fleischfresser, sowohl im Erwachsenenstadium als auch als Larven, und sie jagen typischerweise nachts andere Insekten. Ihre Eier legen sie unterirdisch in verrottendem Pflanzenmaterial oder in den Überresten von toten Tieren ab. Die frisch geschlüpften Käfer durchlaufen mehrere Häutungen, bevor sie schließlich die Geschlechtsreife erreichen. Einige Larven parasitieren sogar die Larven anderer Käfer.

Das Auffälligste an diesen gepanzerten Insekten ist ihr chemisches Verteidigungssystem. Viele Käferarten verwenden üble Chemikalien, um sich zu verteidigen, aber die Bombardierkäfer haben die chemische Kriegsführung auf eine andere Ebene gehoben. Einige stoßen ihre chemische Waffe als kontinuierlichen Strom, Nebel oder Schaum ab, während andere sie als gepulsten Hochgeschwindigkeitsstrahl abfeuern, einen kochenden Sprühnebel, der unglaubliche 100 Grad erreichen kann, die gleiche Temperatur wie kochendes Wasser. Wie funktioniert das alles?

Im hinteren Teil des Käfers, in der Nähe der Spitze des Hinterleibs, befinden sich zwei Abwehrdrüsen, und jede Drüse hat zwei miteinander verbundene Kammern: Eine innere Kammer dient als Reservoir, während die äußere Kammer für die Reaktion genutzt wird. Diese Anordnung steht im Mittelpunkt einiger interessanter Forschungsprojekte. Teams des Massachusetts Institute of Technology, der University of Arizona und dem Brookhaven National Laboratory haben mithilfe von Hochgeschwindigkeits-Röntgenstrahlen beobachtet, was im Inneren des Käfers vor sich geht.

Sie haben herausgefunden, dass das innere Reservoir, in dem sich die reaktiven chemischen Stoffe – Wasserstoffperoxid und Hydrochinon – befinden, durch ein Einlassventil von der Verbrennungskammer getrennt ist. Wenn der Käfer eine Bedrohung wahrnimmt, produzieren die muskulösen Wände der Reservoirkammer die Chemikalien. Gleichzeitig öffnen sie das Ventil, und die Stoffe fließen in die Reaktionskammer, zusammen mit einem Enzym, das als Katalysator wirkt. Das Enzym bewirkt, dass die beiden Chemikalien zu einer heftigen Explosion reagieren, wobei sie Sauerstoff, Wasserdampf, reizende Stoffe namens Chinone und, wie Sie sich vorstellen können, eine Menge Hitze produzieren. Dieser schädliche, dampfende Cocktail drängt durch ein Auslassventil als Spray nach draußen; der Käfer richtet ihn auf potenzielle Fressfeinde. Dieser giftige Dampf kann bis zu zwanzig Zentimeter hochgeschleudert werden – das ist nicht schlecht für einen Käfer, der weniger als zwei Zentimeter lang ist.

Ich wette, Sie fragen sich immer noch, warum der Käfer während dieser Reaktionskette nicht lebendig gekocht wird. Nun, er hat einen Weg entwickelt, um dies zu vermeiden: Die Reaktionskammer ist mit dem Insekten-Äquivalent einer »Sprengwand« ausgekleidet, die es den Dämpfen viel leichter macht, durch den gewünschten

Ausgang zu strömen, anstatt in den Körper des Käfers zu entweichen und eine Käferexplosion zu riskieren.

Röntgenbilder aus dem Argonne National Laboratory zeigen, dass das Öffnen und Schließen des Einlassventils zwischen der Kammer mit den Chemikalien und der Explosionskammer passiv erfolgt. Es ist der Druckanstieg während der Explosion selbst, der die Membran dehnt, wodurch das zweite Auslassventil geöffnet und das Einlassventil geschlossen wird. Sobald die Flüssigkeit ausgestoßen ist und der Druck abnimmt, entspannt sich die Membran wieder und kehrt in ihre ursprüngliche Lage zurück. Das Auslassventil schließt sich, und das Einlassventil öffnet sich erneut, um für den nächsten Druckanstieg bereit zu sein. Die chemische Reaktion ist für die Erhitzung der Flüssigkeit bis zum Siedepunkt verantwortlich. Dadurch steigt der Druck wieder an, und die Auslassventile öffnen sich ein weiteres Mal. Der Aufbau bedeutet, dass die Reaktionen in schneller Folge ablaufen – sage und schreibe 400- bis 500-mal pro Sekunde. Das ist wahnsinnig schnell.

Der vom Bombardierkäfer verwendete Explosionsmechanismus erzeugt einen gepulsten Sprühstrahl, der nicht nur viel heißer ist als die Sprays anderer Insekten, die die gleichen ätzenden chemischen Reagenzien verwenden, sondern er stößt auch verbrühenden Dampf aus. Aus thermodynamischer Sicht ist das besonders bemerkenswert. Bei gleicher Masse nimmt Dampf das 1600-fache Volumen von Wasser ein. Hier verhält sich das H_2O wie bei einer Gasexplosion, die nur darauf wartet, ausgelöst zu werden. Das ist auch der Grund, warum der Strahl mit einer solchen Kraft herauskommt. Hier machen sowohl Geschwindigkeit als auch die Hitze den Strahl sehr effektiv in der Abwehr von Fressfeinden.

Der Bombardierkäfer hat das Interesse der Wissenschaft vor allem deswegen geweckt, weil sein eindrucksvolles Verteidigungssystem ähnlich funktioniert wie Verbrennungsmotoren. Um routinemäßig wie vorgesehen zu laufen, muss ein Motor an einem bestimmten Punkt im Zyklus Kraftstoff zerstäuben. Der Motor muss gleichzeitig die Flüssigkeit in einen feinen Nebel verwandeln und den Kraftstoffnebel schnell in die Zylinder leiten. Entscheidend ist, dass dieser gleichmäßig verteilt wird und alle Partikel gleich groß sind. Dies gewährleistet eine effiziente Verbrennung. Normalerweise braucht man einen enormen Druck, um den Kraftstoff zu zerstäuben – aber wäre es nicht möglich, inspiriert vom Bombardierkäfer, kleinere Tröpfchen mit einem viel geringeren Druck zu erzeugen? Das könnte dazu führen, dass weniger fossiler Brennstoff für die gleiche Energieerzeugung gebraucht wird.

Das vom Käfer verwendete System wird Impulsverbrennung genannt. Ingenieure haben bereits eine Vielzahl von Impulsverbrennungsmotoren entwickelt, bevor sie überhaupt wussten, was im Inneren des Bombardierkäfers vor sich geht. Beispielsweise nutzte die berüchtigte V1-Flugbombe eine Art gepulsten Verbrennungsmotor. Das Einzigartige am System des Käfers ist, dass, wenn es von Wissenschaftler:innen genau nachgeahmt wird, ein Sprühnebel erzeugt werden könnte, bei dem wir die volle

Kontrolle über die Tröpfchengröße haben. Während sich der Käfer auf ein passives System verlässt, hat ein Team von Wissenschaftlern unter der Leitung von Andy McIntosh an der University of Leeds in Zusammenarbeit mit dem schwedischen Biowissenschaftsunternehmen Biomimetics 3000 ein aktives System eingeführt.

Die herkömmliche Kraftstoffeinspritzung zerstäubt den Kraftstoff durch ein Sieb mit sehr hohem Druck, aber die Erzeugung eines solchen Drucks ist sehr energieaufwendig. Die Technologie, die auf dem Bombardierkäfer basiert, könnte gewährleisten, dass der Kraftstoff mit viel geringerem Druck zerstäubt wird, was weniger Energieaufwand bedeutet.

Automotoren sind auch wegen der Emissionen, die sie erzeugen, umweltschädlich. Eine Kraftstoffeinspritzung nach dem Vorbild des Bombardierkäfers würde kleinere Kraftstofftröpfchen erzeugen als die, die wir derzeit herstellen können. Aufgrund ihrer größeren Oberfläche würden diese kleineren Mikrotröpfchen effizienter verbrennen, was zu einer besseren Motorleistung, einem geringeren Kraftstoffverbrauch und einer Verringerung der Treibhausgasemissionen führen würde. Obwohl viele Länder in den nächsten zehn Jahren zweifelsohne auf Elektrofahrzeuge umsteigen werden, glaube ich, dass es – dank des Bombardierkäfers – immer noch ein riesiges Potenzial für die Verbesserung von Verbrennungsmotoren gibt.

Die Forschung in diesem Bereich wird kontinuierlich weiterentwickelt; das Team der University of Leeds untersucht nun, wie der Bombardierkäfer Feuerlöscher inspirieren könnte, damit Löschmittel viel weiter reichen, möglicherweise bis zu dreißig Meter weit. Das wäre ein großer Vorteil für Feuerwehrleute und andere Einsatzkräfte, weil sie sich dem Feuer nicht mehr so sehr nähern müssten. Wir brauchen diese Verbesserung vielleicht sogar sehr bald, da Waldbrände immer häufiger werden.

Von Darwins Vorliebe für exotische Gerichte haben wir uns zwar weit entfernt, aber diese Geschichte hat gezeigt, wie aus einem unangenehmen Geschmack eine gute Nachricht für die Welt der Wissenschaft entstehen kann.

14
Windparktiere

Meine erste Begegnung mit Buckelwalen ist mir als unvergesslicher Moment in Erinnerung geblieben. Es war 2017 vor der Westküste Australiens, und ich hatte noch nie so viele Wale an einem Ort gesehen. Ich beobachtete vom Boot aus, wie ein Wal nach dem anderen vorbeizog und uns beim Auftauchen, um Luft zu holen, mit einem Hauch von Salzwassernebel aus seinen Blaslöchern begrüßte. Der spektakulärste Anblick war jedoch, die Wale bei ihren tiefen Tauchgängen zu beobachten: Sie steigen an die Oberfläche, wölben ihren Rücken zu einem Buckel und tauchen dann mit ihren riesigen Schwanzflossen in die Wellen ein, bevor sie allmählich in der Tiefe verschwinden. Der Name »Buckelwal« kommt daher, dass diese bogenförmige Bewegung den Buckel vor der Rückenfinne betont.

Unser Standort war das Ningaloo-Riff, ein besonders artenreiches Ökosystem, dessen Name sich von der einheimischen Bezeichnung für Tiefwasser ableitet. Ich betrachte es gern als den kleinen Bruder oder die kleine Schwester des Great Barrier Reef, denn es gehört ebenfalls zu den artenreichsten der Welt. Das Ningaloo-Riff dient auch als Migrationsroute für Buckelwale, eine Art Buckelwal-Superautobahn für ihren Weg von der Antarktis in die wärmeren Gewässer Südostasiens, und wie

Lastwagen auf einer langen Reise sind diese Riesen vollgetankt und halten nur selten an.

Ich war also gerade dabei, meine Tauchausrüstung am Heck des Bootes zu reinigen, als aus dem Nichts ein lautes, sprudelndes Geräusch ertönte – durch ein Blasloch durchgepustete Luft. Die Mannschaft des Bootes verstummte, und wir schauten alle zur Seite, wo wir von drei Buckelwalen begrüßt wurden. Sie trieben einfach waagerecht auf der Wasseroberfläche. Nach dem ersten Überraschungsschreck wurden wir schnell aktiv. Chaos und Aufregung waren plötzlich in der Luft, Adrenalin pumpte durch unsere Adern. Sogar der Kapitän des Schiffes sah sehr überrascht aus, und da wurde mir klar, dass wir Zeugen von etwas ganz Besonderem waren.

Die Besatzung hatte so ein Verhalten noch nie aus der Nähe gesehen. Dieses Verhalten, dass Wale so an der Oberfläche liegen, wird »logging« (engl. von »log«, Baumstamm) genannt, weil sie wie riesige Baumstämme aussehen, die im Wasser treiben. Es ist nicht ganz klar, warum die Wale das tun, vor allem in der Mitte einer Wanderroute, aber es könnte sein, dass sie einfach einen kurzen Boxenstopp einlegen, was, näher betrachtet, durchaus sinnvoll ist: ein kurzes Nickerchen, um Energie zu tanken, bevor sie sich wieder auf die lange Reise begeben, die vor ihnen liegt.

Die drei Wale blieben etwa zehn Minuten bei uns – es war gerade genug Zeit, um in einen Neoprenanzug zu schlüpfen und ins Wasser zu springen. Was mir unter Wasser auffiel, war die Größe der Brustflossen auf den beiden Seiten des Walkörpers. Sie waren riesig – etwa ein

Drittel der gesamten Körperlänge – und hatten knubbelige Ränder, knotige Hautverdickungen. Mir schien dieser wellige und unebene Rand kontraproduktiv für schnelle Bewegungen durchs Wasser. Man würde erwarten, dass sie glatte und stromlinienförmige Flossen haben, aber diese unebenen Flossen funktionieren wirklich gut, und wir Menschen könnten daraus lernen, wie wir zukünftig bessere Windkraftanlagen bauen. Mit der steigenden Energienachfrage und der zunehmenden Notwendigkeit, umweltfreundliche erneuerbare Energien zu nutzen, ist es ein schöner Gedanke, dass uns Buckelwale bei der Lösung dieses Problems behilflich sein können.

Trotz ihrer enormen Masse sind Buckelwale nicht die größten Wale in unseren Ozeanen. Mit einer maximalen Länge von 30 Metern ist der Blauwal das größte Tier, das jemals gelebt hat. Dennoch können Buckelwale leicht die Länge eines Stadtbusses erreichen, manche werden bis zu 16 Meter lang und wiegen 36 Tonnen. Trotz ihrer enormen Größe sind sie äußerst anmutig im Wasser. Wenn sie es eilig haben, können sie bis zu 24 Stundenkilometer schnell werden, und sie können scharfe, enge Wendungen vollziehen. Sie mögen so groß sein wie ein Bus, aber sie bewegen sich wie Ballerinas.

Professor Frank Fish von der West Chester University in Pennsylvania soll bei der Suche nach einem Geschenk die Skulptur eines Buckelwals aufgefallen sein. Er wies die Verkäuferin darauf hin, dass der Bildhauer die Unebenheiten auf der falschen Seite der Brustflosse angebracht habe. Diese korrigierte Fish aber. Sie war mit den Arbeiten des Bildhauers vertraut und wusste, dass ihm ein solcher Detailfehler nicht unterlaufen wäre. Fish war verblüfft. Wenn der Künstler recht hatte, dann musste die Wissenschaft der Strömungslehre falsch sein. Jeder, der sich mit Tragflächen (wie Flügeln) und Hydrofoils (wie Flossen) beschäftigt hat, wird Ihnen sagen, dass die Vorderkanten glatt und stromlinienförmig sein müssen. Aber warum haben Buckelwale dann Unebenheiten an der Vorderseite ihrer Brustflossen?

Nach jahrelanger Forschung, die mit einem angespülten Wal an einem Strand in New Jersey begann, hat Frank Fish das Geheimnis gelüftet. Die Unebenheiten helfen dem Wasser, über die Flossen zu fließen, was diesem riesigen Säugetier die Fähigkeit verleiht, enge Kreise zu schwimmen, was wichtig ist für die nötige Beweglichkeit, um seine Beute zu fangen.

Buckelwale sind Bartenwale, sie haben keine Zähne, sondern Bartenplatten, also Hunderte von borstenartigen Strukturen im oberen Teil des Mauls. Wenn sie auf ihre Beute zuschwimmen, nehmen sie zusammen mit der Nahrung einen riesigen Mundvoll Wasser auf. Mithilfe der Barten können sie die Garnelen, Fische und Krill, die sie fressen, leicht aus dem Wasser heraussieben. Faszinierend ist auch, wie beweglich sie bei der Nahrungsaufnahme sind und wie sie ihre extrem beweglichen Brustflossen zum Wenden und Drehen einsetzen. Wissenschaftler haben beobachtet, wie sie ihre Brustflossen als biologische Wasserflugzeuge im sogenannten inside loop-Verhalten (innere Schleife) einsetzen. Der Wal schwimmt von einem Fischschwarm mit ausgefahrenen Brustflossen schnell weg, dreht sich dann um 180 Grad in einer scharfen Kehrtwende, stößt vor und verschlingt Hunderte von unachtsamen Beutetieren. Als Alternative tauchen Buckelwale tief und schwimmen dann spiralförmig nach oben, indem sie einen stetigen Strom von Luftblasen aus ihren Blaslöchern freisetzen, ein Vorgang, der »bubble netting« (Blasennetz) genannt wird. Diese Jagdtechnik finde ich am faszinierendsten: Wenn die Blasen aufsteigen, bilden sie eine Art Netz, eine Wand aus Blasen, die die Beute umgibt – etwa einen großen Fischschwarm. Der Wal schwenkt dann mit seinen Flossen, dreht sich, schwimmt durch das Blasennetz und verschlingt die darin gefangenen Fische. Die Präzision, mit der Buckelwale diese Manöver durchführen können, liegt an diesen Unebenheiten oder Höckern, wissenschaftlich genau heißen sie Tuberkel.

Um zu verstehen, wie der Wal seine Flossen benutzt, wenn er schwimmt, stellen Sie sich vor, Sie sitzen an einem warmen, windigen Tag in einem fahrenden Auto. Sie strecken eine Hand aus dem Fenster und fangen an, sie in verschiedenen Winkeln zu neigen; wenn Sie Ihre Hand nach oben neigen, drückt der Wind die Hand ebenfalls nach oben. Das ist derselbe Auftrieb, der Flugzeuge abheben und die Flügel einer Windmühle sich drehen lässt. Wenn Sie die Hand zu weit neigen, geht sie irgendwann nicht mehr nach oben. Dieses Phänomen wird als Strömungsabriss bezeichnet. Ihre Hand hat jetzt keinen Auftrieb, und, schlimmer noch, sie wird durch den Luftwiderstand zurückgedrückt. Die Flosse des Wals funktioniert genauso. Wie ein Flügel an einem Flugzeug erzeugt sie Auftrieb, indem sie die Flosse in einem bestimmten Anstellwinkel in die Wasserströmung hält. Im Fall des Wals wird die Auftriebskraft so gelenkt, dass der Wal sich wie bei einem Flugzeug im Schrägflug drehen kann. Ist der Anstellwinkel zu groß, würde ein Flügel an Auftrieb verlieren und das Flugzeug zum Stillstand kommen, aber die Tuberkel des Wals leiten das Wasser so, dass sie einen Strömungsabriss verhindern – im gegensätzlichen Fall würde der Wal keine so enge Kurve schwimmen können.

Professor Fish und sein Team haben künstliche Flossen entwickelt, einige haben sie mit Schwimmhäuten ausgestattet und andere ließen sie ohne. Die Modelle wurden in einem Windkanal getestet, und tatsächlich zeigten die Experimente, dass die Tuberkel den Flossen mehr Auftrieb und weniger Widerstand verliehen und der Anstellwinkel um 40 Prozent erhöht werden konnte, bevor die Flosse »gedrosselt« wurde.

Die kleinen Erhebungen bewirken, dass das Drosseln an verschiedenen Punkten entlang der Flosse und quer dazu stattfindet. Dadurch lässt sich ein völliger Strömungsabriss viel leichter vermeiden. Durch die Erhöhung des maximalen Auftriebs und die Verringerung des Widerstands können Wale sich unter Wasser effizienter bewegen und drehen. Und wenn Flossen wie diese einen 36 Tonnen schweren Wal bewegen können, dann kann man sich vorstellen, was sie bei einer Windkraftanlage bewirken könnten – es könnte viel mehr Strom mit der gleichen Menge Wind erzeugt werden.

Seit der ersten Studie hat Fish die kommerziellen Anwendungen von Flossen mit Tuberkeln erforscht, mit seiner treffend benannten WhalePower Corporation mit Sitz in Toronto, Kanada. Diese Firma hat sich zum Ziel gesetzt, die Entdeckungen dieser neuesten Technologie zu nutzen und die gleichen Prinzipien auf kleine Windkraftanlagen und auf Ventilatoren mit hoher Lautstärke und niedriger Geschwindigkeit anzuwenden. Im *MIT Technology Review* wurde beschrieben, dass Prototypen der neuen Rotorblätter in der Lage seien, bei einer Geschwindigkeit von 16 Kilometern pro Stunde dieselbe Energie zu produzieren, die herkömmliche Anlagen bei 27 Kilometern pro Stunde erzeugen. Die Tuberkel lenken den Luftstrom effektiv über die Rotorblätter und erzeugen Wirbel, die den Auftrieb erhöhen.

Was also jahrelange mathematische Modellierung erfordert hätte, wurde durch die Beobachtung ersetzt, wie die Natur das gleiche Problem löst und wie uns eine Unterwasseranpassung hier an Land helfen könnte. Dank dieser Giganten des Meeres mag die Zukunft der Windkraftanlagen höckerig aussehen, aber ich kann Ihnen versichern, dass sie verblüffend clever ist. Auch einige der kleineren Meeresbewohner tragen zur Inspiration bei der besseren Nutzung der Windenergie bei: Fische, die die meiste Zeit ihres Lebens in großen Schwärmen verbringen. Einer der verblüffendsten und zugleich eindrucksvollsten Anblicke unter Wasser ist ein Fischschwarm, in dem die Fische im Einklang schwimmen und schimmern. Manchmal sind es Hunderte, ja Tausende Individuen, aber so eng beieinander wirken sie wie ein einziges. Die Gruppe dreht und wendet sich, zieht sich zusammen und dehnt sich wieder aus, teilt sich und vereinigt sich wieder – sie spaltet sich und verschmilzt wieder miteinander. Aber was hat das alles mit der Planung von Windparkanlagen zu tun?

Es gibt zwei Arten von Fischansammlungen: Schwärme und Schulen. Ein Schwarm ist eine Gruppe von Fischen, die zusammen schwimmen, aber nicht organisiert sind. Eine Fischschule hingegen ist stark strukturiert und hat koordinierte Bewegungen, was dazu führt, dass alle Fische zur gleichen Zeit in dieselbe Richtung ziehen. Und um die Verwirrung groß zu machen: Eine Gruppe von Fischen kann vom Schwarmverhalten zum Schulverhalten und wieder zurück wechseln.

Das Schulverhalten scheint sich als Verteidigungsmechanismus gegen Beutetiere entwickelt zu haben. Das Überraschende an einer Fischschule ist, dass es keinen Anführer gibt. Stattdessen folgt jeder Fisch zwei einfachen Regeln: Bleib in der Nähe deines unmittelbaren Nachbarn, aber nicht zu nahe, und schwimm weiter. Wenn sich ein einzelner Fisch umdreht, drehen sich seine unmittelbaren Nachbarn um und dann deren unmittelbare Nachbarn und so weiter – man denke an eine La-Ola-Welle, aber für Fische und in 3D. Die synchronisierten Fische bewegen sich nach links und rechts, vorwärts und rückwärts, nach oben und unten. Das hat den Effekt, dass der Schwarm aussieht, als wäre er ein einziger sich bewegender Organismus. Wie sind also all diese Fische organisiert?

Jeder Fisch hat eine »Abstoßungszone« – er wendet sich automatisch von seinem Nachbarn ab, um einen Zusammenstoß zu vermeiden. Außerhalb dieser Zone liegt die »Orientierungszone«, in der jeder Fisch versucht, sich den Bewegungen seines Nachbarn anzupassen. Wenn sich der Schwarm bewegt, muss sich jeder Fisch so orientieren, dass er mit dem übereinstimmt, was seine Nachbarn tun. Wenn der Schwarm stillsteht, hat die Aufrechterhaltung eines geringen Abstands zwischen den einzelnen Fischen eine noch größere Priorität. Das ist die Sicherheit der vielen, die sich am deutlichsten bei dem Unterwasserphänomen, das als Köderball bekannt ist, zeigt.

Ich bin zum ersten Mal auf diese Köderbälle gestoßen, als ich den Dokumentarfilm *South Pacific* ansah. Ich hatte noch nie zuvor so etwas gesehen und war überwältigt. Wie ein riesiger Unterwassertornado, eine große, sich drehende Säule schillernder Fische, schwammen sie um ihr Leben. Buchstäblich. Ihr Ziel ist es, jedes sich nähernde Raubtier mit schnellen, blitzenden Bewegungen zu verwirren. Die Gefahr, in einem so großen Pulk gefangen zu werden, ist relativ gering. In einigen Fällen jedoch kann sich diese Ausweichtechnik gegen die Fische richten. Einige Raubtiere, wie etwa Seelöwen, arbeiten zusammen, um die Fische in kleinere Köderbälle aufzuteilen. Wenn sie sie von der Hauptgruppe isoliert haben, schwimmen die Seelöwen abwechselnd durch den Schwarm hindurch und laben sich an den hilflosen Fischen.

In Schulen zu schwimmen, ist auch eine gute Möglichkeit, Energie zu sparen. Wenn ein Fisch alleine schwimmt, wird die Energie, die er verbraucht, um sich durchs Wasser zu schieben, an das umgebende Wasser abgegeben, aber wenn ein anderer Fisch dicht hinter ihm folgt, kann er die Energie nutzen, die der Fisch vor ihm bereits verbraucht hat, indem er sich in dessen Kielwasser bewegt. So kann er sich leichter vorwärtsbewegen. Es ist ein bisschen wie beim Windschatten. Infolgedessen schlagen die Fische, die am Ende einer Schule schwimmen, nicht nur weniger mit dem Schwanz, sondern sie verbrauchen auch weniger Sauerstoff als ein allein schwimmender Fisch.

Daniel Weihs vom Technion Israel Institute of Technology wies darauf hin, dass das effizienteste Muster für eine Fischschule – eine flache, rautenförmige Anordnung – die Wirbel ausnutzt, die von den beiden Fischen erzeugt werden, die sich diagonal vor einem bestimmten Individuum befinden. In diesem Rautenmuster ist es theoretisch möglich, bis zu beeindruckenden 80 Prozent der zum Schwimmen benötigten Energie einzusparen. So erstaunlich es auch klingen mag, Wissenschaftler:innen haben dieses Verhalten im Wasser untersucht, um das Verhalten von Windparks in der Luft und letztlich die Gestaltung der Parks zu verbessern.

Die meisten modernen Windparks sind in Reihen angeordnet, mit Rotorachsen, die sich auf weißen vertikalen Masten drehen. Wahrscheinlich haben Sie schon einmal einen aus der Ferne gesehen, aber erst wenn man sie aus der Nähe sieht, wird einem klar, wie groß sie sind. Betrachtet man sie von unten, scheinen sie sich wie ausgestreckte Arme in den Himmel zu strecken. Wegen ihrer Größe müssen Windräder einen großen Abstand zueinander haben, um zu verhindern, dass die Turbulenzen einer Anlage die Effizienz einer anderen beeinträchtigen. Dies wird teilweise gelöst durch die Verwendung größerer Rotoren und höherer Türme, aber dann kommt es zu dem Problem, dass ein höherer Lärmpegel erzeugt wird, und die Wahrscheinlichkeit wächst, dass der höhere Turm eine Gefahr für Vögel und Fledermäuse darstellt.

Am Californian Institute of Technology in Pasadena – auch Caltech genannt – beschlossen die Forscher, sich dem Problem auf eine neue Weise zu nähern. Sie untersuchten die Konstruktion des Windparks selbst und konzentrierten sich auf das, was näher am Boden passierte. Die Herausforderung bestand ihrer Ansicht nach darin, die Energieerfassung in Bodennähe zu maximieren – in rund neun Metern statt der derzeit angestrebten Höhe von 30 Metern. Wie die Ingenieure erklärten, ist die globale Windkraft in neun Metern Höhe um ein Vielfaches höher als der weltweite Stromverbrauch, sodass theoretisch mit dem richtigen Design, mit kleineren und weniger störenden Windkraftanlagen in der richtigen Anordnung reichlich Energie erzeugt werden könnte.

In der kalifornischen Wüste hat John Dabiri, der jetzt an der Stanford University forscht, ein Team geleitet, das sich mit dem Bau einer Reihe von neuen Windkraftanlagen beschäftigt hat. Diese waren nicht horizontal ausgerichtet wie normale Rotorachsen, sondern vertikal. Dabiri und seine Windfarm-Gang hatten bald ein Feldlabor mit zwei Dutzend zehn Meter hohen und 1,2 Meter breiten Windkraftanlagen mit vertikaler Achse. Mit ihren schwungvollen vertikalen Rotoren sahen sie aus wie riesige Schneebesen, die aus dem Boden sprießen.

Das Besondere ist jedoch ihre Positionierung und ihr Verhältnis zueinander. Das Muster basiert auf dem Schwimmverhalten – und der Strömungsdynamik – von Fischschulen.

Wenn diese Windräder sehr nahe beieinanderstehen, haben sie eine größere Chance, die gesamte Energie des vorherrschenden Windes und sogar Windenergie von oberhalb des Parks einzufangen. Dadurch, dass sich jede Anlage in die entgegengesetzte Richtung zu ihren Nachbarn dreht, erhöht sie ihre Effizienz. Durch die gegenläufigen Drehungen kann sich die Luft freier durch den Windpark bewegen, wodurch der Luftwiderstand eines jeden Windrads reduziert wird, was bedeutet, dass sie sich schneller drehen. Jedes Windrad leitet die Luft ohne Turbulenzverluste an das Nachbarrad weiter.

Im Sommer 2010 führte John Dabiri einige Feldtests durch, bei denen er die Rotationsgeschwindigkeit und Leistung von sechs Windkraftanlagen in verschiedenen Konfigurationen gemessen hat. Die Tests ergaben, dass die Anordnung der Windräder in etwa fünf Meter Entfernung voneinander die aerodynamische Interferenz zwischen benachbarten Windrädern komplett eliminiert. Um das Gleiche bei Rotorachsen-Windrädern zu erreichen, müssten sie einen Abstand von etwa 20 Windraddurchmessern zueinander haben. Ausgehend von den größten Windrädern, die derzeit im Einsatz sind, entspräche das jeweils einem Abstand von 1600 Metern. Vertikalachsige Windräder scheinen also mehrere Vorteile zu haben. Sie können viel näher beieinanderstehen als herkömmliche Windräder, und sie fangen Windenergie aus mehreren Richtungen ein, sogar aus der Windbewegung von oben.

Die Caltech berichtet, dass diese sechs »gegenläufigen Vertikalachsen-Windräder« 21 bis 47 Watt pro Quadratmeter erzeugen, was zehnmal so viel ist wie bei konventionellen Windparks, und bei reduzierten Turbulenzen konnten die Windräder im hinteren Teil des Parks immer noch 95 Prozent der Leistung der Windräder in der vorderen Reihe erzeugen. Das sind zweifellos sehr interessante Entdeckungen, und es gibt noch viel zu erforschen. Die Bewegungen von Fischschulen könnten den Ausschlag dafür geben, ob sich in Zukunft »vertikale« Windparks durchsetzen.

15
Igel und stachelige Helme

Igel muss man einfach lieben. Mit ihren scharfen Stacheln, weichen Bäuchen und niedlichen kegelförmigen Gesichtern haben diese handgroßen Säugetiere Fans auf der ganzen Welt. Es gibt siebzehn Igelarten, die in Asien, Afrika und Europa heimisch sind. Auf dem amerikanischen Kontinent leben keine Igel, obwohl es in Nordamerika eine Art gab, die ausgestorben ist. Und in Australien? Hier wurde die europäische Art in den 1870er-Jahren in Neuseeland eingeführt und führte zu einer kleinen Plage.

Der Igel sucht seine Nahrung im Unterholz – Schnecken, Nacktschnecken, Würmer, Insekten und sogar Schlangen. Während er umherläuft, gibt der Igel grunzende Geräusche von sich, wie ein Schweinchen. In meiner Kindheit in Großbritannien war ich immer auf der Suche nach dem Liebling der Nation. Sie lassen sich schwer erspähen, sind aber regelmäßig in Gärten unterwegs, wo sie ihre Nester in kleinen Vertiefungen und unter Laubstreu bauen. Ich hatte immer gehofft, einen Blick auf einen erhaschen zu können, wenn er nach Nahrung sucht oder, was noch aufregender ist, wenn er sich zu einem stacheligen Ball zusammenrollt, um sich zu verteidigen. Bald lernte ich aber, dass Igel tagsüber schlafen und nur nachts aktiv sind. Tatsächlich ist Schlafen etwas, was Igel ziemlich gut können. In Großbritannien halten

Igel einen Winterschlaf und tauchen erst auf, wenn die Temperaturen ansteigen. Es gibt jedoch einige Arten von Wüstenigeln, die in Afrika und im Nahen Osten beheimatet sind, die sowohl in den kalten Monaten Winterschlaf halten als auch, wenn die Temperaturen zu heiß werden.

Mit ihren scharfen Stacheln werden Igel oft mit Stachelschweinen verwechselt, aber Stachelschweine sind Nagetiere, während Igel mit Spitzmäusen verwandt sind. Einer der Hauptunterschiede besteht darin, dass Stachelschweinstacheln abfallen, wenn man von ihnen gestochen wird, während die Stacheln eines Igels am Tierkörper haften bleiben. Ein drittes stacheliges Säugetier ist der Ameisenigel, er gehört der Ordnung der Kloakentiere (Monotremata) an und lebt in Australien und Neuguinea. Diese drei Tiere sind ein wunderbares Beispiel des Phänomens der »konvergierenden Evolution«, bei der Mutter Natur ein Problem, in diesem Fall den Schutz des Tieres, identisch gelöst hat – mit Stacheln.

Menschen waren schon immer von diesen kleinen Kreaturen fasziniert, und in vielen Ländern sind sie Teil von Legenden und Folklore geworden. Im Laufe der Zeit hat man sich einige ziemlich haarsträubende Geschichten über Igel erzählt. Im mittelalterlichen Großbritannien glaubte man, dass Igel in der Dunkelheit Milch aus den Eutern der Kühe saugen, was dazu geführt hat, dass sie gejagt und getötet wurden. In Wirklichkeit können Igel den Milchzucker gar nicht verdauen. Igel wurden auch beschuldigt, Hühnereier zu stehlen, aber auch hier gilt, dass sie zwar rohe Eier fressen, aber sie können ihre

Mäuler nicht weit genug öffnen, um die Schale des Eis zu durchbrechen. Es gab auch einen langjährigen und seltsamen Glauben, dass Igel ihre Stacheln benutzen, um Nahrung zu transportieren. Dieses Kleinod der Geschichte entstand im 1. Jahrhundert n. Chr., als der römische Naturforscher und Philosoph Gaius Plinius Secundus – auch bekannt als Plinius der Ältere – schrieb, Igel kletterten auf Apfelbäume, stießen die Früchte zu Boden, spießten sie auf und trügen sie weg als Vorrat für den Winter. So bizarr diese Geschichte auch erscheinen mag, selbst der berühmteste Naturforscher, Charles Darwin, gab eine Geschichte über Igel in Spanien zum Besten, die ihm einst zugetragen worden war: Sie würden »mit mindestens einem Dutzend« Erdbeeren auf ihren Stacheln aufgespießt herumtrotten. Aber selbstverständlich ist auch das nur eine erfundene Geschichte.

Die Stacheln des Igels – auch wenn sie keine Erdbeeren tragen – sind eine bemerkenswerte Meisterleistung der Naturtechnik. Wenn ein Igel sich bedroht fühlt, rollt er sich sofort zu einem stacheligen Ball zusammen, was die Berührung schmerzhaft macht und unappetitlich für jedes Raubtier, das ihn fressen will. Erstaunlicherweise verhindern die Stacheln sogar, dass der Igel sich selbst verletzt. Plinius der Ältere hat sich geirrt, als er behauptet hat, dass Igel Äpfel tragen, aber eine Feststellung war richtig: Igel können ziemlich gut auf Bäume klettern. Das war mir bis vor Kurzem gar nicht bewusst! Was sie weniger gut können, ist, von den Bäumen wieder herunterzuklettern, und da kommen ihnen ihre Stacheln zu Hilfe. Wenn ein Igel auf einem Baum festsitzt, rollt er sich einfach zu einem Ball zusammen und … lässt sich zu Boden fallen. Die Stacheln federn den Fall ab und schützen den Igel vor Verletzungen. Ich war wirklich überrascht, als ich das erste Mal davon gehört habe, aber es ist bekannt, dass Igel aus einer Höhe von sechs Metern fallen können und sich dabei nicht verletzen.

Wie funktioniert dieses stachelige Polster? Ein Igel hat bis zu 7000 Stacheln auf seinem Rücken. Obwohl sie im Grunde modifizierte Haare sind, haben diese Stacheln eine Struktur, die viel komplexer ist als die des menschlichen Haars. Sie sind im Inneren nicht massiv, sondern bestehen aus einem Netz aus hohlen Luftkammern. Das macht sie nicht nur leicht und sehr stark, sondern verhindert auch, dass sie bei Belastung oder unter Spannung brechen. Die Spitzen sind nadelspitz und beweglich, und um zu sehen, wie das funktioniert, müssen wir uns die Basis des Stachels anschauen. Unter der Haut wird der Stachel durch einen kugelförmigen Follikel gehalten, eine Art Anker aus Zellen und Gewebe. Die Follikel sitzen tief in den Muskeln, die den Rücken und die Seiten des Igels durchziehen. Wenn der Igel angegriffen wird, ziehen sich die Muskeln zusammen und drücken die kugelförmigen Follikel und die Stacheln in eine aufrechte Position. Da die Muskeln in verschiedene Richtungen ziehen, entsteht eine kreuz und quer verlaufende Barriere aus Stacheln, undurchdringlich für jedes Raubtier auf der Suche nach einem leckeren Snack.

Dieser Verteidigungsmechanismus rettet, wie wir jetzt wissen, auch all jene Igel, die das Pech haben, von Bäumen zu fallen. (Ich kann es immer noch nicht fassen, dass sie auf Bäume klettern, großartig!) Die erhobenen, gekreuzten Stacheln bilden ein natürliches Polster, und in dem Moment, in dem ein Igel auf dem Boden aufprallt, wirken die dünnen Stacheln als Aufpralldämpfer. Das Ergebnis ist ein glücklicher Igel, der sich vor Gefahren wegrollen kann. Genau diese Fähigkeit zum Selbstschutz hat ein geniales Design für einen neuen Sporthelm inspiriert, der das Ende der lähmenden Gehirnerschütterungen beim Sport einläuten könnte.

Die erstaunliche Fähigkeit des Igels, die Kraft eines Aufpralls zu dämpfen, ist für die Sportwelt sehr interessant, denn Gehirnerschütterungen sind ein großes Problem bei allen Kontaktsportarten. Gehirnerschütterungen entstehen, wenn durch einen Schlag auf den Körper oder den Kopf das Gehirn im Schädel hin und her geschleudert wird. Dadurch werden die empfindlichen Zellen und Strukturen im Inneren des Gehirns beschädigt. Im Allgemeinen verursachen Gehirnerschütterungen Kopfschmerzen, Verwirrung, Schwindel, Übelkeit und Gedächtnisstörungen, aber sie können auch zu langfristigen Problemen führen, von Depressionen bis hin zu Persönlichkeitsveränderungen. Sie wurden sogar mit einem erhöhten Risiko in Verbindung gebracht, eine Demenz zu entwickeln – 30 Jahre nach dem ursprünglichen Trauma. In sehr schweren Fällen kann eine Gehirnerschütterung tödlich sein.

In den letzten Jahren hat sich jedoch das Bewusstsein für die Gefahren einer Gehirnerschütterung verbessert, insbesondere was jüngere Sportlerinnen und Spieler angeht, deren Gehirne sich noch entwickeln. Genau aus diesem Grund haben Studenten des Graduiertenprogramms für Biomimikry an der University of Akron in den USA beschlossen, sich in der Natur nach einer Lösung umzusehen.

Zunächst richteten sie ihre Aufmerksamkeit auf die harten Oberflächen von Schafshörnern und Spechtschnäbeln. In Kapitel 4 haben wir uns mit einem neuartigen Fahrradhelm beschäftigt, der gerade entwickelt wird und vom Schnabel eines Spechtes inspiriert wurde. Die Studierenden der University of Akron fanden heraus, dass sowohl der Schnabel des Spechtes als auch die Hörner von Rocky-Mountain-Schafen die Kraft von direkten, frontalen Schlägen dämpfen. Bei Sporthelmen würde das aber nicht reichen. Sie wollten eine neue Helmtechnologie entwickeln, die einen besseren Schutz gegen einen Dreh-, Streif- und Seitenaufprall bietet, denn das sind die Unfälle, die die meisten Schäden verursachen. Das Team durchforstete unzählige wissenschaftliche Arbeiten, um herauszufinden, ob es vielleicht ein anderes Tier gibt, das Stöße am ganzen Körper besser abfedern kann, und dabei stießen sie auf den Igel.

Im Allgemeinen sind Sporthelme so konzipiert, dass sie ihre Träger vor den Schäden schützen, die bei starken Schlägen entstehen. Sie haben eine harte Außenschale, die den Kopf vor oberflächlichen Schnitten und Schürfwunden schützt, aber was wirklich gegen Gehirnerschütterungen hilft, ist die weiche Innenauskleidung. Bei den meisten Helmen besteht diese aus Schaumstoff oder einem ähnlichen Material, das mit Luft gefüllte Kammern enthält, die eine dämpfende Wirkung haben. Obwohl diese Helme gut funktionieren, hat das Team festgestellt, dass sie ein paar Nachteile haben. Erstens werden sie bei wiederholten Schlägen immer weniger effektiv. Die Schaumstoffauskleidung verliert ihre Fähigkeit, sich wieder in Form zu bringen, und die luftgefüllten Kammern werden schwächer. Zweitens schützen die Auskleidungen nicht besonders gut vor seitlichen und streifenden Schlägen, die dem Gehirn am meisten schaden.

Nachdem es den Igel im örtlichen Zoo genau studiert hatte, beschloss das Akron-Team, dass seine neue Helmauskleidung genau wie ein Igel aussehen sollte! Mithilfe eines 3D-Druckers baute es Quadrate aus sich überlappenden, flexiblen Kunststoffstacheln und befestigte sie am Innenfutter des Helms. Jeder Stachel wurde so gedruckt, dass er hohle Lufttaschen enthielt, genau wie das Innere eines echten Igelstachels, um die gleiche Festigkeit und Flexibilität zu erreichen. Die Stacheln wurden dann in denselben kreuzförmigen Mustern angeordnet, wie sie auf dem Rücken eines Igels vorkommen. Das Team nannte diese Quadrate »Aufprallschutzmodule« und befestigte mehr als ein Dutzend davon in jedem Helm. Das Ergebnis ist eine Art 3D-gedruckte Igelhaut im Helm.

Bei direkten Schlägen und Streifschlägen verteilt die neue Auskleidung die Kraft des Aufpralls, wie beabsichtigt, über die Stacheln und so die Energie in alle Richtungen. So polstert und schützt der Helm den Kopf im Inneren, indem er die schnelle Bewegung verhindert, die das Gehirn durchschütteln würde und die so gefährlich ist für die Sportler. Und das Beste ist, dass dieser Helm selbst bei wiederholten Schlägen genauso effektiv bleibt wie zu Beginn, denn die Stacheln behalten ihre Form und lassen nicht nach.

Das Forschungsteam befindet sich noch in der Test- und Entwicklungsphase ihres Helms, aber es gibt schon einige vielversprechende Ergebnisse. Nachdem der Helm mit verschiedenen Geschwindigkeiten und an verschiedenen Stellen getroffen wurde, zeigen erste Tests, dass der vom Igel inspirierte Helm besser abschneidet als ein Helm mit Schaumstoffauskleidung. Jetzt experimentieren sie mit neuen Methoden, um die industrielle Herstellung der Innenausstattung zu erleichtern. Wenn alles nach Plan läuft, könnten schon bald Sportlerinnen und Sportler auf der ganzen Welt Helme tragen, die im Inneren wie Igelstacheln aussehen. Wenn sie dann einen schweren Schlag einstecken müssen, werden sie dem bescheidenen Igel dafür danken, dass er ihr Gehirn sicher und gesund hält.

16
Schlagkräftig: Fangschreckenkrebse

Seien wir ehrlich: Fangschreckenkrebse sehen seltsam aus. Diese eigenbrötlerischen Meeresbewohner, die sich in tropischen und subtropischen Meeren verstecken, sind Stubenhocker. Sie wagen sich nur für kurze Strecken hinaus, um zu fressen. Längere Wanderungen machen sie nur, wenn sie mit ihrem Zuhause umziehen. Von den etwa 450 Arten gibt es einige, die nachts aktiv sind, andere bevorzugen den Tag und wieder andere die Dämmerungsstunden. Einige Arten leben in gemäßigten Meeren, aber die meisten sind im Indischen und Pazifischen Ozean, zwischen Ostafrika und Hawaii, heimisch.

Auch wenn uns Fangschreckenkrebse zunächst nicht viel sagen, sollten wir uns von ihrem zurückgezogenen Verhalten nicht täuschen lassen. Sie sind grausame Raubtiere mit einem ausgeklügelten Plan, um ihre Beute auszuschalten. Einige von ihnen spießen ihre Opfer auf, während andere sie mit ihren Vorderbeinen zu Tode prügeln. Sie mögen klein sein, aber sie haben einen der stärksten Schläge der Welt.

Diese K.-o.-Spezialisten sind Krebstiere – eine vielfältige Gruppe wirbelloser Tiere, zu der Krebse, Hummer,

Flusskrebse, Krabben, Garnelen, Rankenfußkrebse und sogar Asseln gehören. Fangschreckenkrebse gehören jedoch zu den farbenprächtigsten. Nehmen wir etwa den Bunten Fangschreckenkrebs, der auch unter dem Namen Harlekin-Mantis-Garnele bekannt ist. Wie der Name schon ankündigt, ist sie sehr bunt: orangefarbene Beine, grüne Flecken auf dem Körper sowie leopardenähnliche Flecken. Dieses Krebstier weist eine atemberaubende Farbpalette nach, die von Rosatönen über Violett- und Rottöne bis hin zu elektrischen Blautönen und metallischem Grün reicht. Aber es sind nicht nur ihre leuchtenden Farben, die unsere Aufmerksamkeit erregen.

Die Harlekin-Mantis-Garnele wird in der Regel bis zu zehn Zentimeter lang, obwohl eine Garnele, die in Floridas Indian River gefangen wurde, zu einer urbanen Legende geworden ist. Sie war schwindelerregende 46 Zentimeter lang! Das ist fast fünfmal so groß wie der Durchschnitt. »Shrimpzilla« war geboren!

Fangschreckenkrebse, einschließlich dieses Riesen, sind von Kopf bis zum Schwanz mit stark gepanzerten Stacheln bedeckt, und sie haben lange Fühler, die eine Vielzahl von chemischen Signalen im Wasser aufspüren. Am auffälligsten sind jedoch ihre Augen. Sie sind an beweglichen Augenstielen angebracht und können sich unabhängig voneinander bewegen. Bemerkenswert ist, dass sie mit nur einem Auge in die Tiefe schauen können, während wir beide Augen dazu brauchen. Darüber hinaus können sie eine Farbwelt sehen, die unsere Fantasie übersteigt.

Um eine Vorstellung davon zu bekommen, wie diese Welt aussehen könnte, müssen wir uns zunächst den Unterschied zwischen ihren und unseren Augen ansehen. Wir Menschen haben vier Arten von Fotorezeptoren, aber Fangschreckenkrebse haben sage und schreibe 16 verschiedene Farbfotorezeptoren. Sie können an dem einen Ende des Lichtspektrums ultraviolettes Licht erkennen und am anderen Ende infrarotes Licht sowie alle Farben dazwischen. Und wie sieht es aus mit dem Erkennen von polarisiertem Licht? Ja, das sehen sie auch. Wie verändert das die visuelle Wahrnehmung des Krebses? Wir nehmen polarisiertes Licht als lästige Blendung wahr, aber Fangschreckenkrebse haben dieses Problem nicht. Ganz im Gegenteil: Die Männchen einiger Arten verwenden polarisierte Signale an ihrem Schwanz und an den Antennen, um mit den Weibchen zu kommunizieren. Da nur wenige andere Tiere dieses polarisierte Licht sehen können, ermöglicht das polarisierte Signal diese geheime Verbindung, ohne die Aufmerksamkeit von Raubtieren zu erregen. Es wird vermutet, dass sie sogar polarisiertes Licht nutzen, wenn sie zu ihrer Höhle zurückkehren.

Die Fangschreckenkrebse können auch zirkular polarisiertes Licht erkennen. Sie sind die einzigen Tiere auf der Erde, die diese Fähigkeit besitzen. Und genau diese Fähigkeit inspiriert neue Technologien und optische Geräte. Ein Aspekt der aktuellen Forschung ist die »Viertelwellenplatten«-Wirkung ihrer lichtempfindlichen Zellen. Diese Zellen bewirken, dass sich die Polarisationsebene des Lichts dreht, während es durch die Zelle wandert. Vom Menschen hergestellte Viertelwellenplatten finden sich in DVD-Laufwerken, und auch sie müssen die gleiche Funktion der Umwandlung von linear polarisiertem Licht in zirkular polarisiertes Licht haben. Das Problem ist, dass diese Geräte nur mit einer Lichtfarbe gut funktionieren, aber die Viertelwellenplatte der Fangschreckenkrebse funktioniert perfekt durch das ganze sichtbare Spektrum hindurch. Experten wie Professor Nicholas Roberts an der University of Bristol haben festgestellt, dass dieses natürliche System »alles übertrifft, was wir bisher geschaffen haben«.

Fangschreckenkrebse, so scheint es, sind Virtuosen des Lichts; aber sie sind auch musikalische Meister, die einige faszinierende Klänge erzeugen können. Die Kalifornische Fangschreckenkrebsart etwa erzeugt ihre Töne durch das Vibrieren der Muskeln unter ihrer Rückenabdeckung – dem sogenannten Carapax, der den hinteren Teil des Kopfes und die ersten vier Segmente des Brustkorbs bedeckt. Diese tiefen Rumpelgeräusche sind so schnell, dass sie kaum eine Sekunde andauern. Manchmal erzeugen jedoch Wiederholungen sogenannte Rumpelgeräuschgruppen. Zusätzlich zu den Rumpelgeräuschen haben Wissenschaftler auch »pulsierende Rasselgeräusche« festgestellt, wenn der Panzer gegen ein anderes Objekt vibriert. All diese Aktivitäten deuten auf eine Schlussfolgerung hin: Schall breitet sich im Wasser fast fünfmal schneller aus als in der Luft, und es ist bekannt, dass Meerestiere wie Delfine und Wale Geräusche zur Kommunikation nutzen. Also ist es sehr wahrscheinlich, dass Fangschreckenkrebse diese Geräusche produzieren, um Raubtiere abzuwehren, ihr Revier abzustecken oder eine Partnerin oder einen Partner anzulocken.

Im Laufe ihres Lebens pflanzen sich Fangschreckenkrebse etwa dreißigmal fort, und bei einigen Arten ist die Fortpflanzung das einzige Mal, wenn Männchen und Weibchen sich treffen. Das Weibchen legt seine Eier in ihrer Höhle ab, wo sie sie reinigt und belüftet. Bei anderen Arten, bei denen Männchen und Weibchen lebenslang zusammenleben, kümmern sich beide Geschlechter um die Eier. Aus den Eiern schlüpfen schließlich Larven, aber sie sehen überhaupt nicht aus wie ihre Eltern und verhalten sich auch nicht so. Sie treiben als Zooplankton im Ozean. Die genaue Anzahl der Larvenstadien ist von Art zu Art sehr unterschiedlich, und sie brauchen mehrere Wochen bis hin zu einem ganzen Jahr, bevor sie sich in Erwachsene verwandeln.

Was einen Fangschreckenkrebs jedoch zu einem Fangschreckenkrebs macht, ist der Besitz einer tödlichen Waffe. Tatsächlich haben diese Tiere ihren Namen von der Art und Weise, wie sie ihre Beute erlegen – und die ist dem landbewohnenden Insekt, der Gottesanbeterin, sehr ähnlich. Der Fangschreckenkrebs benutzt ein Paar Gliedmaßen – das zweite Paar Brustanhangsgebilde – zum Schlagen. Dabei werden Fangschreckenkrebse in zwei Gruppen eingeteilt: die »Schmetterer« und die »Speerer«. Die »Speerer« benutzen Stacheln an den Enden ihrer Vordergliedmaßen, um Fische und andere weiche Beute zu durchbohren oder zu zerschneiden. Die »Schmetterer« zertrümmern die harten Schalen von Schnecken und Krebsen mit verlängerten Gliedmaßen, Schlagarmen oder Schmetterkeulen, die wie eine Keule oder ein Vorschlaghammer aussehen.

Wenn sie ihre Schläge loslassen, können die »Schmetterer« mit der Beschleunigung einer normalen Gewehrkugel des Kalibers .22 zuschlagen und aus dem Stand Geschwindigkeiten von bis zu 80 Kilometer pro Stunde erreichen. Die Kraft, die durch den Aufprall entsteht, ist mehr als 1000-mal so groß wie das Eigengewicht des Fangschreckenkrebses – also ein ganz schöner Schlag! Ich habe mich immer gefragt, wie sie diese Geschwindigkeiten erreichen können. Es hat sich herausgestellt, dass jedes Glied wie eine Feder wirkt, die durch einen Riegel in Position gehalten wird. Während ein Muskel die Feder zusammendrückt, hält ein anderer den Schlagarm in Position. Wenn der Krebs bereit ist, lässt ein dritter Muskel den Schlagarm los und … wumms!

Die Beschleunigung der Schmetterkeule ist so groß, dass das Wasser buchstäblich kocht, wenn die Keule von der Beute wieder abprallt. Der Prozess, der dabei stattfindet, heißt Kavitation. Das passiert, wenn Wasser, das sich sehr schnell bewegt – in diesem Fall angetrieben von der Schmetterkeule –, verdampft und sich in Blasen verwandelt. Während sich diese Blasen bilden, implodieren sie sofort, fallen in sich zusammen und setzen dabei eine Menge Energie in Form von Wärme, Licht und Schall frei. Diese Dreifach-Bedrohungs-Kombination kann wirklich zerstörerisch sein. Sie ist so stark, dass sie das Glas eines Aquariums, in dem Fangschreckenkrebse gehalten werden, zerschlagen kann.

Wissenschaftler glauben, dass es dieser Prozess der Kavitation ist, der den »Schmetterern« hilft, ihre Beute zu zertrümmern. Es ist kaum überraschend, dass eine solche Schmetterkeule, die Hunderte Male treffen kann, ohne zu zerbrechen, das Interesse von Wissenschaftlern geweckt hat. Sie könnte die Art und Weise verändern, wie wir Materialien für die Auto- sowie die Luft- und Raumfahrtindustrie entwickeln.

Ein Team von Forschenden unter der Leitung von David Kisailus von der University of California, Irvine, und Pablo Zavattieri an der Purdue University, Indiana, hat zusammengearbeitet, um das keulenförmige Anhängsel der Fangschreckenkrebse zu untersuchen. Sie haben herausgefunden, dass die knochenartigen mineralischen und organischen Naturfasern im Inneren des Tieres ein sogenanntes Komposit bilden: eine Mischung aus zwei Materialien mit unterschiedlichen physikalischen und chemischen Eigenschaften. Wenn sie kombiniert werden, entsteht ein Material mit hervorragenden Eigenschaften. Im Fall der Fangschreckenkrebse ist es ein Material, das zäh, steif und leicht ist.

Die Keule der Fangschreckenkrebse besteht aus verschiedenen Teilen. Der äußerste Teil besteht aus winzigen Teilchen aus Kalziumphosphat – dem gleichen Mineral, das auch in menschlichen Knochen vorkommt – und ist von einer Schicht organischem Material umgeben. Diese Schicht bietet einen ersten Schutz vor den schnellen Schlägen. Unter dieser Partikelschicht befinden sich organische Fasern aus Chitin – dem gleichen Material, das auch in den Schalen von Insekten und Krebsen vorkommt –, und sie sind in einem Fischgrätenmuster angeordnet. Dies trägt dazu bei, die Schmetterkeule zu versteifen, was sehr hilfreich ist, wenn es darum geht, auf die Beute einzuschlagen.

Schließlich wird die Schmetterkeule Tausende Male gegen die hartschalige Beute geschleudert und muss die ganze Energie absorbieren. Wie macht sie das? Das Team von David Kisailus hat herausgefunden, dass das Geheimnis im Inneren der Keule liegt. Hier sind die Chitinfasern in einer »helikoidalen Architektur« oder einer flachen Spirale angeordnet. Das sieht ein bisschen aus wie eine gequetschte Wendeltreppe, wo die Stufen kreisförmig immer höher und höher steigen. Stellen Sie sich vor, jede Stufe besteht aus einer Schicht von Fasern, die wie eine Reihe von Bleistiften nebeneinander aufgereiht sind. Jede Faserschicht ist der Nachbarschicht gegenüber leicht gedreht.

Das Team hat entdeckt, dass, wenn starker Druck auf diese Architektur ausgeübt wird wie bei einem Schlag, ein Riss entsteht. Doch während der Riss größer wird, verdreht er sich, und sein Fortschreiten wird durch das Material allmählich verlangsamt. Dies verhindert, dass wirklich schwerer Schaden entsteht. In gewisser Weise wirkt diese Spirale aus Faserschichten wie ein Stoßdämpfer. Wenn sich Risse bilden, folgen sie dem gewundenen Muster der Fasertreppe und breiten sich nicht geradlinig über die Struktur aus, was zum Versagen der Struktur führen würde. Dies unterscheidet sie von einem Material wie Glas, bei dem, wenn Risse entstehen, sie sich direkt durch die Struktur ziehen und zu einem sogenannten Sprungvollausfall führen.

Die Forschenden haben seitdem eine Reihe von Materialien entwickelt und getestet, einschließlich kohlenstofffaserverstärkter Verbundwerkstoffe, die alle auf der Schmetterkeule der Fangschreckenkrebse basieren. Mithilfe von Kameras und digitaler Technologie konnten sie untersuchen, wie ihre neuen Materialien reagieren und sich verändern. Sie haben sie mit zwei Kontrollproben verglichen, von denen eines derzeit in der Luft- und Raumfahrtindustrie verwendet wird. Sie wollten herausfinden, wer in einem Wettstreit um Festigkeit und Widerstandsfähigkeit als Sieger hervorgeht.

In ihren Experimenten haben die Forschenden die Schlagfestigkeit und Energieabsorption der beiden Materialien verglichen und ihre Festigkeit nach dem Aufprall untersucht. Es war im Grunde kein wirklicher Wettbewerb. Die Ergebnisse sprachen für sich: Das schraubenförmige Muster, das auf dem Design der Fangschreckenkrebse basiert, schnitt 50 Prozent besser ab als die anderen. Es war in der Lage, einer hohen Aufprallkraft zu widerstehen und seine Festigkeit zu behalten.

Das Team entdeckte auch, dass die spiralförmige Architektur in der Schmetterkeule von Natur aus so konzipiert ist, dass sie diese Hochgeschwindigkeitsschläge übersteht, indem sie bestimmte Frequenzen von Vibrationswellen, sogenannte Scherwellen, die besonders schädlich sind, herausfiltert. Stellen Sie sich den Schlag des Fangschreckenkrebses als ein Energiepaket vor. Wenn Sie einen Teil dieser Energie beim Aufprall ableiten können, wird der Schlag immer noch wirksam sein, aber er ist nicht so zerstörerisch für Sie. Das Team begann dann zu überlegen, wie dieses Wissen in der Entwicklung neuer Verbundwerkstoffe umgesetzt werden kann, die bestimmte Spannungswellen herausfiltern können, damit sie selbst nicht zu Schaden kommen.

2019 wurde Helicoid Industries Inc. gegründet, um die Nutzung der Helicoid-Architektur in Verbundwerkstoffen zu kommerzialisieren. Die Firma will das Gelernte anwenden, um die Innovation voranzutreiben bei den Herstellern von Windrädern, Sportartikeln und Autoteilen, die alle Komponenten aus Verbundwerkstoffen verwenden, die leicht, stark und widerstandsfähig sein müssen. Wer weiß, eines Tages könnten wir leichtere, stärkere Flugzeuge oder Windkraftanlagen haben, die wir der mächtigen Schmetterkeule des Fangschreckenkrebses zu verdanken haben.

17
Schlangen: Such- und Rettungsaktionen

Allein schon beim Wort »Schlange« wird vielen von uns angst und bange, und das ist kein Wunder. Laut WHO werden jährlich bis zu 5,4 Millionen Menschen von Schlangen gebissen. Das sind sehr viele Bisse! Aber zum Glück sind nur 2,5 Prozent davon Giftschlangenbisse, die tödlich enden. Filmemacher spielen gerne mit unseren Ängsten und haben daher einige Horrorfilme mit Schlangen gedreht, sodass ich mich ziemlich zusammenreißen musste, als ich mich auf die Suche nach Westlichen Klapperschlangen gemacht habe.

Diese Schlangen gehören zur Unterfamilie der giftigen Grubenottern. Sie heißen so, weil sie auf beiden Seiten des Kopfes, zwischen Auge und Nasenloch, ihr Grubenorgan haben. Obwohl sie im Allgemeinen nicht aggressiv sind, verteidigen sie sich energisch. Bereits der rasselnde Schwanz ist eine deutliche Warnung für jeden Eindringling. Wird sie in die Enge getrieben, greift die Klapperschlange zu ihrer tödlichen Waffe: nadelscharfe Reißzähne, die eine Dosis Gift abgeben, die tödlich genug ist, um einen Menschen zu töten. Im Südwesten Kanadas, im Westen der Vereinigten Staaten und in Nordmexiko leben diese Tiere in direkter Nachbarschaft zu Menschen!

Bevor ich mich auf den Weg gemacht habe, habe ich mich natürlich gefragt, ob die Suche nach einer solch gefährlichen Schlange, um an ihr Gift zu gelangen, nicht eine Menge Ärger bedeuten würde. Zum Glück war ich nicht allein unterwegs. Mein Führer war der Schlangenexperte Steve Mackessy, Professor für Biologie an der University of North Colorado. Er versicherte mir, dass ich, ausgerüstet mit einem Schlangenhaken und einem Paar Gamaschen zum Schutz der Beine, »auf der sicheren Seite sein sollte«.

Die weiten Prärieländer von Colorado waren ideal, um unser Ziel aufzuspüren. Wir waren auf dem Weg zu einem Ort, den Steve Mackessy als ein Nirwana für Klapperschlangen ausgemacht hatte: Hier verlief ein großer Regenwasserkanal aus Wellblech unter einer erhöhten Eisenbahnlinie. Als Kaltblüter müssen Schlangen ihre Körper in der Sonne erwärmen, und hier schien die Sonne besonders effektiv auf die Metallschienen. Ein Güterzug rumpelte vorbei, und ein Adrenalinstoß schoss durch meinen Körper. Es fühlte sich an, als wären wir plötzlich in einer Szene aus der Serie *Breaking Bad*, als liefen wir durch eine wüstenartige Landschaft, um ein paar verrückte wissenschaftliche Experimente vorzubereiten.

Trotz der Aufregung mussten wir sehr vorsichtig sein. Die Klapperschlange ist ein Meister der Tarnung, ein äußerst geschickter Jäger aus dem Hinterhalt, der die perfekte Strategie entwickelt hat, um seine Beute zu erledigen. Mit ihrer gegabelten Zunge, mit der sie die Luft »schmeckt«, sucht sie nach Tierspuren. Die Zunge der Schlange ist so empfindlich, dass sie sogar herausfinden kann, in welche Richtung die Beute unterwegs war. Dann legt sie sich auf die Lauer und wartet auf ihre Rückkehr. Zu ihrer Beute gehören Nagetiere, vom Präriehund bis zum Erdhörnchen, aber auch Vögel, Eidechsen und andere kleine Säugetiere wie Eichhörnchen und Kaninchen.

Zu einem engen S zusammengerollt, bereit zum Angriff, nutzt die Klapperschlange ihr Grubenorgan, um Infrarotstrahlung in Form von Wärme zu erkennen, die vom Körper eines sich nähernden Warmblüters ausgeht. Für die Schlange leuchtet die Beute quasi wie ein Leuchtfeuer in der Nacht. Ist sie nah genug dran, schießt sie blitzschnell nach vorn, rammt ihre Reißzähne in ihr Opfer, pumpt Gift hinein und lässt dann genauso schnell wieder los. Diese Taktik des raschen Zuschlagens und Loslassens verringert die Gefahr, dass die scharfen, aber zerbrechlichen Reißzähne der Schlange beschädigt werden, und es vermeidet eine Gegenwehr der Beute.

Das Gift der Klapperschlange ist ein tödlicher kleiner Giftcocktail, der im Wesentlichen lebendes Gewebe, wie Haut und Muskeln, zerstört und verflüssigt. Es ist also nachvollziehbar, dass ich um jeden Preis vermeiden wollte, von diesen Zähnen gebissen zu werden. Aber dann faszinierte mich die Art und Weise, wie sich die Klapperschlangen fortbewegen, absolut. Ich bin die Suche nach diesen Tieren ganz ruhig angegangen und habe mich sogar etwa zwei Meter von einer ausgewachsenen Klapperschlange entfernt auf den Boden gelegt, um das braun karierte Muster ihrer Haut und die Rassel am Schwanzende besser betrachten zu können. Dazu muss ich aber gestehen, dass es sehr früh am Morgen war. Es war noch kühl, und die Sonne war kaum am Horizont sichtbar, also waren die Schlangen zu dieser Stunde noch relativ langsam.

Als wir nach dem Mittagessen zurückkehrten, bot sich uns ein ganz anderes Bild. Eine der größten Klapperschlangen, die ich je gesehen habe, bewegte sich superschnell den Weg vor uns entlang. Ich erstarrte, als hätte mich Medusa mit ihrem steinernen Blick fixiert. Der Regisseur, der mich begleitete, erschrak dermaßen, dass er sich an mich klammerte und mich quasi als menschlichen Schutzschild benutzte. Ich wusste nicht, ob ich lachen oder weinen sollte, aber eins war sicher: Ich hatte überall Gänsehaut!

Obwohl ich so nervös war, empfand ich großen Respekt vor diesem Tier, das sich ohne Gliedmaßen mit einer solchen Leichtigkeit bewegen kann. Ich bin mir sicher, dass es Herpetologen und Schlangenliebhabern auf der ganzen Welt ähnlich geht. Vielleicht wollen auch Sie sich anschließen, denn diese Schlange hat sich als Inspirationsquelle für einen neuen Such- und Rettungsroboter erwiesen, der in Zukunft unzählige Leben retten könnte.

Wir kennen etwa 3700 Schlangenarten, und ob man sie mag oder nicht, sie sind fast überall zu Hause (mit Ausnahme der Antarktis, Islands, Irlands, Grönlands und Neuseelands). Etwa 600 Arten sind giftig; die asiatische Königskobra ist mit über fünf Metern Länge die längste und der australische Taipan die giftigste. Von den nicht giftigen Schlangen ist der sieben Meter lange Netzpython aus Südasien die längste Schlange der Welt; die schwerste ist die südamerikanische Grüne Anakonda, die bis zu 100 Kilogramm wiegen kann. Während die Königskobra, ähnlich wie Klapperschlangen, mittels Gift tötet, erledigen die beiden Giganten ihre Beute, indem sie sie einschnüren, bis sie stirbt.

Ob sie mit einem Giftbiss töten, durch Zerquetschen oder indem sie ihre Beute lebendig fressen, wie die harmlose Strumpfbandnatter, fast alle Schlangen schlucken ihre Nahrung im Ganzen. Viele Schlangen können Tiere fressen, die bis zu dreimal größer sind, als ihr Kopf breit ist – wie Sie sich vorstellen können, kann das manchmal ein ziemlicher Bissen sein. Diese Fähigkeit verdanken sie der Tatsache, dass ihre Kieferknochen locker miteinander verbunden und dadurch viel flexibler sind als unsere. Im Maul der Schlange wird die Beute durch nach hinten gerichtete Zähne festgehalten; sie verhindern, dass sie entkommen oder herausfallen kann.

Die Fähigkeit der Schlangen, sich so mühelos durch viele verschiedene Landschaften zu bewegen, hat das Interesse eines Teams von Ingenieuren unter der Leitung von Chen Li, Assistenzprofessor für Maschinenbau an der Johns Hopkins University, erregt. Könnte eine Schlange, so fragte sich das Team, als Inspiration für lebensrettende Such- und Rettungsroboter der Zukunft dienen?

Die Forschenden stellten sich der Herausforderung, einen Roboter zu entwerfen, der sich durch enge Lücken und über die Art von Schutt und Trümmern bewegen kann, mit der man etwa nach einem Erdbeben rechnen muss. Ein schlangenartiger Roboter schien die perfekte Lösung zu sein. Er braucht nicht viel Platz, kann durch kleine Lücken gleiten und an großen Objekten hochklettern. In der Vergangenheit wurden Studien an Landschlangen durchgeführt, und man hat sich vor allem auf ihre Fortbewegung über ebene Oberflächen konzentriert. Darüber, wie sich Schlangen auf sogenanntem 3D-Gelände bewegen, war wenig bekannt. Es geht dabei um unebene Oberflächen und Objekte wie umgestürzte Bäume und Felsbrocken. Sich über diese Art von Gelände zu bewegen, ist viel schwieriger als auf flachem. Das werden Sie selbst wissen, wenn Sie schon einmal durch einen Wald gelaufen sind. Es ist viel wahrscheinlicher, dass Sie auf dem unebenen Waldboden wackeln und ausrutschen oder gar umfallen als auf einer ebenen, gepflasterten Straße. Auf unebenem Boden sind Sie weniger stabil. Das Gleiche gilt für Roboter. Um sich für ihren Schlangenroboter zu inspirieren, musste das Team eine echte Schlangenart studieren, die sich besonders gut auf rauem, felsigem Boden fortbewegt.

Die Schlange, die sie untersucht haben, war die Variable Königsschlange, eine Art, die in einer Vielzahl von Landschaften in den Hochebenen des nordöstlichen mexikanischen Bundesstaates Tamaulipas vorkommt. Ausgewachsene Tiere können bis zu 80 Zentimeter lang werden und sind, zum Glück für das Team von Chen Li, nicht giftig. Sie töten durch Einschnüren, und wie ihr Name schon sagt, variiert ihr Farbmuster sehr unterschiedlich. Es gibt vier verschiedene Farbkombinationen, und sie können alle aus einem Wurf hervorgehen, wobei die rein schwarze recht selten vorkommt. Falls Sie sich fragen, woher der Name »Königsschlange« stammt: Er kommt von ihrer Angewohnheit, andere Schlangen zu fressen. Sie frisst sogar junge Klapperschlangen, ein Verhalten, das Ophiophagie genannt wird. In freier Wildbahn bewegt sie sich auf vielen verschiedenen Untergründen, und man kann sie als Meister der Bewegung bezeichnen. Ein Bonus für die Forscher war, dass sie auch in Gefangenschaft gut gedeiht.

Das Team führte zunächst eine Reihe von Experimenten durch, um zu sehen, wie die Schlangen ihre Körper biegen, wenn sie Hindernissen gegenüberstehen. Sie wurden mit Stufen unterschiedlicher Höhe konfrontiert – fünf oder zehn Zentimeter hoch – und mit unterschiedlichen Oberflächen aus rauem Stoff oder glattem Papier. Die Forschenden beobachteten drei Schlangen, und das Experiment wurde wiederholt, sodass jede Schlange zehnmal jede Stufenhöhe erklommen hat und jeden Stufenbelag entlanggekrochen ist. Die Ergebnisse waren aufschlussreich.

Um eine Stufe zu erklimmen, teilt die Schlange ihren Körper in drei Teile auf: Der vordere und der hintere Teil bleiben dicht an der Oberfläche und winden sich auf den flachen horizontalen Stufen hin und her, während der mittlere Teil des Körpers, der zwischen den Stufen gespannt ist, in der Luft schwebt, um die große Lücke zu überbrücken. Das Team stellte fest, dass die sich windenden Teile des Schlangenkörpers für Stabilität sorgen, indem sie die Schlange stützen und ein Umkippen verhindern. Wenn die Stufen höher und rutschiger waren, bewegten sich die Schlangen langsamer und wanden ihre vorderen und hinteren Körperteile weniger. So blieben sie stabil, hielten ihr Gleichgewicht und kippten nicht um.

Nachdem er Videos von den Schlangen gesehen hatte, die die Stufen hochkletterten, baute Qiyuan Fu, ein Doktorand aus Chen Lis Labor, einen Roboter, der die Bewegungen der Schlangen nachahmt. Sein Hauptkörper ist einen Meter lang, wiegt etwas mehr als zwei Kilogramm und sieht ein bisschen aus wie eine Spielzeugeisenbahn mit vielen Waggons. Insgesamt hat er 19 Waggons oder Segmente. Spezielle Gelenke zwischen den Segmenten ermöglichen es jedem Segment, entweder auf und ab oder nach links und rechts zu wippen. Das gibt dem Roboter die nötige Flexibilität, um über die Stufen zu klettern. An jedem Segment ist ein Paar einfacher Räder befestigt. Die Räder entriegeln sich nur, wenn sie sich vorwärts drehen, wenn sie sich rückwärts drehen, sperren sie sich. Das bedeutet, dass es ein wenig Reibung gibt, wenn sich der Roboter vorwärtsbewegt, und viel mehr Reibung, wenn er versucht, rückwärts oder seitwärts zu fahren. Dieser Aufbau, der den Roboter besser vorwärtsbewegt, ist der Funktionsweise der Schuppen einer Schlange sehr ähnlich.

In ersten Versuchen hatte der Schlangenroboter einige Schwierigkeiten, auf den großen Stufen stabil und im Gleichgewicht zu bleiben. Er wackelte und kippte um oder blieb auf den Stufen stecken. Die echte Schlange hingegen ist immer stabil. Wie schafft sie das? Wir erinnern uns: Wenn die Schlange versucht, die Stufe hinaufzuklettern, bleibt ihr mittlerer Teil in der Luft. Das nennt man auskragen. Gelegentlich lehnt sie sich gegen die vertikale Fläche der Stufe, um ihr Gleichgewicht zu halten. Die Schlange spreizt den sich windenden Teil, was ihr einen großen »Fußabdruck« auf jeder Oberfläche gibt und verhindert, dass sie umkippt. Besonders wichtig ist, dass der weiche Körper der Schlange im Gegensatz zu den starren Rädern des Roboters, die häufig den Kontakt zur Oberfläche verlieren, weil der Roboter wackelt, die ganze Zeit in Kontakt mit der ebenen Fläche bleibt.

Das Team beschloss, die Stabilität des Schlangenroboters zu verbessern, indem es eine autoähnliche Aufhängung einbaute. Diese besteht im Wesentlichen aus einer Feder zwischen dem Körper und jedem Rad, die dazu führt, dass die Räder einen guten Kontakt mit der Oberfläche aufrechterhalten können, auch wenn der Körper wackelt. Die Federn wirken wie ein Federungssystem; wenn jedes einzelne Rad gegen die Oberfläche gedrückt wird, drückt sich die Feder zusammen, damit die meisten Räder in Kontakt zum Boden bleiben. Mit dem neuen Aufhängungssystem war der Schlangenroboter weniger wackelig und konnte Stufen erklimmen, die so hoch waren wie 38 Prozent seiner Körperlänge, und das mit einer Erfolgsquote von fast 100 Prozent, doppelt so viel wie vor dem Hinzufügen der Radaufhängung.

Im Vergleich zu Schlangenrobotern aus anderen Studien hatte Chen Lis Roboter den Nachteil, dass er mehr Strom für die Aufhängung benötigte, aber er machte dies dadurch wett, dass er mit einer Ausnahme schneller war als alle anderen Roboteralternativen, die ihrerseits weniger stabil waren. Chen Lis Roboter näherte sich sogar der Geschwindigkeit der echten Variablen Königsschlange.

Das Team plant, weiter an seinem Schlangenroboter zu arbeiten, um ihn für komplexeres 3D-Gelände oder Oberflächen mit mehreren Hindernissen fitter zu machen. Für die Zukunft hofft es, dass ihr Schlangenroboter Berge erklimmen und durch Erdbebentrümmer oder sogar über Marsgestein fahren kann. Ausgestattet mit Fernsensoren und Kameras, wird er uns bei zahlreichen Aufgaben helfen können, sei es bei der Rettungssuche, Umweltüberwachung oder Planetenerkundung. Eine gänzlich andere Frage ist freilich, wie Sie reagieren würden, wenn Sie unter Trümmern begraben wären und einen Schlangenroboter auf sich zukommen sehen würden.

18
Schmetterlinge: Künstler und natürliche Architekten

Wenn ein Schmetterling vorbeiflattert, kann man nicht umhin, seinen Flug und das Aufblitzen der Farben auf seinen Flügeln zu bewundern. Die Blauen Morphofalter Süd- und Mittelamerikas gehören zu den schönsten der Welt. Mit einer Flügelspannweite von bis zu 20 Zentimetern können sie größer sein als Ihre Hand. Es ist nicht nur ihre Größe, die verblüfft, sondern auch ihre leuchtend blauen Flügel, die so wirken, als würden sie schimmern. Die Männchen präsentieren ihre Flügel nach dem Prinzip »bling, bling«. Durch die leuchtenden Farben wollen sie Rivalen, die in ihr Revier fliegen, einschüchtern, das andere Geschlecht anlocken oder Raubtiere verwirren, wenn sie sich bedroht fühlen. Die Weibchen sind nicht blau und etwas weniger leuchtend als die Männchen, sie sind aber dennoch beeindruckend, mit Flügeln in verschiedenen Braun-, Gelb- und Schwarztönen.

Die Männchen sind jedoch so beeindruckend, dass diese Schmetterlinge über die Jahrtausende eine besondere Bedeutung für die Menschen bekommen haben, die in ihrer Nähe leben. Sie gelten als kraftvolles Sinnbild der Seele und der spirituellen Verwandlung; das irisierende Blau soll Heilung symbolisieren. Wenn die Menschen in

Costa Rica einen solchen Schmetterling sehen, wünschen sie sich oft etwas. Für die Zukunft könnten diese atemberaubenden Insekten jedoch auch eine weitere Bedeutung bekommen: Sie könnten der Schlüssel zur Umgestaltung unserer Häuser sein.

Blaue Morphofalter sind keineswegs die einzigen irisierenden Insekten. Die vielleicht berühmtesten sind die Juwelenkäfer. Wenn man sie in der Natur sieht, kann man sich fragen, ob sie überhaupt echt sind. Als Geschöpfe von funkelnder Schönheit sind sie wirklich die Juwelen der Natur, und einige Arten sind seit dem 17. Jahrhundert hoch geschätzt; ihre Flügelgehäuse schmücken zeremonielle Kostüme, Kopfbedeckungen, dekorative Stoffe, Schmuck und Kunstwerke. Manchmal sprechen wir nicht nur von einem oder zwei Käfern: Ein Team unter der Leitung des belgischen Künstlers und Regisseurs Jan Fabre verwendete mehr als anderthalb Millionen Käfer bei der Neugestaltung des spektakulären Spiegelsaals im Königlichen Palast von Brüssel. Jeder einzelne Käferflügel wurde nach einer detaillierten Skizze des Künstlers an der Decke angebracht. Fabres Assistenten brauchten vier Monate, um sie sorgfältig in dem von ihm so genannten »Heaven of Delight« (»Garten der Lüste«) zu befestigen, und natürlich sind für dieses Kunstwerk sehr viele Käfer gestorben.

Irisierende Eigenschaften haben jedoch nicht nur Insekten. Vögel wie etwa Elstern und Kolibris haben irisierende Federn, und wie die Insekten wurden auch sie hoch geschätzt. In der Vergangenheit wurden irisierende Vogelfedern in einigen polynesischen Kulturen zur

Herstellung königlicher Umhänge verwendet. Auch die reflektierende Beschichtung, die als Perlmutt bekannt ist und die die Innenseite von Muschelschalen auskleidet, wurde für Schmuck verwendet. Künstler von Japan bis zum Osmanischen Reich haben geschnitzte Verzierungen als Zeichen von Reichtum und Status geschaffen. Sogar in der aztekischen Kultur ist diese Praxis zu finden.

Der Begriff »irisieren« stammt vom griechischen Wort »iris«, das Regenbogen bedeutet. Es bezieht sich auch auf die griechische Göttin Iris, die als Personifikation des Regenbogens gilt und als Botin der Götter fungierte. Aufgrund ihres Farbwechsels, je nach Perspektive, und der Bandbreite der Nuancen, die sie erzeugen, werden irisierende Farben oft als regenbogenartig, schimmernd, metallisch oder funkelnd beschrieben. Sie kommen sogar in unbelebten Dingen vor, die wir jeden Tag sehen, etwa bei Seifenblasen oder bei kleinen Pfützen auf der Straße, in denen ein bisschen Öl auf der Wasseroberfläche schwimmt.

Aber zurück zum Blauen Morphofalter: Obwohl die Oberseite der Flügel des männlichen Schmetterlings eine brillante und schillernde kobaltblaue Farbe aufweist, enthält sie kein blaues Pigment. Es ist eine Schmetterlingsart, die auf wunderbare Weise zeigt, was eine Strukturfarbe bedeutet, und das wiederum fasziniert die Wissenschaftler, die nun untersuchen, wie diese Schmetterlinge diesen schimmernden blauen Effekt erzeugen, um anschließend pigmentfreie Farben und Textilien zu erschaffen.

Die Farbe ist das direkte Ergebnis der Lichtreflexion an

den winzigen Schuppen, die den Flügel eines Schmetterlings bedecken. Unter dem Mikroskop sehen sie aus wie sich überlappende Kachelreihen, aber um zu sehen, wie die Farbe auf ihnen entsteht, musste eine Forschungsgruppe unter Nipam Patel an der University of California ins Innere der Puppe schauen, wo sich der erwachsene Schmetterling und seine Flügelfarben entwickeln. Sie hat einen Weg gefunden, die Flügel aus dem Inneren der Puppe zu entfernen und sie in einer Petrischale zu züchten. Wie bei einem sich entwickelnden Foto entwickelten sich Farben und Muster langsam auf den weißen Flügeln, während sich jede Schuppe verwandelte. Die Schlüsselstruktur sind winzige Rillen auf der Oberfläche der Schuppen. Diese bewirken, dass Lichtwellen reflektiert werden und sich gegenseitig überlagern, sodass einige Farben heller und andere dunkler werden. Wenn Licht auf die Rillen trifft, kommt es zur »konstruktiven Interferenz«. Dies geschieht, weil die Kanten keine glatten Seiten haben, sondern wie ein zweischneidiger Kamm gekerbt sind. Der Abstand innerhalb der Rillen – oder zwischen den Zähnen des Kamms – bestimmt, welche Wellenlängen des Lichts verstärkt werden und welche ausgelöscht werden. Das ist der Grund, warum unsere Augen diesen blau schimmernden Effekt sehen.

Forschende wie Patels Team sehen in der Strukturfarbe das Potenzial für die Entwicklung neuer pigmentfreier Farben und Stoffe. Stellen Sie sich das einmal vor! Autos, deren Farbe nicht durch chemische Farben bestimmt wird, sondern von der Struktur des Blechs, aus dem sie hergestellt sind …

Eine neue Palette von Lacken, die vor allem für Autos entwickelt wurde, enthält bereits ein Lichtinterferenzpigment, sodass der Lack die Farbe je nach Lichtquelle und Betrachtungswinkel ändert, ähnlich wie der Flügel eines Schmetterlings. Der Effekt wird durch die Reflexion und Brechung des Lichts an der Oberfläche des bemalten Objekts erreicht. Die Farbe enthält winzige Kunststoffplättchen, die etwa einen Mikrometer dick sind. Sie sind aus Aluminium hergestellt, das mit einem glasartigen Magnesiumfluorid beschichtet und in halbtransparentes Chrom eingebettet ist. Aluminium und Chrom verleihen der Farbe einen lebendigen metallischen Glanz, während die glasartige Beschichtung wie ein brechendes Prisma wirkt, das die scheinbare Farbe der Oberfläche verändert, während sich der Betrachtende bewegt. Ähnliche Lacke wurden auch als Ersatz für optisch variable Tinte in fälschungssicheren Banknoten verwendet. Diese Technik ist nicht nur auf Farbe beschränkt – auch Textilien könnten ebenfalls von Strukturfarben profitieren.

In den Niederlanden hat die Firma Teijin Fibre eine Faser entwickelt, die aus 61 Schichten Nylon und Polyester besteht und in der Lage ist, Grundfarben wie Blau, Grün und Rot ohne die Verwendung von Pigmenten zu erzeugen. Als Grundlage dienten auch hier die Flügel des Morphofalters. Das Verfahren zeigt, dass es möglich ist, eine Reihe von Farben zu erzeugen – je nach der Intensität und dem Winkel des Lichts. Traditionell werden Pigmente verwendet, um Textilien und Kleidung zu färben, aber das kann gefährlich sein. Sie können die Ursache für schwere Umweltverschmutzungen sein, da biologisch nicht abbaubare Farbstoffe mit den Abwässern der Färbereien in die Flüsse geleitet werden. Durch das Färben können auch Luftschadstoffe entstehen; und in der Tat hat die Färbereiindustrie in den Städten zu einer starken Verschmutzung des Oberflächen- und Grundwassers geführt. Da bei der Herstellung dieser neuen und innovativen farbverändernden Stoffe und Farben kein Farbstoff beteiligt ist, wird der Bedarf an großen Mengen Wasser und Energie, die mit der herkömmlichen Färbung verbunden sind, reduziert. Ein weiterer Vorteil der strukturellen Farbe ist, dass sie nicht verblasst.

DIE SOLARBETRIEBENE GEWÖHNLICHE ROSE

Ein weiterer spektakulärer Schmetterling ist die Gewöhnliche Rose aus Südasien. Er gehört zu einer Familie von Schmetterlingen, die auch als Schwalbenschwänze bezeichnet werden, weil die Hinterflügel gegabelt sind und dem Schwanz einer Schwalbe ähneln. Der Name »Rose« kommt von dem leuchtend karminroten Körper und den karminroten Punkten auf den Flügeln des Falters. An der Unterseite der Flügel hat er auffallende weiße Flecken, die ebenfalls der Abwehr von Raubtieren dienen. Sie schrecken die Raubtiere entweder auf oder lenken bei Angriffen von den lebenswichtigen Körperteilen des Schmetterlings ab.

Besonders auffällig an diesem Schmetterling ist jedoch

die dominante Farbe auf der Oberseite der Flügel – ein tiefes, dunkles und samtiges Schwarz. Das Ausmaß der Schwärze variiert zwischen Männchen und Weibchen, die Männchen sind dunkler. Diese atemberaubenden Flügel sind jedoch nicht nur dafür da, um zur Schau gestellt zu werden. Wissenschaftler haben entdeckt, dass die Flügel der Gewöhnlichen Rose das Sonnenlicht sammeln, und diese Fähigkeit haben sich Ingenieure zunutze gemacht, um eine neue Art von Dünnschichtsolarzellen zu entwickeln.

Schmetterlinge sind, wie alle Insekten, Kaltblüter. Das bedeutet, sie können nicht die gesamte Wärme und Energie, die sie benötigen, in ihrem eigenen Körper produzieren. Stattdessen sind sie auf die Wärme aus ihrer Umgebung angewiesen, um sich auf ihre optimale Betriebstemperatur zu erwärmen, und die liegt bei 30 Grad. Wahrscheinlich haben Sie schon einmal Schmetterlinge gesehen, die mit ausgebreiteten Flügeln in der Sonne ruhen. Sie machen dies nicht nur, weil es angenehm ist. Der Schmetterling muss genug Sonnenenergie tanken, um fliegen zu können. Mit ausgebreiteten Flügeln in der Sonne zu baden, ist die beste Art für Schmetterlinge, ihre Körpertemperatur zu erhöhen – und dunkle Farben absorbieren mehr Wärme und Licht als helle Farben, die das Licht reflektieren.

Radwanual Siddique, ein Optical Engineer vom California Institute of Technology, der auch mit dem Karlsruher Institut für Technologie zusammenarbeitet, war fasziniert davon, wie mikroskopische Strukturen auf Schmetterlingsflügeln zu ihrem schillernden Irisieren führen, und er hat sich gefragt, ob er sich davon etwas abgucken könnte, was Solarzellen verbessern könnte. Er studierte zunächst den Blauen Morphofalter, aber bei einem Besuch im Mannheimer Schmetterlingshaus war Siddique fasziniert von der Gewöhnlichen Rose. Die samtige Beschaffenheit der schwarzen Flügel begeisterte ihn, und er fragte nach, ob er einige Exemplare unter dem Elektronenmikroskop untersuchen könne, um genau zu verstehen, wie sie funktionieren.

Er sah, dass die Oberfläche der Flügel der Gewöhnlichen Rose aus Tausenden von winzigen Schuppen bestand, wie er sie bei anderen Schmetterlingen gesehen hatte, doch bei näherer Betrachtung zeigte sich etwas ganz Bemerkenswertes. Auf jeder dieser Schuppen finden sich kompliziertere Strukturen aus Rillen, die sich überkreuzen und eine Art Netz bilden. In diesem Netz sind viele winzige Löcher unterschiedlicher Größe in einem ungeordneten Muster angeordnet. Es besteht aus Chitin, dem harten Material, das sich auch in den Exoskeletten von Insekten befindet. Des Weiteren enthält es Melanin, das unserem Haar und unserer Haut ihre Farbe verleiht und das Licht absorbiert. Schließlich stellte sich heraus, dass es das Melanin ist, das den Schmetterlingsflügeln ihre schöne dunkle Farbe verleiht.

Siddique erkannte, dass diese mikroskopische Netzstruktur die Absorption des Lichts durch die Schmetterlingsflügel verbessert. Die Rillen und Löcher streuen das auf die Flügel treffende Licht und reflektieren es zurück in die winzigen Schuppen, wo es vom Melanin absorbiert wird. Die Schmetterlingsflügel sammeln also nicht nur das direkte Sonnenlicht, sondern sie verteilen und vermehren es, sodass sie so viel wie möglich davon absorbieren können. Somit hatte Siddique entdeckt, dass die Flügel des Schmetterlings nicht nur hübsch sind, sondern auch supereffiziente, superdünne Lichtabsorber.

Diese Entdeckung eröffnete dem Forscher, der nach Möglichkeiten zur Verbesserung der Solarzellentechnologie suchte, eine Welt voller aufregender Optionen. Die effizientesten Solarkollektoren bestehen aus dicken kristallbasierten Zellen. Sie haben sie wahrscheinlich schon auf Dächern, Gebäuden oder Feldern gesehen. Sie sind in dem Winkel aufgestellt, der es ihnen ermöglicht, die meiste Energie aus der Sonne zu gewinnen, während sie über den Himmel wandert. Das funktioniert sehr gut, wenn die Sonne optimal steht, aber wenn sie sich zur Seite bewegt, bleiben die Solarmodule unbewegt stehen und werden dadurch weniger effektiv. Eine Lösung für dieses Problem wäre es, die Paneele auf einer beweglichen Struktur zu montieren, damit sie der Sonne auf ihrem Weg am Himmel folgen können, aber das wärc eine sehr teure Lösung. Man müsste nicht nur Motoren kaufen, um die Paneele zu bewegen, sondern man bräuchte auch zusätzlichen Strom, um sie zu versorgen, ganz zu schweigen von den zusätzlichen Wartungskosten.

Es gibt eine andere Art von Solarkollektoren, die aus Dünnschicht-Solarzellen besteht. Sie haben sie sicherlich schon auf kleinen Geräten wie Taschenrechnern und Uhren gesehen. Sie lassen sich viel kostengünstiger herstellen und haben eine lichtabsorbierende Schicht, die tausendmal dünner ist als die kristallbasierten Solarzellen. Allerdings absorbieren sie tendenziell weniger Licht und sind weit weniger effizient, weshalb sie nicht für Solarzellen verwendet werden, die viel Energie erzeugen müssen. Siddique und sein Team fragten sich, ob eine auf dünnen Solarzellen angebrachte Netzstruktur wie die der Gewöhnlichen Rose ihre Effizienz nicht verbessern könnte. Wenn dies gelingen würde, könnten sich zahlreiche neue Möglichkeiten ergeben, dieses kostengünstigere und leichtere Material zu verwenden. Dann könnte man die neu entwickelten dünnen Solarzellen sogar für große Solarkollektoren verwenden.

Das Team musste also einen Weg finden, die gleiche Netzstruktur im Labor herzustellen, die die Flügel dieser besonderen Falter aufweist, und die Lösung, die es fand, war genial. Statt eine Version der mikroskopischen Netzstruktur nachzubauen, fanden die Forschenden einen Weg, sie organisch zu erzeugen. Sie mischten zwei verschiedene flüssige Kunststoffe zu einer Lösung, die sie dann auf einer ebenen Fläche verteilten. Als die Kunststoffe trockneten, stießen sie sich gegenseitig ab, da sie aus unterschiedlichen Materialien bestanden, und so erzeugte die Lösung die gleiche Netzstruktur wie bei den Schmetterlingsflügeln.

Das Team übertrug seine Kunststoff-Netzstruktur auf eine Solarzelle und maß, wie viel Licht sie absorbierte. Sie fanden heraus, dass ihre Solarzelle im Vergleich zu einer herkömmlichen glatten Oberfläche 90 Prozent mehr direktes Licht absorbierte, und wenn die Zelle neben einer Lichtquelle platziert wurde, die schräg einstrahlte, zeigte sie einen Anstieg um 200 Prozent an im Vergleich zur herkömmlichen Methode. Den Forschenden war klar, dass sie etwas Aufregendes entdeckt und entwickelt hatten, denn es bedeutete, dass die Zellen besonders effektiv in Ländern sein würden, die die Sonnenkollektoren zur Stromerzeugung nutzen wollen, aber nur über wenige Stunden Sonnenlicht verfügen.

Siddique und sein Team befinden sich noch in der Entwicklungsphase ihrer von Schmetterlingen inspirierten Solarzellen. Aber bisher haben ihre Tests gezeigt, dass sie im Vergleich zu anderen Modellen, die derzeit auf dem Markt sind, sehr ertragreich sind, und – und das ist vielleicht das Wichtigste – sie sind günstig und einfach herzustellen. Die Forschenden arbeiten auch daran, diese Technologie auf andere optische Strukturen anzuwenden, wie LED-Leuchten und Biosensoren. Sie hoffen, dass ihre Erfindung dazu beitragen wird, billige und effiziente Solarzellen zu entwickeln, die unsere Abhängigkeit von fossilen Brennstoffen verringern. Für diese bemerkenswerte Innovation haben wir aber vor allem den Flügeln eines hübschen rot-schwarzen Schmetterlings zu danken.

DAS SCHMETTERLINGSHAUS

Im 15. Jahrhundert, während der Renaissance, hat der Architekt Filippo Brunelleschi eine dünnere und leichtere Kuppel für die Kathedrale von Florenz entworfen, nachdem er sich eingängig mit der Stärke und Struktur von Eierschalen beschäftigt hatte. Es heißt, dass, als die

Kathedrale gebaut wurde, niemand wusste, wie man die Kuppel entwerfen sollte. 1419 schrieb die Gilde der Holzhändler einen Wettbewerb aus und forderte Architekten auf, ihre Ideen einzureichen. Als Brunelleschi eingeladen wurde, den anderen das Modell seines Entwurfs zu zeigen, lehnte er ab. Stattdessen schlug er vor, den Auftrag an denjenigen zu vergeben, der es schaffe, ein Ei auf dem Tisch vor ihnen senkrecht zum Stehen zu bringen, denn genau diese Fähigkeit sei für diese Aufgabe erforderlich.

Nachdem alle anderen Architekten es versucht hatten und gescheitert waren, nahm Brunelleschi ein Ei, klopfte auf sein Ende, um es leicht zu zerdrücken, und legte es dann auf den Tisch, wo es aufrecht stand. Verärgert erwiderten die anderen Architekten, dass sie das Gleiche hätten tun können, aber Brunelleschi lachte und erwiderte, sie könnten die Kuppel ebenfalls bauen, da sie nun sein Modell kannten. Beeindruckt von ihm, beschlossen die Richter, Brunelleschi den Auftrag zu erteilen – und wissen Sie, was? Die Kuppel ähnelt tatsächlich einem Ei, das an der Spitze leicht abgeflacht ist. Die Fertigstellung dauerte etwa 17 Jahre, und es ist bis heute die größte Kuppel, die aus Ziegeln und Mauerwerk errichtet wurde.

In den letzten Jahren haben die Fortschritte in der Digitaltechnik und im 3D-Druck dazu geführt, dass wir Formen und Strukturen schaffen können, die früher unmöglich gewesen wären, und einige von ihnen richten sich nach dem Vorbild von Lebewesen. Ein Beispiel dafür ist der Entwurf für ein Schmetterlingshaus namens »Metamorphosis: Inception« von Tia Kharrat, einer Absolventin der University of Westminster.

Genau wie die Kathedralenkuppel von Filippo Brunelleschi ahmt auch Kharrats Entwurf die Form eines Eis nach, dieses Mal die Eihülle des White-Royal-Falters, einer gefährdeten Art aus Singapur. Der Falter legt seine kugelförmigen Eier an der Unterseite von Blättern ab. Zunächst sind sie weiß mit einem Hauch von Grün, die Farbe verschwindet jedoch nach einigen Stunden. Obwohl jedes Ei winzig ist – weniger als ein Millimeter im Durchmesser –, ist es mit einem wunderschönen fraktalen Muster aus Vertiefungen und Erhöhungen verziert. Fraktale sind großartig! Man kann sie etwa sehen, wenn man eine Schneeflocke unter dem Mikroskop betrachtet: Die verschiedenen Muster wiederholen sich immer wieder in verschiedenen Maßstäben in ein und demselben Objekt.

Tia Kharrat hat Fraktale mithilfe einer 3D-Software und komplizierter Mathematik nachgebaut, um eine digitale Darstellung des Eis zu erstellen. Dann hat sie es im 3D-Druckverfahren erzeugt. Das Ergebnis war eine Struktur aus konkaven, gewölbten sechseckigen Platten. Sie vergleicht sie mit dem Inneren eines Fußballs, bei dem jede Platte mit Löchern versehen ist, um Licht und Luft durchzulassen.

Kharrat weist jedoch darauf hin, dass es bei der Biomimikry nicht nur darum geht, Formen aus der Natur zu kopieren; es geht darum, sich die Zeit zu nehmen, die in der Natur vorkommenden Formen zu betrachten und sie zu nutzen, um Probleme zu lösen und andere Entwürfe zu schaffen. Ihre Studien über das Schmetterlingsei nutzte sie auch als Inspiration für etwas anderes. Ihr endgültiger Entwurf ist keine wirkliche Kopie des Eis, sondern er nimmt die geometrischen Regeln auf und multipliziert sie auf fraktale Weise, um etwas Neues zu entwerfen.

Tia Kharrat begann mit der Arbeit an ihrem Entwurf im Rahmen ihres Masterstudiums, und passenderweise war der Pavillon ursprünglich für ein Schmetterlingshaus vorgesehen. Als Umweltschützerin möchte Kharrat mit ihrer Arbeit auch auf den weltweiten Rückgang der Schmetterlingsbestände aufmerksam machen. Gleichzeitig ist sie aber der Meinung, dass es bei der Beziehung zwischen Menschen und Schmetterlingen nicht nur um den Schutz, sondern auch ums Zelebrieren gehen sollte. Sie glaubt auch, dass eine Struktur wie die des Schmetterlingshauses eine positive psychologische Wirkung auf darin lebende Menschen hätte. Da wir unterbewusst mit natürlich vorkommenden Mustern vertraut sind, wären wir entspannter, wenn wir von ihnen umgeben wären.

Ihr Entwurf war zwar ursprünglich für ein Schmetterlingshaus gedacht, könnte jedoch auch als Rückzugs- und Urlaubsort oder als spiritueller Ort dienen. Die Verwendung von lichtdurchlässigen Materialien, die räumliche Anordnung und das gedämpfte Licht schaffen einen Bereich, in dem Menschen dazu angeregt werden, über das Leben nachzudenken, und sogar »die erste Phase ihrer eigenen Metamorphose erleben können«. Was für eine faszinierende Idee!

19
Urtümliche Fische und Schutzanzüge

Der Amazonas! Als Junge konnte ich nicht anders, als über seine geheimnisvolle Natur zu staunen, und ich dachte immer, er sei ein würdiger Anwärter auf den Titel »längster Fluss der Welt«. In meiner Vorstellung gab es zwei Herausforderer: den mächtigen Amazonas und das Juwel, den Nil. Da ich als Kind ghanaischer Eltern geboren wurde, war ich damit zufrieden, dass Afrika den Sieg einfuhr – der Nil gilt offiziell als der längste Fluss der Welt. Dem Volumen nach ist jedoch der Amazonas der größte Fluss – er spielt in einer eigenen Liga.

Der Amazonas und seine Nebenflüsse entwässern laut dem US Geological Survey ein Gebiet von etwa 6,9 Millionen Quadratkilometern. Er erstreckt sich von der Andenkette bis zum Atlantischen Ozean und macht 38 Prozent der Gesamtfläche Südamerikas aus. Sein am weitesten vom Meer entfernter Punkt ist heftig umstritten. Als Quelle des Amazonas wurden im Laufe der Jahrhunderte viele Orte genannt, 2007 entschied sich das brasilianische Nationale Institut für Weltraumforschung zusammen mit anderen Organisationen für den Apacheta Creek als Ursprung. Von hier aus berechneten sie, dass die Entfernung zur Bucht von Marajó, im südlichen Teil der Mündung des Flusses, etwa 6992 Kilometer beträgt. Mit der gleichen Technologie fanden sie heraus, dass der Nil etwa 6853 Kilometer lang ist, was ihn zum zweitlängsten Fluss machen würde. Also liegt der Amazonas vorn, aber wie lange noch?

Wenn der Amazonas das Meer erreicht, fließen unglaubliche 219 000 Kubikmeter Süßwasser pro Sekunde in den Atlantik. Das ist mehr als bei den übrigen sieben größten Flüssen der Welt zusammen. Das Amazonasdelta ist 320 Kilometer breit, und das braune Wasser, das die Sedimente des Flusses enthält, kann 100 Kilometer weit im Meer nachgewiesen werden.

Kaum mehr als 190 Kilometer vom Pazifischen Ozean entfernt, in den der Amazonas einst floss, stürzen die Quellflüsse in großen Kaskaden von den östlichen Berghängen herab, besonders wenn der Schnee im Frühling schmilzt, aber flussabwärts flacht der Fluss ab. Er fällt nicht mehr als 1,5 Zentimeter pro Kilometer ab, sodass das Wasser relativ langsam mäandert. Hier bilden sich zahlreiche Altwasserseen, ideale Zufluchtsorte für Wildtiere.

In der Trockenzeit kann der Hauptstrom des Amazonas vier bis fünf Kilometer breit sein, in der Regenzeit jedoch bis zu 50 Kilometer, wobei das Wasser den umliegenden Regenwald überflutet, ein Gebiet, das *várzea* oder »überschwemmter Wald« genannt wird. Hier befindet sich eins der artenreichsten Gebiete des Amazonasbeckens. Flussdelfine, Seekühe, Stachelrochen und andere außergewöhnliche Fische schwimmen zwischen den Baumkronen, einige ernähren sich von Früchten und Nüssen. Einer der größten Fische und einer der größten

Süßwasserfische der Erde ist der Arapaima oder Pirarucu. Das größte jemals gemessene Exemplar dieser Art war vom Kopf bis zum Schwanz 3,07 Meter lang und wog 200 Kilogramm. Es wurden sogar noch längere Exemplare mit bis zu 4,5 Meter Länge gesichtet, sie wurden aber nicht offiziell gemessen.

Leider war der einzige Blick, den ich jemals auf den Arapaima werfen konnte, in einem Aquarium in einem Restaurant im Pantanal, einem Feuchtgebiet im Südwesten des Amazonasbeckens – und nein, keine Sorge, ich habe ihn nicht zum Essen bestellt. Selbst dort konnte ich sehen, dass dieser Amazonasriese etwas Besonderes ist. Ihn anzusehen, war wie eine Reise in die Vergangenheit, denn er gehört zu den Knochenzünglerartigen, eine Ordnung urtümlicher Echter Knochenfische, die auch als lebende Fossilien bezeichnet werden. Diese Art gibt es seit mindestens 13 Millionen Jahren (das Alter eines in Kolumbien gefundenen Fossils), was den Arapaima zu einem der ältesten Süßwasserfische der Welt macht. Sein grüner, breiter Kopf ist unverwechselbar, ebenso sein langer, stromlinienförmiger Körper und der massive, rot gesprenkelte Schwanz. Wie viele Tiere in dieser Region ist auch er vom Aussterben bedroht. Bei meinem Besuch im Restaurant stellte ich fest, dass der Arapaima als ziemlich schmackhaft gilt und auch als »Kabeljau des Amazonas« bezeichnet wird. Seit Jahrhunderten haben die Einheimischen ihn gefischt, getrocknet und gesalzen, um sein Fleisch zu konservieren.

Eine der ungewöhnlichsten evolutionsbedingten Anpassungen des Arapaima ist, dass er seine Kiemen nicht zum Atmen benutzt. Seltsam, nicht wahr? Ein Fisch, der seine Kiemen nicht benutzt! Wie überlebt er denn dann? Er nimmt durch eine modifizierte Schwimmblase Luft auf, die wie eine primitive Lunge funktioniert. Das bedeutet jedoch, dass der Fisch alle 10 bis 20 Minuten an die Oberfläche schwimmen muss, um Luft zu holen. Wenn Sie sich jemals in der Nähe eines Arapaima befinden sollten, merken Sie es sofort, wenn er auftaucht. Er macht beim Luftschlucken einen unverwechselbaren Laut, der wie ein seltsames Husten klingt. Dieses Geräusch kann man sogar aus einiger Entfernung hören. Diese Art der Atmung hat sich entwickelt, weil die Hochwasserseen, in denen er lebt, in der Regel sauerstoffarm sind. In der Trockenzeit, wenn das Hochwasser abfließt, verrottet die Vegetation in den Seen, und so wird der Sauerstoff schnell verbraucht. Dank seiner luftatmenden Schwimmblase ist der Arapaima in der Lage, in diesen Gewässern zu überleben; er ernährt sich von Fischen, die vom Fluss abgeschnitten sind.

Es mag nun so klingen, als hätten die Arapaimas herausgefunden, wie man ein gutes, einfaches Leben führt, aber sie sind nicht das einzige Raubtier, das in diesen Seen lebt. Die Seen locken auch Schwärme eines anderen Amazonasfisches an, der seine Eier gerne in der verrottenden Vegetation ablegt. Es ist ein Fisch mit einem berüchtigten und brutalen Biss – der Piranha.

Sicherlich sagen Ihnen Piranhas etwas. Als Kinder waren meine Cousins und ich geradezu besessen von ihnen. Ich habe mich beim Höhepunkt eines Actionfilms, in dem sie vorkamen, gewunden, aber auch gefreut, wenn der »Bösewicht« seine Feinde beseitigt, indem er sie in ein Becken mit Piranhas wirft und dann mit Vergnügen zusieht, wie die Fressorgie losgeht. Anschließend haben meine Cousins und ich wochenlang darüber diskutiert, wie lange es genau dauert, bis ein Mensch bei lebendigem Leibe aufgefressen wird. In Wahrheit sind diese Fische für Menschen aber nicht so gefährlich, wie immer behauptet wird. Sie können ein Stück aus einem Finger oder Zeh abbeißen, aber Angriffe sind selten tödlich, obwohl es in letzter Zeit ein paar Ausnahmen gegeben hat: 2010 wurde ein betrunkener Jugendlicher in Bolivien beim Schwimmen getötet, 2012 wurde ein junges Mädchen von einem Schwarm Rotbauchpiranhas angegriffen und getötet, und 2015 starb ein weiteres Mädchen, als das Boot seiner Großmutter kenterte – die beiden letzten Angriffe fanden in Brasilien statt.

In der Sprache des brasilianischen Tupi-Volkes bedeutet das Wort Piranha »Zahnfisch«, und das aus gutem Grund. Piranhas haben scharfe, dreieckige Zähne, die sich beim Zubeißen wie eine gezackte Schere zusammenfügen. Sie haben riesige Kiefermuskeln, die den größten Teil ihres Kopfes einnehmen, und dadurch einen sehr kräftigen Biss. Wenn sie ihre Beute packen, stoßen sie mit dem Schwanz hin und her, um das Fleisch vom Knochen zu reißen. Wenn sie also ein kleines Tier oder einen kleinen Fisch fressen, können sie ihn innerhalb von Sekunden in ein Skelett verwandeln.

Die Piranhas (es gibt mehrere Arten), die in den Überschwemmungsseen des Amazonas leben, fressen meist tagsüber. Wenn der Wasserstand sinkt und die Nahrung knapp wird, werden sie viel aggressiver und fressen alles, was sie finden. Dann sind sie am gefährlichsten. Sie können sogar Vögel fangen, insbesondere junge Reiher, die aus ihren Nestern ins Wasser fallen. Das ist der Grund, warum viele andere Tierarten hauptsächlich nachts fressen: Sie wollen sich vor den Bissen der Piranhas schützen. Aber der Arapaima, der alle 10 bis 20 Minuten nach Luft schnappen muss, kann sich diesen Luxus nicht leisten. Stattdessen hat der Riesenfisch ein ausgeklügeltes Schutzsystem entwickelt.

Der Körper des Arapaima ist mit Schichten aus graugrünen, panzerartigen Schuppen bedeckt, die dicht übereinanderliegen. Selbst wenn sie von den kräftigen Kiefern des Piranhas gepackt werden, reißen oder brechen die Schuppen nicht. Der Arapaima hat seinen eigenen Körperpanzer entwickelt, und das Bemerkenswerte daran ist, dass der Fischschuppenpanzer im Gegensatz zu den Schutzanzügen von Soldaten sehr flexibel ist. Trotz ihres Panzers können sich Arapaimas leicht im Wasser bewegen und bei Bedarf schnell aus der Gefahrenzone schwimmen. Es ist also nicht überraschend, dass sie die Aufmerksamkeit von Wissenschaftlern erregt haben, die sich für militärische Körperpanzerungen interessieren.

Der amerikanische Materialwissenschaftler und Ingenieur Professor Marc A. Meyers von der University of California, San Diego, wuchs in Brasilien auf, und Geschichten über den Regenwald und die dort lebenden Tiere faszinieren ihn. Als junger Mann beschloss er, das Amazonasbecken gemeinsam mit Freunden zu besuchen. Sie reisten zwei zermürbende Tage lang auf der

Ladefläche eines Lastwagens, bevor sie den Fluss erreichten. Als sie ankamen, war ihnen sehr heiß, und sie waren müde. Sie wollten direkt ins Wasser springen, um sich abzukühlen, aber sie konnten sich gerade noch rechtzeitig zurückhalten. Sie stellten fest, dass es im Fluss von Piranhas wimmelte. Sie hatten die Geschichten gehört, von Leuten, die von Booten gefallen und dann lebendig gefressen worden waren. Meyers beobachtete, wie einheimische Fischer Fleischbrocken als Köder verwendeten, um einen Arapaima zu fangen. Wenn der Arapaima auftauchte, warfen sie den Köder direkt vor sein Maul. Aber wenn der Riesenfisch ihn nicht nahm, wurde der Köder in weniger als fünf Minuten von den Piranhas gefressen. Meyers bemerkte, dass die Arapaima-Fische in der Lage waren, fröhlich umherzuschwimmen – irgendwie waren sie vor einem Piranha-Angriff geschützt.

Jahre später begann Meyers als Mitglied eines Forschungsteams an der University of California zu erforschen, warum der Arapaima so piranharesistent ist. Er war sich bereits bewusst, dass die obere Schuppenschicht der Arapaima-Fische sehr zäh ist: Er hatte gesehen, wie einheimische Frauen die Schuppen zum Feilen ihrer Nägel verwendeten. Aber wie zäh sind sie wirklich? Und haben die Schuppen noch eine andere Eigenschaft, die zum Schutz des Fisches beiträgt?

Meyers bat einen brasilianischen Freund, ihm eine Kiste mit Schuppen zu schicken, damit er und sein Team sie untersuchen konnten. Er steckte zunächst einen Piranha-Zahn in eine Maschine, die auf die Schuppen »biss«. Der Zahn prallte nicht einfach an der Panzerung ab, sondern zersplitterte. Das war etwas, das genauer untersucht werden musste. Mithilfe des Rasterelektronenmikroskops fanden die Forschenden heraus, dass die Schuppen, die bis zu zehn Zentimeter lang sein können, viel dicker sind als die Schuppen anderer großer Fische. Bei der Untersuchung des äußeren Teils der Schuppe – das ist der Teil, der als Nagelfeile verwendet wird – stellten sie fest, dass sie eine ähnliche Zusammensetzung wie menschliche Knochen hat, aber sie enthält mehr Mineralien und ist viel härter. Erst als sie die gesamte Schuppe unter dem Hochleistungsmikroskop betrachteten, verstanden sie, warum sie so bemerkenswert ist. Statt glatt zu sein, hat die äußere Schicht der Arapaima-Schuppe Vertiefungen und Erhebungen, ähnlich den Furchen auf einem Feld. Sie sind in einem Zickzack-Muster angeordnet, was bedeutet, dass diese Schicht, obwohl sie extrem hart ist, eine gewisse Flexibilität besitzt.

Die Entdeckung, was in den silbrig roten inneren Schichten der Schuppe geschieht, war noch aufregender. Hier fand das Team lange Stränge des Proteins Kollagen. Das ist dasselbe Protein, aus dem das Bindegewebe in Knorpeln, Knochen, Sehnen, Bändern und der Haut besteht. Diese Stränge sind zu winzigen Fibrillen gebündelt und nur einen Mikrometer dick – das ist kaum ein Hundertstel der Breite einer menschlichen Haarsträhne. Die Fibrillen sind in Lagen angeordnet, die übereinanderliegen, jede leicht gegen die darüberliegende gedreht. Das Ergebnis ist eine spiralförmige, treppenartige Konstruktion, die Bouligand-Struktur genannt wird. Selbst wenn ein scharfer Zahn die harte, äußere Schicht der Schuppe durchbrechen könnte, wäre er nicht in der Lage, die komplexe Kollagenstruktur darunter zu knacken.

Um dies zu testen, brachte Meyers einen Riss in einer Schuppe an und weichte sie 48 Stunden lang in Wasser ein. Dann zog er langsam die Ränder auseinander, während er auf einen zentralen Punkt Druck ausübte. Dabei stellte er fest, dass sich zwar ein Teil der harten äußeren Schicht der Schuppe ausdehnte, rissig wurde und dann allmählich abblätterte, aber die darunterliegende Schuppe blieb intakt. Bei näherer Betrachtung sah er, dass die Kollagenfasern ihre saubere, spiralförmige Struktur verloren hatten und stattdessen in die Richtung ausgerichtet waren, aus der der Druck kam. Das bedeutet, dass die Fasern den größtmöglichen Widerstand bieten. Selbst unter starkem Druck brachen die inneren Kollagenschichten nicht – obwohl sie sich bewegt und verformt hatten. Diese Eigenschaft macht die Arapaima-Schuppe zu einem der zähesten und flexibelsten biologischen Materialien der Welt.

Diese Entdeckung könnte dazu führen, dass eine neue Art von Körperpanzerung entwickelt wird. Derzeit können einige Kugeln und Messer die Kunststoffpolymere durchdringen, die für flexible Schutzanzüge verwendet werden. Ein neues synthetisches Material, das äußerlich hart ist, sich aber biegt wie die Innen- und Außenschichten der Arapaima-Schuppen und dabei so stark bleibt, dass es alle Kugeln und Stiche etc. aufhält. Das Team von Marc Meyers in Kalifornien beschäftigt sich derzeit damit, eine solche Kleidung mittels 3D-Druckern herzustellen. Und das ist noch nicht alles …

Die Bouligand-Struktur der Arapaima-Schuppen könnte in der Luft- und Raumfahrt verwendet werden, um Schutzgehäuse für Düsenturbinen und Raumfahrzeuge zu bauen. Sie könnte sogar in U-Booten verwendet werden, um sie vor ihren Gegnern zu verstecken, denn dieses neue Material besitzt auch die erstaunliche Fähigkeit, die von den U-Booten abgegebene Energie zu absorbieren, sodass sie nicht von Sonaren entdeckt werden können. Im Grunde hat die Entdeckung, wie die Bouligand-Struktur funktioniert, eine Revolution in der Werkstofftechnik ausgelöst – und all das inspiriert von den Schuppen, die die Arapaima seit Jahrmillionen in den Gewässern des Amazonas vor den Piranhas schützen. In nicht allzu ferner Zukunft könnten Soldaten und Personenschützer auf der ganzen Welt einem prähistorischen, hustenden Fisch zu danken haben, dass sie so gut geschützt sind.

20
Kühe und umweltfreundlicher Klärschlamm

Die Kuh ist eines der ersten Tiere, mit denen wir in der Kindheit Bekanntschaft machen. Ich erinnere mich, wie ich als kleiner Junge Bilderbücher anschaute und Lieder über Kühe sang, die auf Bauernhöfen lebten. Es gab sogar einen alten Reim über eine Kuh, die über den Mond sprang. Dass Kinder heutzutage immer noch solche Lieder singen, ist kein Zufall, denn Rinder und Menschen haben eine wichtige und viel stärker miteinander verwobene Beziehung, als uns vielleicht bewusst ist.

Rinder sind seit Jahrtausenden Teil des menschlichen Lebens. Man nimmt an, dass sie schon vor etwa 10 500 Jahren als Nutztiere gehalten wurden, wobei alle Rinder auf westlichen Farmen von einer Herde Auerochsen abstammen – einer wilden Rinderart, die in Eurasien gelebt hat und heute ausgestorben ist. Ein mutiger Bauer in einem Gebiet, das heute zum Iran gehört, hat sie domestiziert. Lange Zeit davor haben unsere Vorfahren den Auerochsen und andere Wildrinder gejagt. Rinder tauchen in den 17 000 Jahre alten Höhlenmalereien in Lascaux, Südfrankreich, auf und auf Höhlenwänden in Borneo, in einigen der ältesten jemals gefundenen figürlichen Höhlenmalereien, die über 40 000 Jahre alt sind.

Sie alle zeigen Menschen an der Seite von kuhähnlichen Tieren.

In frühen Kulturen galten Rinder als heilig; sie wurden verehrt, weil ihre sichelförmigen Hörner den verschiedenen Mondphasen ähneln. In vielen großen antiken Zivilisationen war eine der Gottheiten eine Kuh, und auch heute gilt sie den Hindus als heilig. Das Hausrind wurde und wird aber auch als Arbeitstier eingesetzt. Als die Menschen begannen, Getreide anzubauen, waren Rinder unter den ersten Tieren, die zur Landarbeit eingesetzt wurden. Rinder zu besitzen, war schon immer ein Zeichen von Reichtum und Prestige, und seit Jahrtausenden versorgen sie uns auch mit Fleisch, Milch und Leder und, nicht zu vergessen, mit Butter, Käse, Joghurt und leckerem Speiseeis.

Moderne Rinder – laut UNO leben 1,4 Milliarden Kühe auf der Welt – sind effiziente fleisch- und milchproduzierende Tiere. Die durchschnittliche Kuh produziert mehr als 20 Liter Milch pro Tag. Als Kinder lernen wir, dass Kühe dies schaffen können, weil sie endlose Stunden damit verbringen, Gras oder Heu zu fressen, und es ist wahrscheinlich, dass die allerersten Bilder, die wir von Kühen gesehen haben, solche waren, auf denen sie fröhlich auf einer grünen Wiese grasten. Und wo es Kühe gibt, gibt es auch Kuhfladen. Kühe sind gut darin, pflanzliche Stoffe zu verdauen und Milch zu produzieren, aber das bedeutet auch, dass sie eine Menge Methan produzieren – ein Treibhausgas, das zur globalen Erwärmung beiträgt – und Kuhmist. Ja, in diesem Kapitel geht es um Ausscheidungen!

Hausrinder gehören zu einer Gruppe von pflanzenfressenden Säugetieren, den Wiederkäuern, zu denen auch Giraffen, Hirsche, Antilopen, Schafe und Ziegen gehören. All diese Tiere können Nährstoffe aus pflanzlichen Lebensmitteln aufnehmen, weil sie Zellulose verdauen können – Zellulose ist das zähe Fasermaterial, aus dem die Wände der Pflanzenzellen bestehen. Die meisten anderen Säugetiere, einschließlich der Menschen, verfügen nicht über diese Fähigkeit der Wiederkäuer.

Der Schlüssel liegt im Aufbau des Rindermagens. Nachdem wir Menschen unsere Nahrung gekaut und geschluckt haben, dient unser Magen als Vorratsbehälter, in dem die Verdauung beginnt. Hier beginnt die Aufspaltung der Nahrung in einfache Kohlenhydrate, Aminosäuren, kleine Fettkügelchen, Vitamine und Mineralien. Wenn die Nahrung aus dem Magen in den Dünndarm gelangt, setzt sich diese Aufspaltung fort, und der Körper beginnt, diese Nährstoffe zu absorbieren. Dieser grundlegende Prozess gilt auch für Rinder, aber sie haben noch ein paar zusätzliche Schritte auf dem Weg dorthin. Während der Mensch nur ein einziges Magenabteil hat, haben Rinder beeindruckende vier Magenabteile: Pansen, Netzmagen, Blättermagen und Labmagen.

Die Hausrinder, die Sie auf der grünen Wiese grasen sehen, schlucken ihr Futter, ohne viel zu kauen. Die Nahrung wandert dann in die erste Magenkammer, bekannt als Pansen. Stellen Sie sich einen riesigen Sack voller Gras oder Heu vor, und Sie haben eine gute Vorstellung davon, wie diese erste Kammer aussieht. Im Inneren bildet sich das teilweise zerkaute Futter zu Grasballen, das sogenannte Wiedergekäute, das dann wieder ins Maul des Tieres kommt, um dort mit mehr Kraft gekaut zu werden. Genau darauf bezieht sich der Ausdruck »wiederkäuen«, die Nahrung wird für die nächsten Verdauungsschritte vorbereitet.

Das Rind kann einige Nährstoffe schon direkt aus dem Pansen aufnehmen, aber die eigentliche Verdauungsarbeit wird nicht vom Tier selbst, sondern von einem Team von Millionen Mikroorganismen geleistet, die im Pansen leben. Sie verwandeln den Magen quasi in ein riesiges Gärungsfass. Gärung ist übrigens ein chemischer Prozess, der stattfindet, wenn Bakterien, Hefen und andere Pilze Kohlenhydrate wie Glukose in Abwesenheit von Sauerstoff abbauen. Die im Pansen des Rinds lebenden Mikroorganismen können die Zellulose in den pflanzlichen Zellwänden abbauen, was viele Tiere nicht können. Im geschlossenen System des Rindermagens gibt es keinen Sauerstoff; diese Mikroorganismen, die keinen Sauerstoff zum Überleben brauchen, werden als »anaerob« bezeichnet.

Wenn wir die Reise durch den erstaunlichen Rindermagen fortsetzen, finden wir unter dem Pansen die nächste Magenkammer – den Netzmagen. Dieser trennt große Partikel, die zur weiteren Verarbeitung zurück in den Pansen geschickt werden, von kleineren Partikeln, die in die dritte Magenkammer gelangen können. Hier, im Blättermagen, bauen die anaeroben Mikroorganismen die Nahrung weiter ab, bevor sie in die letzte Kammer, den Labmagen, gelangt. Diese letzte Kammer funktioniert ähnlich wie ein menschlicher Magen; sie verdaut die Reste der Nahrung, die dann den Dünn- und Dickdarm durchläuft, wo Nährstoffe aufgenommen werden, bevor die Abfälle als Kuhdung ausgeschieden werden.

Diese Fähigkeit der Rinder, Gras zu verdauen, hat das Interesse eines Teams von Ingenieuren und Wissenschaftlern in Indien geweckt, denn das Innenleben eines Rindermagens könnte uns dabei helfen, menschliche Ausscheidungen auf eine viel effizientere und umweltfreundlichere Weise zu entsorgen. Das Team lebt und arbeitet in der südindischen Stadt Bangalore, wo etwas Unangenehmes passiert ist.

Das moderne Bangalore liegt auf einem Plateau 900 Meter über dem Meeresspiegel und ist wahrscheinlich vor allem als Indiens florierendes Silicon Valley bekannt. Es ist auch als Stadt der Seen bekannt, wegen des komplexen Bewässerungs- und Trinkwassersystems, das von den Herrschern im 16. Jahrhundert errichtet worden ist. In den letzten Jahren waren die Einwohner von Bangalore jedoch einem beunruhigenden und scheinbar unmöglichen Anblick ausgesetzt: Diese einst schönen Seen gehen in Flammen auf, manchmal 30 Stunden lang oder länger, und die Asche regnet auf Häuser bis zu zehn Kilometer entfernt. Das alles geschieht mit unerbittlicher Regelmäßigkeit. Um zu verstehen, wie Wasser Feuer fangen kann, müssen wir verstehen, was in diesen Seen ist.

Einst waren die Seen sauber genug, um daraus zu trinken, doch jetzt sind sie voller giftiger Industrie- und Haushaltsabfälle. Im Zuge des Wachstums der Stadt wurden die Seen immer mehr als Müllhalde für menschliche Ausscheidungen genutzt, was wiederum das Überwuchern von Vegetation und Unkraut begünstigt hat und die Produktion von Methan aus dem sauerstoffarmen Wasser. Insgesamt hat das die Seen hochentzündlich gemacht. Der ortsansässige IT-Ingenieur Tharun Kumar, der mit ansehen musste, wie sich die Gesundheit seiner Familie, die diese schädlichen Dämpfe eingeatmet hatte, verschlechterte, war höchst besorgt. Jeden Tag wurden fast 400 Millionen Liter ungeklärtes Abwasser in Kumars örtlichen See gepumpt, weil die Kläranlagen der Stadt entweder kaputt waren oder ihr Betrieb als zu teuer galt. Also beschloss der Ingenieur, eine Gruppe von Wissenschaftlern und Ingenieurinnen zusammenzutrommeln, die an einer Lösung arbeiteten, die sowohl kostengünstig als auch effektiv sein sollte.

Das Team – das sich ECOSTP nannte – stellte fest, dass die meisten herkömmlichen Kläranlagen mithilfe von sauerstoffabhängigen Bakterien arbeiten, um den Abfall abzubauen. Das bedeutet, dass ständig Luft durch die Klärbecken zirkulieren muss – mittels Ventilatoren und Pumpen, was Strom erfordert, und Strom kostet Geld. Also suchten sie nach einer Lösung in der Natur und richteten ihre Aufmerksamkeit auf das Hausrind und insbesondere auf seinen Magen.

Das ECOSTP-Team stellte fest, dass anaerobe Bakterien die Nahrung im Rindermagen zersetzen, während sie durch die verschiedenen Kammern wandert. Inspiriert von dieser Erkenntnis, beschloss das Team, eine Methode zur Abwasserbehandlung zu entwickeln, die diesen Prozess nachahmt. Um zu verstehen, vor welcher Herausforderung sie standen, müssen wir uns auf eine

Reise durch die verschiedenen Kammern ihrer neuen Kläranlage begeben.

Zunächst werden die Abwässer in einem großen Tank gesammelt, der versiegelt und mit anaeroben Bakterien aus Kuhmist versetzt wird. Dies ist die sogenannte Absetzkammer. Sie ist so wie die erste Magenkammer des Rindes, wo sich die Mikroorganismen an die Arbeit machen und die Abfälle zersetzen. Sobald der feste Teil des Abwassers auf den Boden des Tanks gesunken ist, fließt der Rest des Abwassers durch ein Rohr in die zweite Kammer, wo noch mehr anaerobe Bakterien dazukommen. Da das Abwasser allein durch die Schwerkraft ein Rohr hinunterfließt, sind keine Motoren, Ventilatoren oder Pumpen nötig, also auch kein Strom. Wenn es diese zweite Kammer verlässt, ist das Abwasser viel sauberer, obwohl es, wenn man es in ein Glas gießt, wie schmutziges Wasser aussieht. Zu diesem Zeitpunkt ist es immer noch nicht sicher genug, um in die örtlichen Gewässer geleitet zu werden, also fließt es durch ein weiteres Rohr in eine dritte Kammer, wo es durch Kies fließt und andere Bakterien es weiterreinigen. Die letzte Stufe ist ein Kiesfilter, der mit einheimischen Gräsern und Algen bepflanzt ist, die alle restlichen Feststoffe, Bakterien, Viren und Nährstoffe entfernen. Das Endergebnis ist klares, sauberes Wasser.

Es gibt noch einen weiteren Pluspunkt. Diese von Kühen inspirierte Lösung bedeutet nicht nur, dass die Kläranlage keinen Strom braucht, sondern dass sie auch ohne Personal betrieben werden kann, was die Kosten noch niedriger hält. Aber es gibt ein Problem: All diese verschiedenen Kammern und Rohre benötigen doppelt so viel Platz wie eine normale Kläranlage, und das ist ein Problem, da der Platz in einer überfüllten Stadt wie Bangalore sehr knapp ist. Das Team hat jedoch eine Lösung gefunden.

Es entwickelte eine Möglichkeit, die Hauptabwasserkammern unter Gebäuden und Straßen zu verstecken und die letzte Kiesfilterstufe des Prozesses in Gärten und grünen Freiflächen stattfinden zu lassen. Mittlerweile wurden bereits zwanzig dieser neuen Kläranlagen in neuen Wohnsiedlungen in der ganzen Stadt gebaut, und es gibt Pläne, noch mehr zu bauen. Dies geschieht zu einer Zeit, in der es einen großen Bedarf nach weiteren innovativen Kläranlagen wie dieser gibt. In Indien werden schätzungsweise 93 Prozent des Abwassers direkt in Flüsse, Seen und ins Meer geleitet. Vertieft man sich ein bisschen weiter in die Materie, stellt man fest, dass weltweit nach Angaben der UNO erschütternde 80 Prozent des Abwassers unbehandelt in die Umwelt gelangt. Seit Kumars Team die neue Kläranlage entwickelt hat, wurde sie von der UNO offiziell anerkannt, und das Team exportiert seine Idee nun in andere Länder und ermutigt sie, ihre eigenen Anlagen mit lokalen Materialien zu bauen.

Überall auf der Welt sind unsauberes Trinkwasser und eine schlechte Abwasserentsorgung Hauptursachen für Krankheiten und Tod, vor allem bei Kindern. Somit ist es wirklich großartig, dass eine Kuh, die auf einer grünen Wiese Gras frisst, die Inspiration für diese günstige, umweltfreundliche und nachhaltige Lösung zur Reinigung von schmutzigem Wasser geliefert hat.

21
Mantarochen im Kampf gegen die Umweltverschmutzung

Ich saß auf dem Rand des Tauchboots, meine Taucherflossen wirbelten sanft im Wasser, und ich blickte auf die Weite des Ozeans, dessen intensives Azurblau nur noch vom Himmel übertroffen wurde. Ich fokussierte meine Gedanken – wie es jeder Freitaucher tun würde – auf die Kontrolle meiner Atmung. Die ruhigen Bedingungen machten diesen Tag absolut perfekt für eine einmalige Begegnung. Mein genauer Standort war das Ningaloo Reef im Nordwesten Australiens. Es liegt in einem der nahrungsreichsten Gewässer der Welt und lockt dadurch eine Reihe von wandernden Meerestieren an. Buckelwale und Walhaie ziehen hier vorbei und auch das prächtige Tier, auf das ich mich freute. Manche sagen, es sehe aus wie ein Teufel, andere sagen, es sehe aus wie ein Engel. Die Stille wurde plötzlich von dem Klang eines Atemzuges durchbrochen. Es war einer der Hilfstaucher, der auftauchte und mich aus meinem Tagtraum riss. Er rief mir zu: »Sie sind direkt unter uns!« Es war Zeit abzutauchen.

Ich glitt sanft ins Wasser. Selbst das kleinste Platschen hätte die schönen Tiere erschreckt, die ich bald treffen sollte. An der Oberfläche schwebend, nahm ich ein paar tiefe Atemzüge, bevor ich mich kopfüber ins trübe Blau stürzte. Ich spähte durch die Dunkelheit, hoffte, wartete, und dann, wie von Zauberhand, waren sie da: drei riesige Mantarochen.

Alles verlangsamte sich, wie in einem Traum. Ein Gefühl der Ruhe überkam mich. Es war die Art, wie die Mantarochen im Wasser kreisten und in enger Formation nebeneinanderschwammen, wie Raumschiffe aus einer fremden Welt. Wenn man sie von oben betrachtet, verschwinden sie aufgrund ihrer dunklen Oberseite fast aus dem Blickfeld und verschmelzen mit der Dunkelheit des Ozeans. Erst durch ihre weißen Bäuche, die aufblitzen, wenn sie durchs Wasser rollen, konnte ich sie gut sehen.

Ihre abgeflachten Körper, die aussehen wie lebende Flügel, sind perfekt angepasst, um mit minimalem Widerstand durchs Wasser zu gleiten. Es war, als würde man einem Unterwasserballett zusehen, aber mir wurde klar, dass sie nicht zu meiner Unterhaltung so schöne Kreise zogen. Sie befanden sich mitten in einem Fressrausch – aber wo oder was war ihre Beute? Es war nichts in Sicht. Die Antwort lag im trüben Wasser. Das nährstoffreiche Wasser von Ningaloo ist voll von mikroskopisch kleinem Plankton, das dem Wasser sein trübes Aussehen verleiht und auch die Mantarochen anzieht. Sie sieben Plankton aus dem Wasser, ein Vorgang, der als Filterfressen bekannt ist. In diesem Zusammenhang kann man nicht umhin, ein weiteres ihrer beeindruckenden Merkmale zu betonen: ihr Maul, das wie ein riesiger Briefkasten aussieht. Wenn man es nicht besser wüsste, könnte man meinen, sie verschlucken einen – aber nur, indem ich mich dieser vermeintlichen Gefahr aussetzte, konnte ich einen Blick in das Maul eines Mantarochens werfen. Das ist wohl ein Satz, den man nicht täglich sagt!

Riesenmantas sind Giganten. Mit einer Flügelspannweite von bis zu 8,5 Metern sind sie die größten Rochen der Welt. Manta bedeutet auf Spanisch »Decke« und beschreibt das Aussehen des flachen, rautenförmigen Körpers der Tiere samt ihren flügelartigen Brustflossen. Mantarochen haben außerdem zwei kleinere Kopfflossen, die an der Vorderseite des Kopfes hervorragen. Sie können sich einrollen wie Hörner, was den Tieren auch den Namen »Teufelsrochen« eingebracht hat.

Viele Jahre lang dachten Wissenschaftler, es gebe nur eine einzige Mantaart, aber 2008 entdeckten sie, dass es zwei verschiedene Arten gibt; mittlerweile heißt es, es könnten sogar drei sein. Es gibt den Riffmanta, eine Rochenart, die entlang der Küsten des Indopazifiks sowie vor der Küste des tropischen Ostafrikas vorkommt. Der Riesenmanta kommt in allen Ozeanen der Welt vor und verbringt die meiste Zeit weit weg von der Küste. Und schließlich gibt es noch den Karibischen Manta, wobei diese potenziell neue Art immer noch erforscht wird.

Was wir sicher wissen, ist, dass alle Mantarochen zu einer viel größeren Gruppe von Tieren gehören, den Rochen. Dieser Gruppe werden 500 Arten zugezählt, darunter Sägefische, Rochen und Zitterrochen. Oh, und habe ich erwähnt, dass sie auch mit Haien verwandt sind? Rochen unterscheiden sich von Haien durch ihren abgeflachten, scheibenförmigen Körper; ihre fünf

Kiemenöffnungen und das Maul befinden sich meist auf der Unterseite des Körpers. Viele Rochen – aber nicht die Mantarochen – schwimmen und atmen anders als Haie: Sie treiben sich mit ihren Brustflossen an und nehmen den Sauerstoff zum Atmen durch große Öffnungen an der Oberseite des Kopfes auf, die sogenannten Spirakeln oder Spritzlöcher. Der Schwanz des Rochens ist im Allgemeinen lang und schlank, und viele Arten, darunter der Karibische Mantarochen, sind mit einem oder mehreren scharfen, sägezahnartigen Giftstacheln bewaffnet, die schmerzhafte Wunden zufügen können.

Als Filterfresser bewegen sich Mantarochen durch die kräuselnde Auf- und Abwärtsbewegung ihrer Brustflossen fort, die das Wasser rückwärts- und den Manta vorwärtstreiben. Ähnlich wie einige Haiarten müssen sie ständig dafür sorgen, dass sauerstoffreiches Wasser über ihre Kiemen geleitet wird. Um zu fressen, nehmen sie Meerwasser in ihr großes, nach vorne gerichtetes, rechteckiges Maul auf; sie fangen das Plankton ein, und das Wasser entweicht durch die Kiemenöffnungen. Wie genau Mantarochen Plankton aus dem Wasser filtern, hat das Interesse eines Teams von Wissenschaftlern der California State University in Fullerton und dem Whitney Laboratory for Marine Bioscience an der University of Florida geweckt. Die erste Frage, die sich die Meeresbiologin Misty Paig-Tran gestellt hat, war: »Warum müssen Mantarochen ihren Rachen nicht reinigen?«

Wenn die Filter der Mantarochen wie Siebe funktionieren, müsste es Anzeichen für eine Verstopfung geben, ähnlich wie bei Nudeln, die in einem Sieb abtropfen:

Kleinere Teigteile bleiben oft in den Löchern stecken. Die Forschenden entdeckten, dass Mantarochen eine bisher unbekannte Filtrationsmethode verwenden, bei der die Partikel an dem Filtersystem abprallen, statt es zu passieren. Das bedeutet, dass der Fisch sich nicht »räuspern« muss oder, in diesem Fall, seine Filter reinigen muss, weil sie nur selten verstopfen. Werfen wir einen näheren Blick darauf.

Wenn der Rochen vorwärts schwimmt, wird Wasser in sein Maul gedrückt, in dem sich winzige abgewinkelte Lamellen, auch Kiemenreusen genannt, befinden. Wenn das Meerwasser über sie hinwegfließt, bildet es Miniwhirlpools zwischen den einzelnen Lamellenpaaren. Diese Wirbel sorgen dafür, dass die Partikel nicht nach unten fallen, sondern sie werden nach oben geschoben, was verhindert, dass Planktonteile und andere Partikel in die Ritzen fallen. Infolgedessen prallen die Partikel an den Lamellen ab und konzentrieren sich immer mehr in der Kehle, während das Wasser abfließt. Der Rochen schluckt dann diese konzentrierte Planktonsuppe, sodass die Partikel nie durch einen Filter laufen. Das hat mich auf die Idee gebracht, dass wir sie statt Filterfresser Abprallfresser nennen sollten.

Zurück auf dem Festland, führte das Forscherteam eine Reihe von Partikelexperimenten durch, um das Abprallen zu veranschaulichen. Sie wuschen farbigen Farbstoff über Plastikversionen der Kiemenreusen des Mantarochens. Außerdem entwarfen sie eine Reihe von mathematischen Modellen, um zu bestätigen und besser zu analysieren, was vor sich geht.

Falls Sie sich wundern: Es gibt Tiere wie Sardinen und Makrelen, die anscheinend einfach das Wasser durchsieben, um ihre Nahrung zu fangen. Aber viel spannender ist für die Wissenschaft ein Filtersystem, das nicht verstopft, wie das des Mantarochens, denn diese Technik könnte als Modell für das Auffangen von Mikroplastik dienen und die fortschreitende Verschmutzung unserer Ozeane abmildern.

Die Plastikverschmutzung ist eines der größten Umweltprobleme, dem wir als Spezies gegenüberstehen. Nach Angaben der Clean Seas Campaign des Umweltprogramms der Vereinten Nationen gelangen jedes Jahr etwa 13 Millionen Tonnen Plastik in unsere Ozeane. Das ist so viel, als würde der gesamte Inhalt eines Müllwagens minütlich in den Ozean gekippt werden. 2010 sagten Wissenschaftler voraus, dass die Menge bis 2025 um das Zehnfache ansteigen könnte, und schon jetzt kann man höchstwahrscheinlich annehmen, dass jedes Lebewesen im Meer mindestens einmal im Leben mit Mikroplastik in Berührung kommt. Da wir die langfristigen Folgen des Verschluckens von Mikroplastik noch nicht vollständig kennen, könnten sie, wenn der Verschmutzung kein Einhalt geboten wird, katastrophal sein.

Misty Paig-Tran und ihre Studierenden führten einige Laborstudien durch und fanden heraus, dass einige Tiere sogar Mikroplastik statt der unbelasteten Planktonnahrung bevorzugen. Das würden sie aber nicht tun, wenn es nicht chemische Signale auf ihrer Oberfläche gäbe. Außerdem dauert es Jahre, bis große Plastikteile zu Mikroplastik abgebaut sind, und der gesamte Zerfallsprozess setzt Treibhausgase frei, die zum Klimawandel beitragen. Wissenschaftler haben auch Bedenken geäußert, dass Chemikalien in Kunststoffen sowie Chemikalien, die sich in der natürlichen Umwelt an Kunststoffe anhaften, zu Vergiftungen, Unfruchtbarkeit und genetischen Störungen bei Meerestieren führen könnten. Sie haben das Potenzial, sich ebenfalls auf den Menschen auszuwirken, wenn wir unwissentlich große Mengen über die von uns verzehrten Meeresfrüchte zu uns nehmen.

Mikroplastik ist zweifellos ein Albtraum, da es leicht in unser Abwasser gelangt. Die Mikrofasern, die beim Waschen synthetischer Kleidung, wie Fleece und andere Sportartikel, entstehen, gelangen aus dem Abwasser der Waschmaschinen in die Kläranlagen. Die Fähigkeit einer Kläranlage, mit diesen Partikeln umzugehen, hängt davon ab, um welche Art von Mikroplastik es sich handelt. Es gibt drei Arten: Einige sind negativ schwimmfähig, sodass sie auf den Boden der Klärbecken sinken und passiv behandelt werden, da sie nicht über das Becken hinausgelangen. Andere sind positiv schwimmfähig, steigen also nach oben, wo sie von der Oberfläche geschöpft werden können. Bleibt noch die dritte Art – das Mikroplastik, das einen neutralen Auftrieb hat. Das sind die Teilchen, die in der Mitte des Wassers schwimmen, etwa in der gleichen Höhe wie Zooplankton, und es ist dieses Mikroplastik, das nicht behandelt oder entfernt wird, weil die Wassersysteme dafür nicht gewappnet sind. Stellen Sie sich jedoch vor, wir könnten einen verstopfungsresistenten Filter nach dem Vorbild des Mauls des Mantarochens in Kläranlagen installieren, um diese restlichen Plastikfragmente aufzufangen. Dann hätten wir endlich eine Lösung, um Mikroplastik aus der Umwelt zu entfernen.

Das Filtersystem des Mantarochens hat auch das Interesse eines Studierendenteams der Haag University of Applied Sciences in den Niederlanden geweckt, das an einem Filtersystem zum Auffangen von Mikroplastik in Flüssen forscht, damit es erst gar nicht in die Ozeane kommt.

Das Team fand heraus, dass es weltweit nur zehn Flüsse gibt, die zusammen unglaubliche 90 Prozent des Plastiks, das in unsere Ozeane gelangt, transportieren. Es fand auch heraus, dass diese Flüsse eine große Quelle für alle drei Arten von Mikroplastikpartikeln sind – negativ, positiv und neutral schwimmende. Diese Flüsse haben außerdem zwei Dinge gemeinsam. Erstens leben sehr viele Menschen in der Umgebung, in manchen Fällen Hunderte Millionen. Zweitens hat sich die Situation durch mangelhafte Abfallbewirtschaftungssysteme an diesen Orten verschlimmert. Wenn wir das Plastik aus diesen Flüssen irgendwie extrahieren könnten, sollte sich die Menge der in die Ozeane gelangenden Verunreinigungen reduzieren. Das Team entwickelte ein Filtersystem mit dem Namen »Floating Coconet«, das genau das erreichen soll.

Die Konstruktion basiert auf einer Reihe von korbartigen Trichtern, die in der Wassersäule schwimmen. Jeder Korb ist fast zwei Meter lang, und wenn man ihn von der Seite betrachtet, besteht er aus einem größeren Behälter an der Vorderseite und einem kleineren Behälter dahinter, an dem ein Netz befestigt werden kann. Die Öffnung an der Vorderseite mit einem Durchmesser von etwa 1,5 Metern leitet das Flusswasser und eventuelle Plastikverunreinigungen in den Korb. Seine Innenwände haben eine kiemenartige Struktur, die mit Flossen bedeckt ist. Diese erzeugen winzige Strömungen, ähnlich wie die Wirbel im Maul des Mantarochens. Mit dem Gerät soll frei schwimmendes Mikroplastik ins Netz geleitet und gesammelt werden.

Das Interessante daran ist, dass die Flossen im Inneren ihre Position ändern können. Wenn man an einem Hebel zieht, können sie von einer nach vorne gerichteten Position, in der sie Plastik einsammeln, in eine nach hinten gerichtete Position gebracht werden, in der sie die gefangenen Teile freilassen. Dies bietet den zusätzlichen Vorteil, dass sie auch kleine Plastikteile freilassen, die sich zwischen den Flossen verfangen haben; durch das Ziehen des Hebels und das Hin-und-her-Bewegen der Flossen können sich so Blockaden lösen. Mit dieser Strategie, aufgewirbelte Partikel einzufangen und gleichzeitig das Wasser auszuspülen, hofft das Team, Plastikpartikel im Korb einzusammeln, die dann in das Netz fließen. Wenn das Netz voll ist, kann der Abfall entfernt und recycelt werden.

Die Forschenden haben vorgeschlagen, dass das durch die Verknüpfung mehrerer schwimmender Körbe zu »Coconet Trees« möglich sei; mithilfe von Seilen, die an schweren Betonblöcken im Flussbett befestigt sind, können sie an Ort und Stelle gehalten werden. Die Idee wäre es, eine dynamische bewegliche Wand über einem Fluss zu schaffen, ähnlich wie eine Seegraswiese. Die leicht schwankende Bewegung der schwimmenden Körbe bedeutet, dass Fische und andere Wassertiere leicht um sie herumschwimmen. Die Entwicklung steckt noch in den Kinderschuhen, aber das Team will weitere Innovationen schaffen und mit anderen Ideen experimentieren, unabhängig davon, ob ihr Filtrationsmodell in Produktion geht oder nicht.

Inzwischen haben Misty Paig-Tran und James Strother, einer ihrer Kollegen, ein US-Patent für eine Art Abprallfilter angemeldet, dessen Technologie auf dem Filtersystem des Mantarochens basiert. Wenn sie erfolgreich sind, könnte er zur Entfernung von Mikroplastik aus Abwasser sowie aus der Bier- und Weinherstellung Verwendung finden (bei Letzterem wusste ich, ehrlich gesagt, nicht einmal, dass es ein Problem ist). Es ist sogar eine Zusammenarbeit geplant, und zwar mit dem Alden Research Laboratory in Colorado, um Ausschlussfilter für Fischeier zu entwickeln, mit denen etwa das Wasser, das in die Kühlwassereinlässe von Kraftwerken gelangt, gefiltert werden könnte. Das sind alles sehr clevere Ideen, entstanden durch einen Blick ins Maul des Mantarochens!

22
Klebstoffe aus der Natur, die Leben retten

Als Kind habe ich es geliebt, mit meiner Oma ans Meer zu fahren. Sie hatte immer eine Kühlbox voller Getränke und Essen dabei und setzte sich mit all den anderen Omas in den Sand, während ich mit meinen Geschwistern und anderen Kindern im Wasser planschte. Sandburgen in Wassernähe zu bauen war das Beste. Wenn die Wellen näher kamen, gruben wir einen großen Graben, um die Burg vor dem Einsturz zu bewahren, und während ich auf die Flut wartete, ging ich von Tümpel zu Tümpel und untersuchte akribisch, welche Schätze sich unter dem Seegras versteckten. Sich schnell bewegende Krabben waren immer ein großer Hit, aber nach einer Weile begann ich, andere Lebewesen zu entdecken. Was zunächst wie ein kleiner weißer Stein aussah, war in Wirklichkeit eine sich langsam bewegende Napfschnecke. Ich schaute mir den Unterwassergarten genauer an, indem ich mit einem Stock das Wasser sanft aufwirbelte. Plötzlich begann sich ein korallenfarbener Seestern aufzurappeln. Seeanemonen, die wie lebendig gewordene Geleebonbons aussahen, fächelten Nahrung zu ihren offenen Mündern. Ich habe Stunden mit der Suche nach der perfekten Muschel verbracht und vergeblich versucht, Seepocken von den Felsen zu pulen. Ich habe sogar darüber nachgedacht, ein paar Muscheln fürs Abendessen einzusammeln, schließlich habe ich sie aber an Ort und Stelle gelassen. Erstens, weil ich wusste, dass meine Oma nicht begeistert gewesen wäre, wenn ich auf der Busfahrt nach Hause einen durchnässten Beutel mit stinkenden Muscheln mitgeschleppt hätte. Und zweitens hatte ich Schwierigkeiten, sie von den Felsen zu lösen – wie Kaichang Li, der eine halbe Globusumdrehung entfernt lebte, in Newport, an der Küste Oregons.

Kaichang Li und sein Freund hatten am felsigen Ufer nach Krabben Ausschau gehalten, hatten aber kein Glück; als Li dann in der Brandung watete, entdeckte er Miesmuscheln, die an den Felsen verankert waren und den aufgewühlten Wellen standhielten. Die beiden Freunde waren entschlossen, den Strand nicht mit leeren Händen zu verlassen, also versuchten sie, Muscheln zu sammeln. Li, der an der Oregon State University als Chemiker arbeitet, war erstaunt, wie viel Mühe es sie kostete, die Muscheln von den Felsen abzuziehen; tatsächlich gelang es nicht per Hand. Sie mussten ein großes Stück Treibholz verwenden, um einige von ihnen abzuschlagen. Während sein Freund seine Beute mit nach Hause nahm, um sie zu essen, nahm Li seine Muscheln mit ins Labor. Wie, so fragte er sich, schaffen sie es, sich an den glitschigen Felsen so gut festzuhalten?

Die Miesmuschel ist eine zweischalige Weichtierart. Sie hat also zwei Schalen, die an einer Seite durch ein Gelenk verbunden sind. Einzelne Muscheln können violett oder braun sein, die meisten sind blau. Man findet sie an den felsigen Küsten im Nordatlantik und Nordpazifik, wo sie sich an Felsen, aber auch an Molen und Kais in geschützten Häfen und Flussmündungen ansiedeln. Sie sehen zwar von außen gleich aus, aber es gibt männliche und weibliche Muscheln. Man kann sie unterscheiden, wenn man sie öffnet. Die männlichen Muscheln haben in der Regel blasse Keimdrüsen, die Spermien enthalten, während die weiblichen Keimdrüsen eine hellere, orange Eierfarbe haben. Der Farbunterschied ist nicht hundertprozentig genau. Muscheln, die am oberen Ufer leben, können dunkler sein, unabhängig vom Geschlecht. Die Farbe hängt in diesem Fall mit dem größeren Umweltstress zusammen, den die Tiere haben, die einen großen Teil des Tages der Luft ausgesetzt sind.

Muscheln gelten als partiell sesshafte Tiere, da sie sich fortbewegen können. Sie sind in der Lage, sich abzulösen, sich neu zu positionieren und sich wieder anzuheften. Sie heften sich mit etwas an, das wie ein Bart aussieht. Dieser Bart besteht aus 50 bis 100 einzelnen Fäden, den Byssusfäden, die von der Byssusdrüse im Inneren der Schale produziert werden. Die Fäden sind nicht nur sehr zäh, sie können sich auch selbst heilen, wenn sie beschädigt werden. Die Oberfläche oder Kutikula ist so hart wie das Epoxidharz, das bei der Herstellung von Leiterplatten verwendet wird, aber sie kann sich dennoch biegen und dehnen. Am Ende eines jeden Fadens befindet sich eine kleine Klebeplatte, mit der sich die Muschel an der Oberfläche von Felsen festkleben kann.

Zurück in seinem Labor in Oregon, entdeckte Li, dass die Fäden aus Proteinsträngen bestehen, die ihrerseits aus Aminosäuren bestehen, deren Zusammensetzung einzigartig ist. Da ging ihm ein Licht auf – könnte er dieses Wissen nicht dafür nutzen, einen sehr starken Klebstoff herzustellen? Ein guter Klebstoff muss natürlich stark, aber auch flexibel sein, und Muscheln haben eine perfekte Lösung entwickelt: Im Gegensatz zu allen anderen Klebstoffen funktioniert ihrer sehr gut im Wasser.

Während Li also über seine Muscheln nachdachte, sinnierte Steve Pung, Vizepräsident für Technologie bei Columbia Forest Products, über Sperrholz. Sperrholzplatten aus Hartholz werden aus mehreren dünnen Holzschichten hergestellt, die miteinander verleimt werden. Das Ergebnis ist ein vielseitiges und gut verarbeitbares Material, das stark und flexibel ist, sodass es in allen möglichen Bereichen im Haushalt benutzt wird, von Fußböden bis zu Schrankwänden. Das Problem bei der herkömmlichen Herstellung von Sperrholz ist die Verwendung von Formaldehyd. Es gibt immer mehr Hinweise auf einen Zusammenhang zwischen Formaldehyd und Krebserkrankungen. Steve und seine Mitarbeiter wollten unbedingt etwas finden, das es ersetzen könnte.

Li machte an der Universität unterdessen Mittagspause und aß Tofu – und so kam er auf die Idee, über Sojabohnen nachzudenken. Soja, erinnerte er sich, besteht zu etwa 50 Prozent aus Eiweiß. Könnte er also Sojaprotein in Muschelprotein umwandeln, um einen wirksamen Klebstoff herzustellen? Er verglich die chemischen Strukturen von Sojaprotein und Muschelprotein und erfand eine neue Art von Klebstoff, indem er Sojamehl und ein Härtungsmittel in Wasser zusammenmischte. Härtungsmittel wird verwendet, um ein Material zu härten; dasjenige, das er verwendete, verleiht Papierhandtüchern und Taschentüchern eine höhere Nassfestigkeit.

Li stellte dann Sperrholzplatten her, die sehr wasserbeständig waren, und um dies zu demonstrieren, kochte er Proben davon und trocknete sie im Ofen. Sie fielen nicht auseinander. Holz quillt, wenn es nass wird, und schrumpft, wenn es trocknet, sodass das Quellen und Schrumpfen einen großen Stresstest für den Leim bedeutete. Er verlor nicht nur seine Klebefähigkeit nicht, sondern er blieb auch wasserdicht, genau wie die Muscheln, die vom Meerwasser durchtränkt und von der Sonne getrocknet werden. »Der Klebstoff dringt in die Holzfaser ein«, erklärt Li, »und fixiert es. Es ist, als ob man einen Schlüssel in ein Schloss stecken, ihn drehen und ihn dann nicht mehr herausbekommen würde.«

Als er mit dem Ergebnis zufrieden war, hielt Li einen Vortrag über seine Arbeit – und raten Sie mal, wer im Publikum saß. Steve Pung. Pung konnte seinen Ohren nicht trauen. Hier schien die Antwort auf sein Problem zu liegen, eine Antwort, nach der er seit Jahren gesucht hatte. Pung sprach Li gleich nach seinem Vortrag an, und als er die Veranstaltung verließ, hatten sie bereits eine Vereinbarung über die Vermarktung von Lis Klebstoff. Zu Beginn funktionierte das Verfahren nicht. Li hätte auf der Stelle aufgeben können, aber er hielt, ähnlich wie die Muscheln, die er studiert hatte, an seiner Idee fest.

Schließlich wurde eine Lösung gefunden, und Pungs Unternehmen begann mit der Umstellung seiner Fabriken. Der Druck, der auf Holzfabriken ausgeübt wird, um

Formaldehyd zu vermeiden, führt dazu, dass auch andere Unternehmen das Harzbindeverfahren auf Sojabasis umstellen. Das Ergebnis sind eine gesündere Arbeitsumgebung und formaldehydfreie Produkte. Wenn Li und sein Freund an jenem Tag am Strand von Newport Krabben gefangen hätten, wäre er vielleicht nie über die Miesmuscheln gestolpert, und seine Neugier, wie ihr Festhaltemechanismus funktioniert, hätte ihn nicht auf eine solch innovative Idee gebracht.

LEBEN RETTEN

Jeder chirurgische Eingriff am menschlichen Körper ist mit einem Risiko verbunden, aber die Entscheidung, ob eine Operation an einem ungeborenen Kind im Mutterleib durchgeführt wird oder nicht, ist zweifellos eine der schwierigsten in der Medizin. Laut Diederik Balkenende, einem Mitglied der Messersmith Research Group an der University of California, Berkeley, ist eines der größten Risiken bei Operationen an einem Fötus nicht der chirurgische Eingriff selbst, sondern der Zugang zur sehr zerbrechlichen Fruchtblase, dem mit Flüssigkeit gefüllten Beutel, der den Fötus umgibt und schützt. Die Fruchtblase nach der Operation zu versiegeln, ist keine einfache Aufgabe, aber die Muschel könnte Wissenschaftlern und Chirurgen eine Lösung liefern.

Noch vor ein paar Jahren hätten Chirurgen den Bauch und die Gebärmutter aufschneiden müssen, um solche

Eingriffe durchzuführen. Heute können Ärzte Endoskope verwenden, um eine ganze Operation durch ein kleines Loch durchzuführen. Doch um den Fötus zu erreichen, müssen die Instrumente die schützende Fruchtblase durchdringen. Diese Schnitte sind größer und stellen ein größeres Risiko dar als die Einstiche bei einer Fruchtwasserpunktion. Während des Eingriffs sind die Membranen, vor allem um die Stelle, an der sie durchstochen werden, besonders verletzlich, und was die Sache noch komplizierter macht, ist, dass die flüssigkeitsgefüllte Membran nur schwer wieder zusammengenäht werden kann und dass sie nicht von selbst heilt. Es ist, als würde man versuchen, einen Wasserballon zuzunähen. Aber wie wäre es, wenn wir eine Art Klebstoff verwenden könnten, um zu verhindern, dass die Fruchtblase reißt? Könnte dies dazu beitragen, dass der Fötus länger im Mutterleib bleibt und eine gesündere Zukunft vor sich hat?

Die Versiegelung der Membran mit einem herkömmlichen Klebstoff oder mit chirurgischem Kleber birgt eigene Herausforderungen: Die Membran der Fruchtwasserblase ist feucht, und das Einbringen eines chirurgischen Klebers durch ein kleines Loch am Ende der Operation ist an sich schon sehr schwierig. Erschwerend kommt hinzu, dass der sich entwickelnde Fötus biologisch empfindlich ist. Deshalb dürfen auf keinen Fall stärkere chemische Stoffe verwendet werden, die sein Wachstum oder seine Gesundheit beeinträchtigen könnten. Um das Problem zu lösen, haben sich Forschende erneut von der Muschel inspirieren lassen. Das Innere des menschlichen Körpers und die Fruchtblase sind wässrige Umgebungen, die sich nicht so sehr vom Ozean unterscheiden, wo die Muschel routinemäßig und erfolgreich an Felsen festklebt.

Phillip Messersmith und seine Kolleg:innen untersuchten die Proteine in den Byssusfäden, um ihren eigenen synthetischen Muschelkleber zu entwickeln. Was eine Schlüsselrolle in den Muschelklebern zu spielen scheint, ist eine Substanz mit dem zungenbrecherischen Namen L-3,4-Dihydroxyphenylalanin oder kurz L-DOPA. Es handelt sich um eine natürlich vorkommende Aminosäure, die nicht nur ein Vorläufer von Neurotransmittern wie Dopamin ist, sie ist auch wichtig für die Herstellung von Klebeproteinen. Messersmiths Team hat diese besondere Aminosäure in seine synthetischen Klebstoffe eingebaut, und es arbeitet daran, die Festigkeit und Wirksamkeit der Haftung auf nassen Oberflächen zu verbessern. Einige weitere Verbindungen wurden hinzugefügt, die die Muschel selbst verwendet, um ihren Klebstoff herzustellen, darunter Aminosäuren und Metallionen (Eisen und Silber), und das Team hofft, dass dies die Leistung des Klebstoffs verbessert.

Um den Klebstoff zu testen, verwendete eine der Forscherinnen, Sally Winkler, als Modell für die Fruchtblase Stücke der Membran, die das Herz einer Kuh umgibt. Sie trug den synthetischen Klebstoff mit einer Spritze auf die sich überlappenden Teile des nassen, hauchdünnen Gewebes auf, das einem toten Tier entnommen wurde. Sobald der Klebstoff mit der Feuchtigkeit des Gewebes in Berührung kam, wurde die Mischung sofort gummiartig, und es dauerte nur etwa eine Stunde, bis der Kleber aushärtete und die Stücke zusammenhielt. Die Forschenden haben auch Tests mit der dünnen Membran durchgeführt, die die Eierschalen auskleidet. Sie wollten sehen, wie gut sie unter nassen Bedingungen haftet, wie schnell sie aushärtet und vor allem, ob sie an Ort und Stelle bleibt. Aber selbst mit dem richtigen Polymer und Lösungsmittel mussten die Forschenden noch herausfinden, wie ihre Klebelösung bei einer echten Operation funktionieren könnte.

Das Kitten eines Lochs in einer Fruchtblase ist eine gewaltige technische Herausforderung, weshalb Messersmiths Gruppe sich dem Problem darüber nähert, wie der Klebstoff anders angebracht werden kann. Sie bezeichnen den Vorgang als »Vorversiegelung«, und das ist ziemlich schlau. Zunächst wird mit einer Nadel ein Raum zwischen der Gebärmutterwand und der fetalen Membran geschaffen, ohne dabei die Membran zu durchstoßen. Dann wird der Klebstoff in diesen Raum injiziert, wo er zu einem gummiartigen Zustand aushärtet und sich sowohl mit der fetalen Membran als auch mit der Gebärmutterwand verbindet. Die Chirurgen können dann die Fruchtblase mit ihren Instrumenten durch diesen verdichteten Bereich durchdringen. Das Team glaubt, dass so Schäden an der Membran während der Operation verhindert werden. Diese Membranverstärkung ermöglicht auch eine wasserdichte Abdichtung um die chirurgischen Instrumente.

Der routinemäßige klinische Einsatz des Klebstoffs liegt noch in weiter Ferne, da er noch perfektioniert werden muss, aber wenn das Produkt erfolgreich ist, könnte die Vorversiegelung auch für andere heikle Operationen eingesetzt werden, etwa an der Blase, der Rückenmarkumhüllung, den Eingeweiden oder anderen Stellen, an denen Chirurgen empfindliches Gewebe durchstechen oder Leckagen verhindern müssen.

DIE HAFTUNG DER GECKOFÜSSE

Ein weiterer Weg zu Klebstoffen, die im menschlichen Körper verwendet werden könnten, ergibt sich aus Studien über eine kleine Eidechse – den Gecko – und ihre erstaunliche Fähigkeit, über Zimmerecken zu huschen und an senkrechten Flächen hochzulaufen, selbst an solchen, die so glatt sind wie Glas. Ihr Geheimnis liegt in den Milliarden von haarähnlichen Strukturen – Setae –, die die Unterseiten ihrer Zehen säumen. Stellen Sie sich einen Baum vor, dessen Stamm sich in Äste teilt, die sich wiederum in weitere Äste teilen; so etwas Ähnliches geschieht an der Unterseite des Geckofußes. Die Zehen haben eine Reihe von Erhebungen, die von den Setae bedeckt sind. Jede ist feiner als ein menschliches Haar und unterteilt in Hunderte gespaltene Enden, Spatulae genannt. Auf diese Weise wird der Kontakt zur Oberfläche maximiert, wobei das tatsächliche Haften auf ein Phänomen zurückzuführen ist, das als Van-der-Waals-Kräfte bekannt ist.

Johannes Diderik van der Waal war ein niederländischer Physiker, der 1873 seine Dissertation veröffentlichte. Vereinfacht zusammengefasst, stellte er die These auf, dass die positiven Seiten eines Moleküls die negativen Seiten eines anderen anziehen, sodass sich die Moleküle gegenseitig anziehen, ähnlich wie Magnete. Die Moleküle an den Setae des Geckofußes und diejenigen an den Oberflächen, über die er sich bewegt, sind aufgeladen und ziehen sich gegenseitig an, was zur Adhäsion, diesem die Schwerkraft aufhebenden Effekt, führt. Jeder Quadratmillimeter eines Geckofußes hat etwa 14 000 Setae, sodass die Adhäsionskräfte so stark sind, dass ein Gecko tatsächlich kopfüber laufen kann und dabei 40 Kilogramm Gewicht tragen könnte …

Und da ist noch etwas: Es kommt auch darauf an, wie er seine Füße positioniert. Bei jedem Schritt, den er macht, drückt er seinen Fuß nach unten und zieht ihn dann ein wenig zurück, wie Michael Jackson bei seinem berühmten Tanzschritt. Dadurch werden die winzigen Härchen zur Seite gezogen, sodass eine größere Oberfläche freigelegt wird. Mit der Oberfläche vergrößert sich auch die Kraft, die den Gecko an der Wand hält. Um sich von der Wand zu lösen, schiebt er seinen Fuß nach vorne. Dadurch verkleinert sich die Kontaktfläche mit der Wand, wodurch die Haftkraft verringert wird, und der Gecko kann sich mit dem Fuß ablösen. Der eigentliche Trick dabei ist, dass der Gecko durch die Änderung der Ausrichtung der Setae den Halt sofort auflöst.

Wie Sie sich vorstellen können, hat diese Technik das Interesse der Wissenschaft geweckt, und in den letzten zehn Jahren ist es Forschenden gelungen, synthetische Setae zu erzeugen. Jeff Karp ist ein Bioingenieur, der zusammen mit Kolleg:innen am Massachusetts Institute of Technology in Boston einen wasserdichten Kleheverband nach Geckovorbild entwickelt hat. Er könnte bald in Krankenhäusern zum Verbinden von Nähten und Klammern verwendet werden und um chirurgische Wunden oder innere Verletzungen zu flicken. Als sie mit ihrer Arbeit begannen, wurden nur sehr wenige Klebstoffe im Inneren des menschlichen Körpers verwendet, aber es bestand der Bedarf nach einer Art »Band« oder »Tape«, das man etwa nach einer Operation um den Darm wickeln oder mit dem man ein Loch flicken könnte. Dabei sollte es biologisch abbaubar sein und keine giftigen Substanzen aussondern; es sollte flexibel und körperverträglich sein, sodass es keine inneren Entzündungen verursacht. Dies führte zur Entwicklung eines Bandes mit winzigen mikrongroßen, haarähnlichen Strukturen, die jeweils weniger als einen Millimeter lang sind. Der Abstand zwischen den Haaren ist gerade groß genug, um das darunterliegende Gewebe zu greifen und sich mit ihm zu verzahnen; dann wurde eine dünne Schicht Klebstoff hinzugefügt, damit das Band an feuchten Stellen, wie dem Herzen oder der Blase, haften kann. Es besteht auch die Möglichkeit, diese von Geckos inspirierte Klebebandtechnologie mit Medikamenten zu versehen, die freigesetzt werden, während sich das Band im Körper abbaut.

HAFTEN BLEIBEN

Zuletzt wollen wir das Augenmerk auf noch ein weiteres Tier richten, das dabei helfen kann, das Problem des Klebens in feuchter Umgebung zu lösen: die Spinne. Das Dilemma besteht dieses Mal darin, ein Klebepflaster zu finden, das wirklich »wasserfest« ist. Der Grund dafür, dass Pflaster ihre Klebrigkeit verlieren und sich von der Haut ablösen, wenn man schwimmt oder in der Dusche nass wird, liegt am »Grenzflächenwasser«. Das ist Wasser, das zwischen den Kleber und die Oberfläche gelangt, auf der er kleben soll. Es bildet eine glitschige und nicht klebende Schicht. Dies beeinträchtigt die Bildung von Klebeverbindungen zwischen den beiden Schichten, dem Klebstoff und der Oberfläche, weshalb die Überwindung der Auswirkungen von Grenzflächenwasser eine große Herausforderung für die Entwickler kommerzieller Klebstoffe darstellt. An der University of Akron in Ohio untersuchen Forschende zu diesem Zweck Spinnennetze.

Die Seidenfäden von Spinnennetzen sind mit einer bestimmten Art von Kleber beschichtet – einem Hydrogel, das, wie der Name schon andeutet, voller Wasser ist. Man könnte meinen, dass es dann nicht kleben kann, aber das Gegenteil ist der Fall. Es ist sogar einer der effektivsten Kleber in der Natur, selbst wenn es heiß und feucht wird. Das Forschungsteam untersuchte zunächst den Klebstoff, der von Spinnennetzen produziert wird, und entdeckte, dass er aus drei Elementen besteht: aus zwei spezialisierten Proteinen, sogenannten Glykoproteine, einer Ansammlung von LMMCs (Low Molecular Mass Compounds), die nicht viel wiegen, und Wasser. Die Glykoproteine wirken als wichtige Bindemittel für die Oberfläche, und Glykoprotein-Klebstoffe sind in der Natur recht weit verbreitet: in Klebstoffen von Pilzen, Algen, Kieselalgen, Seesternen, Stichlingen und Efeu.

Die wirklich interessanten Chemikalien sind jedoch die LMMCs. Sie machen schlaue Dinge: Sie absorbieren Wasser. Sie ziehen Feuchtigkeit aus der Luft an oder absorbieren sie, was den Klebstoff weich und klebrig hält, also in einer perfekten Klebeform. Noch wichtiger ist vielleicht, dass die LMMCs Wasser auch von der Grenzfläche wegziehen, sodass der Klebstoff selbst bei hoher Luftfeuchtigkeit an einer Oberfläche haften kann. Die Fähigkeit des Spinnenklebers, das Wasserproblem zu lösen, indem er es effektiv absorbiert, ist der Schlüssel, und diese chemische Eigenschaft könnte ein kommerzielles Potenzial haben, einschließlich der Herstellung eines Klebepflasters, das bei jedem Wetter klebt.

23
Katzen und Verkehrssicherheit

Es ist spät in der Nacht. Sie gehen allein durch die leeren Straßen einer Stadt. Die Straßenlaternen werfen ein gespenstisches Licht. Dann fängt es plötzlich an zu regnen. Sie ziehen sich die Kapuze über den Kopf, beschleunigen das Tempo und biegen in eine dunkle Gasse ein. Hier, abseits der Straßenlaternen, haben Sie Mühe, etwas zu sehen, aber Sie erinnern sich, dass Sie eine Taschenlampe dabeihaben. Sie schalten sie ein und leuchten sich den Weg durch die Dunkelheit. Plötzlich hören Sie ein Rascheln direkt hinter Ihnen. Sie beschleunigen den Schritt, aber das Geräusch scheint Ihnen zu folgen. Ihr Herz schlägt immer schneller, ihre Sinne sind in Alarmbereitschaft. Da Sie nicht weglaufen können, beschließen Sie, sich dem Schrecken zu stellen, der Sie verfolgt. Sie drehen sich schnell um, heben die Taschenlampe an, und da sehen Sie es: zwei helle, durchdringende Lichtpunkte, die Sie durch die Dunkelheit direkt anstarren. Puh! Es ist nur eine Katze.

Ich bin mir sicher, dass Sie schon mal reflektierende Katzenaugen im Dunklen gesehen haben. Vielleicht nicht in einer so dramatischen Szene, wie ich es gerade beschrieben habe, aber irgendwann einmal sicher, denn, seien wir ehrlich, Menschen lieben Katzen.

Man geht davon aus, dass sich die Vorfahren der Hauskatze in Asien entwickelt haben und vor etwa 11 Millionen Jahren nach Afrika, Europa und Amerika gewandert sind. Aber erst vor etwa 10 000 Jahren, als die Menschen begannen, Getreide anzubauen, zogen die Katzen viel näher an uns heran, um Mäuse und andere Nagetiere zu jagen, die von unseren Getreidevorräten angezogen wurden. Getreu der Klischeevorstellung, dass Katzen unabhängige und intelligente Wesen sind, haben sie sich selbst für ihre Domestizierung entschieden – und so begann unsere langjährige Beziehung. Wir Menschen fühlen uns so sehr zu Katzen hingezogen, dass einige Kulturen ihnen die höchste Wertschätzung entgegenbringen und sie sogar als Gottheiten verehren. Im alten Ägypten etwa stand die Katzengöttin Bastet für Fruchtbarkeit, Wohlstand und Glück. In der nordischen Mythologie soll die Göttin Freya in einem Schlitten gereist sein, der von zwei riesigen weißen Katzen gezogen wurde. In Myanmar gelten Katzen immer noch als heilige Wächter der buddhistischen Tempel, und in Japan glaubt man, dass sie die Seelen verstorbener Vorfahren inkarnieren.

Wenn Sie jemals mit einer Katze zusammengelebt haben, denken Sie vielleicht, dass das alles ein wenig überengagiert klingt. Sie sind wahrscheinlich eher damit vertraut, wie gerne Katzen ein Nickerchen machen. Die durchschnittliche Hauskatze schläft zwischen 12 und 16 Stunden pro Tag, zusammengerollt auf dem Sofa, unter Ihren Füßen oder schnurrend auf Ihrem Schoß. Ja, Katzen schlafen überall, aber sie sind keineswegs faul, sie müssen schlafen, denn sobald die Sonne untergeht, erwachen sie zum Leben.

Katzen sind nachtaktive Tiere, das heißt, sie jagen nachts. Allerdings sind sie auch dafür bekannt, dass sie dämmerungsaktiv sind, was bedeutet, dass sie während der Morgen- und Abenddämmerung am aktivsten sind. Um zu dieser Zeit erfolgreich zu sein, brauchen sie ein wirklich gutes Sehvermögen. Das Auge der Katze hat sich daher angepasst und sich so entwickelt, dass es zu dieser Tageszeit viel besser sehen kann als das menschliche Auge. Das ist auch der Grund, warum Katzenaugen so hell und unheimlich aufleuchten, wenn man ihnen in die Augen leuchtet. Diese besondere Eigenschaft wurde bemerkt und kopiert, um eine kleine, aber höchst effektive Erfindung zu schaffen, die Millionen von Verkehrsteilnehmer:innen auf der ganzen Welt Sicherheit bietet. Dies ist die Geschichte, wie Katzenaugen zu Katzenaugen inspiriert haben.

Die meisten Geschichten in diesem Buch handeln von Tieren, die neue Technologien inspiriert haben, Technologien jüngeren Datums, von denen sich einige noch in der Entwicklung befinden. Die Verwendung von Katzenaugen für die Verkehrssicherheit hat ihren Ursprung vor etwa 100 Jahren. Diese Erfindung ist so allgegenwärtig, dass wir kaum noch darüber nachdenken, aber sie hatte große Auswirkungen auf unser Leben und unsere Sicherheit. Schauen wir sie uns also näher an.

Die Augen einer Katze sind wunderschön. Es hat etwas Betörendes, ja sogar Geheimnisvolles, wie eine Katze uns eine gefühlte Ewigkeit anschaut und dann langsam blinzelt. Das ist offenbar ihre Art zu zeigen, dass sie uns mag, obwohl man das bei Katzen manchmal schwer sagen kann. Genauer betrachtet ist es leicht zu erkennen, warum wir Katzenaugen so attraktiv finden. Wenn Sie sich im Spiegel in die eigenen Augen schauen, sehen Sie die Pupille in der Mitte – die dunkle, kreisförmige Öffnung, die das Einfallen des Lichts regelt. Dahinter befindet sich die Netzhaut, die lichtempfindliche Schicht, die den hinteren Teil des Auges auskleidet. Sie besteht aus speziellen Zellen, den Fotorezeptoren, die das Licht in elektrische Nervenimpulse umwandeln, die über den Sehnerv an das Gehirn weitergeleitet werden. Dort werden sie als Bilder interpretiert – was dazu führt, dass wir die Welt um uns herum sehen können.

An einem hellen Tag mit viel Licht verengen sich die Pupillen, weil unsere Fotorezeptoren mit viel Licht gut arbeiten können; im Dunklen erweitern sie sich, um so viel Licht wie möglich einzulassen, damit wir klarer sehen können. Die Pupillen einer Katze tun dasselbe. Das Auffälligste an Katzenaugen ist, dass ihre Pupillen nicht rund sind wie unsere, sondern dass sie eher vertikale Schlitze bilden. Das verleiht einer Katze dieses elegante und vornehme Aussehen. Im Vergleich zu unseren reagieren diese vertikalen Pupillen viel schneller auf Licht und verändern ihre Form. Sie können sich auch erweitern und viel größer werden, um mehr Licht einzulassen, was natürlich sehr nützlich ist, wenn man um Mitternacht auf Mäusejagd geht. Katzen haben jedoch noch eine weitere fantastische Anpassung, und zwar ist es die, die ihren Augen dieses wundersame Leuchten verleiht.

Wenn Licht in die Augen der Katze fällt, trifft ein Teil davon auf die Fotorezeptoren der Netzhaut direkt auf und verursacht elektrische Impulse, die an das Gehirn gesendet werden – genau wie bei unseren Augen –, aber die Augen der Katze haben eine zusätzliche Eigenschaft. Ein Teil des Lichts wandert durch die Netzhaut und trifft auf eine ganz besondere Gewebeschicht dahinter. Diese Schicht wird *tapetum lucidum* genannt, lateinisch für »heller Bildteppich«. Wie der Name schon sagt, handelt es sich um eine stark reflektierende Oberfläche. Jedes Licht, das darauf trifft, wird durch die Netzhaut zurückgeworfen und von den Fotorezeptorzellen aufgenommen. So erhöht das *tapetum lucidum* die Lichtmenge, die auf der Netzhaut landet, was die Katze zu einem außergewöhnlichen Jäger in der Dämmerung macht. Ein Teil des reflektierten Lichts geht durch die Netzhaut zurück, wird aber nicht von den Fotorezeptoren absorbiert, sondern tritt aus den Augen der Katze aus, und wir sehen es als Augenglanz – die Augen scheinen in der Dunkelheit zu leuchten.

Katzen sind nicht die einzigen Tiere mit einem *tapetum lucidum*. Dieses typische Leuchten ist Ihnen vielleicht schon bei Hunden, Pferden, Vögeln und sogar in den Augen von kleinen Spinnen aufgefallen, die sich im Gras verstecken. Wir Menschen haben kein *tapetum lucidum,* also leuchten unsere Augen in der Dunkelheit nicht auf die gleiche Weise. Es hat jedoch eine kluge, lebensrettende Erfindung inspiriert, und um zu verstehen, wie es dazu kam, müssen wir ins Großbritannien der 1930er-Jahre reisen.

Können Sie sich vorstellen, wie die Straßen in den frühen 1930ern beschaffen waren? Autos hatten erst vor

Kurzem Pferde und Kutschen als Hauptverkehrsmittel abgelöst, und die Verkehrssicherheit steckte definitiv noch in den Kinderschuhen. Es gab Straßenlaternen in den Städten, aber auf dem Land gab es nur den Mond, der einem den Weg durch die kurvenreichen Gassen leuchtete, und das war natürlich keine zuverlässige Lichtquelle. Ein Mann aus Yorkshire im Norden Englands war jedoch im Begriff, all das zu ändern.

Einem Bericht zufolge fuhr der Mechaniker und Erfinder Percy Shaw in einer nebligen Nacht auf seinem Heimweg nach Halifax eine besonders gefährliche Straße entlang, einen Abschnitt der heutigen A647 namens Queensbury Road. Es handelte sich um einen steilen Hügel, der auf einer Seite stark abfiel, und das Einzige, was ihn davon abhielt, über die Kante zu fahren, war ein kleiner Zaun. Shaw war mehr daran gewöhnt, nachts in Städten zu fahren, wo die Scheinwerfer von den metallenen Straßenbahnschienen reflektiert wurden. So konnte er sich leichter orientieren; auf dieser Landstraße gab es aber nur Dunkelheit. In seinem Bericht erzählt Percy Shaw von einer aufgeschreckten Katze, die auf den Zaun vor ihm sprang. Shaws Scheinwerfer wurden sofort von dem *tapetum lucidum* in den Augen der Katze reflektiert. Shaw hielt sein Auto an, um der Sache nachzugehen, und stellte fest, dass er auf der falschen Seite der Straße gefahren und kurz davor gewesen war, über die Kante zu stürzen. Wäre die Katze nicht gewesen, hätte er einen schlimmen Unfall haben können.

Shaw hatte bereits überlegt, wie man die reflektierenden Straßenschilder auch auf der Fahrbahn anbringen könnte, aber durch die Begegnung mit der Katze wurde ihm klar, dass er auf eine bahnbrechende Idee gestoßen war. Was wäre, wenn Katzen entlang der Straße sitzen und den Autofahrern mit ihren reflektierenden Augen den Weg weisen würden? Er verbrachte die nächsten Jahre damit, diese Idee umzusetzen und zu perfektionieren. 1934 war er so weit, dass er sein neues Verkehrssicherheitssystem patentieren ließ. Passenderweise nannte er es »Katzenaugen«. Er gründete das in Boothtown ansässige Unternehmen Reflecting Roadstones Ltd., um sie herzustellen.

Für seine Katzenaugen verwendete Percy Shaw eine neue Art von retroreflektierender Linse. Das ist eine spezielle Linse, die das Licht direkt zurück zur Quelle reflektiert, und das reflektierte Licht ist viel heller als das von einem diffusen Reflektor zurückkehrende Licht. Diese Linsen wurden erst seit einigen Jahren verwendet, als sie dazu dienten, Werbetafeln bei Nacht zu beleuchten. Sie funktionieren aufgrund ihrer Machart. Wie bei einem gewöhnlichen Spiegel ist die Vorderseite aus Glas gefertigt. Der Unterschied besteht darin, was dahinterliegt. Ein gewöhnlicher Spiegel hat eine flach verspiegelte Rückseite, aber die Rückstrahllinse hat eine Rückseite aus einem gekrümmten Spiegel. Sie kann auch aus zwei oder mehr flachen Spiegeln bestehen, die in unterschiedlichen Winkeln zueinander angeordnet sind, was bedeutet, dass sie Licht aus einer Vielzahl von Winkeln zurückwerfen.

Bei Shaws ursprünglichem Entwurf befand sich ein Paar dieser retroreflektierenden Linsen in einer schützenden weißen Gummikuppel in einem gusseisernen

Sockel. Wenn Licht hineinschien, ahmte es das *tapetum lucidum* einer Katze nach und reflektierte das Licht direkt zurück, in diesem Fall auf den Fahrer eines entgegenkommenden Autos. Sie wurden in regelmäßigen Abständen in der Mitte der Straße angebracht, wo die weiße Linie den Verkehr aus den entgegengesetzten Richtungen trennt. Die Idee war, dass, wenn ein Auto nachts fährt, seine Scheinwerfer von den Katzenaugen reflektiert werden, was dem Fahrer helfen würde, den Kurs zu halten. Die Gummihülle war flexibel genug, um nachzugeben, wenn ein Auto versehentlich darüberfahren würde, sodass sie nicht kaputtgehen konnte. Ein späterer Entwurf enthielt ein kleines Reservoir zum Auffangen von Regenwasser, was dazu beitrug, die Linse sauber zu halten. Außerdem bot das Gehäuse auch eine akustische und physische Rückmeldung für Fahrer, die zu nahe an der Straßenmitte vorbeifuhren.

Anfangs war es für Shaw überraschend schwierig, die Behörden davon zu überzeugen, in seine Erfindung zu investieren, doch dann kam der Zweite Weltkrieg. Um nicht zum Ziel von Bombern zu werden, wurden die Briten angewiesen, nachts alle Lichter zu löschen. Autos durften zwar noch fahren, aber mit reduziertem Scheinwerferlicht. Plötzlich waren die Katzenaugen von Shaw gefragt, denn sie waren das Einzige, was den Autofahrern half, durch dunkle Stadt- und Landstraßen zu navigieren. Nach dem Krieg erhielten sie die volle Unterstützung des Verkehrsministeriums, und die britische Regierung ordnete an, dass Katzenaugen im ganzen Land installiert wurden. Bald wurde Shaws Erfindung nicht nur im

Vereinigten Königreich, sondern auch auf der ganzen Welt eingesetzt. Verschiedene Länder bauten auf seiner Entwicklung auf, wobei einige verschiedenfarbige Linsen verwendeten, um den Unterschied zwischen der Mittellinie der Straße und der Bordsteinkante zu markieren, oder zur unterschiedlichen Kennzeichnung von Ein- und Ausfahrten. Obwohl sich die Designs im Laufe der Jahre geändert haben, bleibt eines konstant: Dort, wo Katzenaugen eingesetzt werden, werden Millionen Leben gerettet. Ich denke, Sie werden mir zustimmen: Es ist genau die Art von kluger Erfindung, die man von einer Katze erwartet.

24
Schwämme und Hochhäuser

Schwämme sind faszinierende Lebewesen, die zuweilen höchst merkwürdige, aber auch amüsante Namen tragen: Wir hätten da den orangefarbenen Elefantenohrschwamm, den Röhrenschwamm, den Hirnschwamm, den Orangefarbenen Bohrschwamm, den Verzweigten Vasenschwamm, den Glänzenden Lederschwamm und den Roten langweiligen Schwamm. All diese Schwämme – und noch viele mehr – sind im Flower Garden Banks National Marine Sanctuary im Golf von Mexiko zu finden.

Schwämme gehören zu den »einfachsten« Tieren der Welt, und es gibt sie schon ewig. Man kann mit Sicherheit sagen, dass sie aus dem Ediacarium stammen, denn es wurden Schwammfossilien in 580 Millionen Jahre altem Gestein entdeckt. Diese zart aussehenden Formationen ließen die frühen Naturforscher annehmen, es handele sich um Pflanzen. Erst 1795, als ihre Ernährungsweise beschrieben wurde, wurden sie als Tiere anerkannt. Was für eine Art von Tier sind sie also?

Schwämme gehören zum Stamm der Porifera; der Name setzt sich aus den lateinischen Wörtern *porus*, »Pore«, und *ferre*, »tragen«, zusammen; es geht also ums »Löcher tragen«, was vollkommen einleuchtet, sobald man sich die ausgeklügelten Strukturen ansieht, die sie erzeugen. Man nimmt an, dass sie die erste Tiergruppe sind, die sich vom Urvorfahren abgezweigt hat, aus dem alles Leben auf der Erde hervorging. Das macht Schwämme zu einem Schwestertaxon aller anderen Pflanzen und Tiere, die jemals auf der Erde gelebt haben.

Eine Untersuchung aus dem Jahr 2012 ergab, dass uns 8553 unterschiedliche Arten bekannt sind, und es gibt sie in allen Größen und erdenklichen Farben – in leuchtend Violett, Blau, Gelb oder Rot. Die kleinsten sind nur ein paar Zentimeter lang, während der allergrößte, ein gigantischer Tiefseeschwamm, der einer gefalteten Decke ähnelt, 3,7 mal 2 Meter groß ist. Er wurde 2016 im Papahānaumokuākea Marine National Monument vor Hawaii entdeckt. Schwämme können auch unglaublich alt werden. In der Antarktis gibt es riesige Vulkanschwämme, die etwa zwei Meter groß sind und 15 000 Jahre alt sein sollen – damit wären sie die ältesten Lebewesen auf dem Planeten.

Schwämme sind allgegenwärtig. Man findet sie überall, sowohl in seichten Gewässern als auch in der Tiefsee. Sie kommen praktisch in jeder Art von Meeresumgebung vor; einige leben auch im Süßwasser. Obwohl sie als Tiere eingestuft werden, sind Schwämme anders als die meisten anderen Tiere. Sie haben keinen Verdauungstrakt, keine Sinnesorgane und auch kein richtiges Gewebe; im Grunde bestehen sie nur aus einer Ansammlung von Zellen. Was sie zusammenhält, sind Skelettelemente, die Spiculae, ein flexibles Netzwerk von Fasern und starren Elementen. Die Spiculae bestehen aus einer glasartigen Art von Silizium oder aus Calciumkarbonat, dem gleichen

Material wie Kreide, und sie können unglaublich komplexe Strukturen bilden. Um besser zu verstehen, wie sie funktionieren, schauen wir uns zunächst etwas Einfaches an.

Greifen Sie das nächste Mal, wenn Sie in der Küche sind, nach einem Putzschwamm und fühlen Sie, wie weich und flexibel er ist. Diese weiche Textur ähnelt den Fasern eines lebenden Schwammes. Heutzutage sind die meisten Haushaltsschwämme aus synthetischen Materialien gefertigt, aber sie ähneln den Naturschwämmen, die früher häufig für den Gebrauch im Haushalt eingesammelt wurden. Die kleinen Löcher, die man auf der Oberfläche eines natürlichen Schwammes sieht, sind Poren und heißen Ostia; durch sie tritt das Wasser in den lebenden Schwamm ein. Die größeren Öffnungen auf der Oberfläche werden Oscula genannt; durch sie scheidet der Schwamm gefiltertes Wasser und Abfallstoffe aus.

Man könnte meinen, dass Schwämme den ganzen Tag »nur herumhängen und nichts tun«. Dieses Vorurteil sollte aber schleunigst überdacht werden. Es ist anzunehmen, dass sie die ersten Ökosystem-Ingenieure waren, und das bedeutet, dass sie die Fähigkeit haben, ihre Umgebung zu verändern. Sie sind zum Beispiel sehr gut darin, Meerwasser zu filtern. Sie können das Wasser in ihrer Nähe reinigen und Nährstoffe wieder in Umlauf bringen, wovon die anderen Organismen profitieren. In nährstoffarmen Korallenriffen helfen Schwämme sogar, die Verfügbarkeit von Kohlenstoff, einem wichtigen Element, das viele Organismen für ihr Wachstum benötigen, zu steigern. Der Schwamm lässt eine Art »Schwammkot« ab, von dem sich andere Organismen ernähren und der die Gesundheit und Artenvielfalt des Riffs fördert.

Noch außergewöhnlicher ist, dass Schwämme die einzigen Tiere sind, die die Fähigkeit haben, sich wieder zusammenzusetzen, nachdem sie in winzige Zellgruppen zerlegt worden sind. Die Zellen können zueinander finden, sich verklumpen und einen neuen Schwamm bilden. Und als ob all das noch nicht genug wäre, hat sich auch herausgestellt, dass Schwämme die perfekte Quelle für Medikamente sein können. Die Zellen der Schwämme können zusammen mit den winzigen Tieren, die in ihnen leben, komplexe chemische Stoffe produzieren, die das Potenzial zur Behandlung von Schmerzen und Entzündungen sowie von Krankheiten wie Krebs und Alzheimer haben.

Bei der Fortpflanzung haben Schwämme zwei Möglichkeiten. Die erste wird ungeschlechtliches Vermehren genannt. Dabei trennt sich ein Stück des Schwammes vom Hauptorganismus ab und wächst zu einem neuen Schwamm, der im Wesentlichen eine Kopie des Originals ist – also ein Klon. Alternativ dazu gibt es die sexuelle Vermehrung, bei der Spermien Eier befruchten. Während erwachsene Schwämme im Allgemeinen an einem Ort festsitzen, können sich ihre Larven im Meer verteilen und zu neuen Orten schwimmen.

Schwämme sind also überhaupt nicht langweilig! Mehr noch, ihre Skelettsysteme haben es verschiedenen Arten ermöglicht, auf harten Felsen und weichen Sedimenten wie Sand und Schlamm zu leben. Die komplexen

Skelettstrukturen haben das Interesse eines Teams der Harvard John A. Paulson School of Engineering and Applied Sciences erregt, denn sie könnten die nächste Generation von Wolkenkratzern und langen Brücken inspirieren.

Das Forschungsteam unter der Leitung der Professorin für Angewandte Mechanik Katia Bertoldi untersuchte das Skelett eines Tiefseeschwammes namens *Euplectella aspergillum* (Gießkannenschwamm). Seine Struktur ist sehr widerstandsfähig gegen »Knickungen« – ein leicht verständlicher Begriff aus dem Ingenieurwesen, der beschreibt, wenn eine Struktur in irgendeiner Weise verformt wird, was dazu führt, dass sie sich verbiegt und verdreht. Das Skelett des Gießkannenschwamms ist eine atemberaubend schöne röhrenförmige Struktur aus Siliziumdioxid. Seine Außenwände weisen ein Lochmuster auf, die aussieht wie eine Stickarbeit. Er gehört zur Klasse der Glasschwämme, sein englischer Name lautet *Venus' flower basket* (Blütenkorb der Venus), nach seiner hornähnlichen Struktur, die gemeinhin mit Venus, der römischen Göttin der Liebe, Schönheit und des Wohlstandes, assoziiert wird.

Dieser Schwamm kommt in der Tiefsee rund um die Philippinen vor, wobei ähnliche Arten auch in der Nähe von Japan und anderen Teilen des westlichen Pazifiks leben. Das Skelett des Tieres ist eine gebogene, etwa 25 Zentimeter lange Röhre; an der schmalen Basis hat es haarähnliche Spiculae, die den Schwamm in den weichen Sedimenten des Meeresbodens verankern. Das Skelett des Gießkannenschwamms wird von Sammlern sehr geschätzt. In Japan zum Beispiel gilt es als Symbol der Verbundenheit, denn in den Röhren ist oft ein Garnelenpaar versteckt, das sein ganzes Leben darin verbringt. Deshalb wird es oft an Frischvermählte verschenkt. Was das Forschungsteam an diesem Schwamm besonders interessierte, war die Robustheit seines Skeletts. Ja, in der Tat, Wissenschaftler können die schönste Liebesgeschichte ruinieren, aber sie waren ja nicht auf der Suche nach Liebe, sie waren auf der Suche nach Inspiration.

Wenn Sie jemals über eine Brücke gefahren sind oder versucht haben, Metallregale zu montieren, sind Sie wahrscheinlich mit der diagonal verstärkten Gitterwerkstruktur vertraut. Ein Gitterwerk ist eine Struktur, bei der sich Streifen aus Holz oder Metall überkreuzen und dabei quadratische oder rautenförmige Lücken bilden. Diese Konstruktion wird häufig für Sichtschutzwände verwendet oder für Zäune, die wachsende Pflanzen stützen sollen. Die zusätzlichen diagonalen Streifen bei einem verstärkten Gitter sind eine einfache und kostengünstige Möglichkeit, um die Grundstruktur stabil zu halten. Der amerikanische Architekt und Bauingenieur Ithiel Town patentierte die Struktur zu Beginn des 19. Jahrhunderts. Er wollte eine Möglichkeit finden, aus leichten und günstigeren Materialien robuste Brücken zu bauen. Das in Massachusetts ansässige Forschungsteam fasst diese Struktur wie folgt zusammen: Sie erfüllt zwar ihren Zweck, ist aber nicht optimal und führt zu Materialverschwendung. Außerdem ist die Höhe, in die man damit bauen kann, begrenzt.

Das Team fragte sich, ob es Gitterstrukturen entwickeln

könnte, die strukturell effizienter sind, die also weniger Material für die gleiche Stabilität verbrauchen. Könnte der Gießkannenschwamm die Antwort liefern? Immerhin hatte dieser Schwamm mehr als eine halbe Milliarde Jahre Zeit, sein Skelettsystem zu perfektionieren.

Bei näherer Betrachtung des Schwamms sahen die Ingenieure, dass er, um sein röhrenförmiges Skelett zu stützen, eine zusätzliche Schicht entwickelt hat. Sie ähnelt dem Gebilde, das entsteht, wenn man eine sperrige Last zusammenhalten will und ein Seil fest darum wickelt. Dieser Schwamm hat das Äquivalent von nicht nur einem Seil, sondern von zwei Sätzen paralleler seilartiger Stäbe oder Streben, die sich um ihn wickeln. Diese Verstrebungen überlappen einander und sind mit der darunterliegenden Schicht verbunden. Um sich das besser vorzustellen, denken Sie an eine Matte aus Quadraten, die alle aus feinem Draht bestehen. Nun rollen Sie die Matte zu einem Rohr und stellen sich Paare von feinen parallelen Drähten vor, die um das Rohr gewickelt sind, von oben nach unten. Dann wickelt sich eine weitere Gruppe von Drahtpaaren auf die gleiche Weise, aber in die entgegengesetzte Richtung darum, sodass sich die Drähte gegenseitig überkreuzen. So sieht – ziemlich vereinfacht dargestellt – der Gießkannenschwamm aus.

Auch wenn frühere Studien das Verhalten der einzelnen haarähnlichen Elemente untersucht haben, die die Ausbreitung von Rissen verhindern und zur Knickbeständigkeit beitragen sollen, war über die Vorteile dieser zusätzlichen Doppelschicht aus »Seilen« oder Streben noch nicht viel bekannt. Also kopierte das Team dieses

Design in einer Reihe von Computersimulationen und verglich die mechanischen Eigenschaften des Schwammskeletts mit anderen bestehenden Gitterstrukturen. Die Konstruktion des Schwamms übertraf sie alle und konnte weitaus stärkeren Belastungen standhalten, bevor sie einknickte. Was ich wirklich faszinierend finde, ist, wie der Gießkannenschwamm dieses Gitter erzeugt.

Wenn der lebende Schwamm wächst, durchläuft er zwei Phasen: eine flexible und eine starre Phase. In der frühen flexiblen Wachstumsphase bleiben die vertikalen, horizontalen und diagonalen Streben voneinander getrennt, sie sind noch nicht miteinander verschmolzen. Dadurch kann sich die röhrenartige Struktur ausdehnen. Sobald die maximale Länge und Breite erreicht ist, beginnt der Schwamm jedoch, einen glasigen Kitt zu bilden, der alle Teile des Skeletts zusammenschmelzen lässt, wodurch die endgültige starre Form entsteht.

Aus seinen Studien schloss das Team, dass die »Seile«, diese diagonalen Verstärkungen des Schwamms, für die Widerstandsfähigkeit der Struktur verantwortlich sind. Es zeigte, dass diese Verstärkungen die Gesamtfestigkeit um mehr als 20 Prozent erhöhen, ohne dass dafür zusätzliches Material benötigt wird. Das ist ein weiteres perfektes Beispiel dafür, wie die Natur eine bessere Gitterstruktur entwickelt hat, besser als jedes Muster, das sich der Mensch bisher ausgedacht hat. Unser Wissen darum wird sich als sehr nützlich erweisen, wenn es darum geht, effektivere, höhere Gebäude und längere Brücken zu bauen, aber auch in der Luft- und Raumfahrttechnik, wo leichtere und widerstandsfähige Strukturen so wertvoll wie Goldstaub sind. Das ist eine schöne Vorstellung, dass die Architekten des nächsten Wolkenkratzers oder der nächsten preisgekrönten Brücke womöglich dem Gießkannenschwamm für seine stabile, leichte Bauweise danken können.

25
Kamele und ausgeklügelte Kühlungssysteme

Mit seinen langen, schlanken Beinen, dem langen Hals, der sich nach unten neigt und wieder aufrichtet, und den berühmten ein bis zwei Höckern ist es schwer, ein Kamel mit einem anderen Tier zu verwechseln. Es gibt drei verschiedene Kamelarten. Die häufigste ist das Einhöckrige oder Arabische Kamel – das Dromedar. Es macht etwa 90 Prozent der weltweiten Kamelpopulation aus und wurde vor 4000 Jahren domestiziert. Bis heute sind die meisten Dromedare im Besitz von Menschen. Die einzigen »wilden« Dromedare sind verwilderte Tiere, die Mitte des 19. Jahrhunderts nach Australien eingeführt wurden, ihren Besitzern entkamen und sich im Outback ansiedelten. Da sie sich unkontrolliert vermehren, haben sie sich zu einem ernsten Umweltproblem entwickelt, das enorme Auswirkungen auf die einheimische Vegetation hat, sodass sie erlegt werden, wenn die Dinge aus dem Ruder laufen.

Die zweite Kamelart ist das Baktrische Kamel oder Trampeltier, das schon vor dem Dromedar domestiziert wurde, wahrscheinlich vor 5000 bis 6000 Jahren. Es ist ein zweihöckriges Kamel, das in Zentralasien beheimatet ist, wo es wegen seiner Widerstandsfähigkeit gegenüber

Kälte, Trockenheit und Höhenlagen zum wichtigsten Transporttier entlang der Seidenstraße geworden ist (zwischen dem 2. Jahrhundert v. Chr. bis ins 18. Jahrhundert auf der alten Route der Seidenstraße). Diese langen Reisen haben sowohl dem Dromedar als auch dem Trampeltier den Beinamen Wüstenschiff eingebracht.

Die dritte Kamelart ist das Wilde Trampeltier. Es hat ebenfalls zwei Höcker und ist die einzige wirklich wilde Art, die jedoch vom Aussterben bedroht ist. Es lebt nur noch in der Wüste Gobi, und es soll nur noch weniger als 1000 Exemplare geben. Es ist schwierig, sie zu zählen, denn sie sind notorisch scheu und fliehen schnell vor allem, was auch nur den Anschein eines Menschen aufweist. Ihr Verbreitungsgebiet erstreckt sich über die Mongolei und Nordwestchina, und im Gegensatz zu ihren Vettern sind sie nie domestiziert worden. Was ich besonders faszinierend finde, ist, dass einige von ihnen problemlos überleben, obwohl sie Wasser trinken, das eine höhere Salzkonzentration hat als Meerwasser. Ihre domestizierten Vetter haben diese Fähigkeit nicht. Die Wilden Trampeltiere sind nicht nur besonders rätselhafte Tiere, es gibt auch nur noch so wenige von ihnen, dass sie eines der am stärksten gefährdeten großen Säugetiere sind.

Die Dromedare und die Trampeltiere gehören zur biologischen Familie der *Camelidae* – dazu gehören auch die Guanakos, Vikunjas, Lamas und Alpakas aus Südamerika. Die *Camelidae* haben ihren Ursprung in Nordamerika vor etwa 45 Millionen Jahren. Vor rund zwei bis drei Millionen Jahren lebten sie nur dort, bis dann eine

Landbrücke die beiden Kontinente verband und die Vorfahren der Kamele nach Asien und weiter nach Afrika wanderten, während die Guanakos und ihre Vetter die Brücke nutzten, die sich an jener Stelle gebildet hatte, wo sich heute Panama befindet. Letztere wurden somit Teil des Großen Amerikanischen Faunenaustauschs.

Zu den interessanten Fakten gehört, dass sich die heutigen Kamele aus Tieren entwickelt haben, die die Arktis bewohnt haben, darunter ein Riesenkamel, das vor 3,5 Millionen Jahren im kanadischen Yukon gelebt hat. Es war um etwa 30 Prozent größer als die heutigen Kamele und hatte ein sehr zotteliges Fell. Viele der Anpassungen an extreme Wetterbedingungen, die die heutigen Tiere nachweisen, stammen wahrscheinlich von diesen Vorfahren aus der Arktis, obwohl die Region zu jener Zeit ein wenig wärmer war. Warum gibt es dann heute keine *Camelidae* mehr in Nordamerika? Die einfache Antwort lautet: Das weiß niemand, aber man geht davon aus, dass sie entweder ausgestorben sind, weil die Menschen sie bis zur Ausrottung gejagt haben, oder ihr Aussterben war das Ergebnis klimatischer Veränderungen am Ende der letzten Eiszeit.

Während die allerersten Vorfahren der Kamele relativ kleine Tiere waren – eines war so groß wie ein Kaninchen, ein anderes nicht viel größer als eine Ziege –, sind die heutigen Kamele alle groß. Mit fast zwei Metern Schulterhöhe ist ein ausgewachsenes Dromedar größer als ein Pferd, und das Trampeltier ist noch ein bisschen größer. Wie kann man ein Trampeltier von einem Dromedar unterscheiden? Hier ist ein netter Trick: Drehen

Sie den Buchstaben D nach links, und er sieht aus wie ein Höcker. Ein Höcker = ein Dromedar! Eine Frage, die ich mir schon immer gestellt habe und Sie sich sicher auch, lautet: Was genau befindet sich im Inneren dieses Höckers? Die Antwort darauf räumt mit einigen Mythen auf.

Es wird oft behauptet, dass diese Höcker mit Wasser gefüllt seien und dass Kamele deshalb lange Zeit in der Wüste überleben könnten, aber das ist völlig falsch. Der Höcker ist nicht mit Wasser, sondern mit Fett gefüllt, und um zu verstehen, was hier vorgeht, müssen wir unsere Laborkittel anziehen und nachschauen, was auf der molekularen Ebene passiert.

Fette bestehen aus Molekülen, die Kohlenwasserstoffe genannt werden. Wie ihr Name schon sagt, bestehen sie hauptsächlich aus Wasserstoff- und Kohlenstoffatomen. Sie enthalten viel Energie, und der Körper des Kamels baut – ähnlich wie unser Körper – Körperfett ab, um diese Energie freizusetzen. Das Tolle an diesem Prozess – den Kamele in vollem Umfang ausnutzen – sind die Nebenprodukte dieses Stoffwechsels: Die Wasserstoff- und Kohlenstoffatome verbinden sich mit Sauerstoff, um Energie, also Kohlendioxid, freizusetzen und – Moment mal – Wasser!

Noch genialer an diesem Prozess ist die Tatsache, dass für jedes Gramm Fett, das abgebaut wird, etwas mehr als ein Gramm Wasser freigesetzt wird. Wir sehen also, dass dies eine sehr effiziente Art ist, das so wichtige H_2O zu speichern. Kamele haben jedoch ein Problem damit, dieses Wasser zu speichern. Der Sauerstoff, der für den

Abbau des Fettes benötigt wird, erfordert auch, dass das Kamel seine Atemfrequenz erhöht – so verliert es Wasser in Form von Wasserdampf, der über die Lunge in die Umgebung entweicht.

Dennoch ermöglicht der Höcker dem Kamel, Nahrung und, auf Umwegen, Wasser zu speichern. Wie lange das Tier mit seinem Fettvorrat überleben kann, hängt davon ab, wie aktiv es ist und wie das Wetter ist. Die Größe des Höckers kann sich, je nachdem, wie viel das Kamel frisst, ändern. Wenn das Futter nicht ausreicht, macht sich der Körper des Kamels an das gespeicherte Fett ran, dadurch neigt sich der Höcker und hängt durch. Es wird auch vermutet, dass das Speichern des Fettes auf dem Rücken und nicht in einer Fettschicht rund um den ganzen Körper eine kluge Methode ist, um eine Überhitzung zu vermeiden, mit dem zusätzlichen Vorteil, dass der Höcker einen gewissen Schutz und Schatten vor direkter Sonneneinstrahlung bietet.

Dank solcher Anpassungen können Kamele in einigen der lebensfeindlichsten und extremsten Umgebungen der Welt überleben, wo die Suche nach Wasser nur eine von vielen Herausforderungen darstellt. Ausreichend Nahrung zu finden, ist auch nicht so einfach. Kamele ernähren sich von einer Vielzahl von Gräsern sowie von grünen Trieben, Pflanzenstängeln und Zweigen. Ihr Maul hat einen harten Gaumen, die Wangen und die Zunge sind mit schützenden Papillen ausgekleidet, sodass zähe, dornige Wüstenpflanzen wie mit einem Mörser und Stößel zerkleinert werden können. Dennoch wird all das zu einer ziemlichen Herausforderung, wenn man die extremen Temperaturen bedenkt, die diese Tiere ertragen müssen. Deshalb wächst dem Trampeltier, wie seinen arktischen Vorfahren, im Winter ein dickes, zotteliges Fell, das vor der eisigen Kälte schützt; im heißen Sommer wird es abgeworfen.

Bei großer Hitze kann ein Kamel eine ganze Woche ohne Wasser auskommen, manchmal auch länger. Es kann sogar noch viel länger überleben, ohne zu trinken, wenn es einen Teil der benötigten Flüssigkeit durch die Pflanzen aufnehmen kann, die es frisst, oder wenn es nicht so hart arbeitet. Es kann einen vierprozentigen Gewichtsverlust überleben – das sind etwa 19 Kilogramm bei einem erwachsenen Trampeltier –, aber es kann auch in relativ kurzer Zeit große Mengen Wasser aufnehmen. Ein durstiges Tier kann 130 Liter in nur 13 Minuten trinken – das ist ein ganzer Liter alle sechs Sekunden, aber machen Sie das bitte zu Hause nicht nach!

Eine weitere Anpassung des Kamels ist seine Fähigkeit, das Schwitzen zu reduzieren. Man könnte meinen, ein Pelzmantel sei das Letzte, was ein Tier in der Hitze braucht, aber ohne sein dickes Fell verbraucht das Kamel etwa doppelt so viel Wasser. Das Fell isoliert hervorragend, was in kalten Wüstennächten praktisch ist, aber es ist auch wichtig, wenn es heiß wird. Wenn die Außentemperatur um einiges höher ist als die Körpertemperatur des Kamels, verhindert diese »Decke«, dass die Hitze nach innen, in den Körper, gelangt. Da sein Pelz als Barriere gegen die äußere Hitze wirkt, schwitzt ein Kamel nur bei sehr heißem Wetter – wenn seine Körpertemperatur auf 41 Grad angestiegen ist. Das ist die perfekte evolutionäre Anpassung, denn sie reduziert nicht nur die Wärmezunahme, sondern auch den Wasserverlust.

In vielerlei Hinsicht liegt das Geheimnis des Kamels für ein erfolgreiches Leben in der Wüste in seiner Fähigkeit, viel Wärme zu speichern, bevor es schwitzen muss. Tagsüber kann die Körpertemperatur eines vollhydrierten Kamels zwischen 36 und 38 Grad betragen, nachts kann sie auf 34 Grad sinken. Dieses Absinken in der Nacht wirkt sich wie ein Puffer aus, am nächsten Tag kann das Kamel mehr Wärme »speichern«, bevor es bei 41 Grad schwitzen muss. Mit dieser Strategie muss es gegen Ende des Tages womöglich nur einige Stunden lang schwitzen, was bedeutet, dass es Wasser spart. In der heißen, trockenen Wüste verbraucht ein Kamel, das mindestens fünfmal so viel wiegt wie ein Mensch, nur einen Viertelliter Wasser pro Stunde.

Diese Fähigkeit, sich kühl zu halten, hat ein großes Interesse bei Forschenden geweckt, die sich mit neuen Formen der Isolierung befassen – und der Zeitpunkt könnte nicht besser sein. Nach Angaben der Internationalen Energieagentur wird sich der weltweite Energiebedarf für die Kühlung – gemessen an der Nachfrage nach Kühlschränken, Gefriertruhen und Klimaanlagen – bis zum Jahr 2050 voraussichtlich verdreifachen. Infolgedessen wächst das Interesse an verschiedenen Möglichkeiten, wie wir Dinge kühl halten können, ohne Energie zu verbrauchen – der sogenannten passiven Kühlung. Angesichts der Tatsache, dass mehr als 10 Prozent der Weltbevölkerung keinen Zugang zu Strom haben, bietet die passive Kühlung eine fantastische Methode zum Transport und zur Lagerung von Lebensmitteln oder temperaturempfindlichen Medikamenten. Eine der vielversprechendsten Lösungen basiert auf der Verdunstung von Hydrogelen. Das ist eine Art Gel, das große Mengen Wasser absorbiert und speichert. Durch den Prozess der Verdunstung können Hydrogele Wasser auch abgeben. Verdunstung ist das, was passiert, wenn man schwitzt, Wasser verwandelt sich in Wasserdampf. Die Verdunstung des Schweißes kühlt den Körper ab – man könnte also sagen, dass das Hydrogel die Schweißdrüsen von Tieren nachahmt. Dies ist ein Paradebeispiel für passive Kühlung.

Wissenschaftler sind schon seit einiger Zeit an Hydrogelen interessiert, weil sie das aufgenommene Wasser durch Verdunstung wieder abgeben und, was noch wichtiger ist, weil dazu keine externe Energiequelle benötigt wird. Das Problem ist jedoch, dass die Wirkung nur von kurzer Dauer ist, sodass die Herausforderung darin besteht, sie über einen längeren Zeitraum aufrechtzuerhalten. Ein Forschungsteam unter der Leitung von Jeffrey Grossman am Massachusetts Institute of Technology hat sich dabei von Kamelen inspirieren lassen. Es hat eine Hydrogelschicht mit einer dünnen Schicht Aerogel – einem leichten, porösen Isoliermaterial – kombiniert, und diese Verdunstungs-Isolierungs-Doppelschicht ahmt das biologische Kühlsystem der Kamele nach.

Die Hydrogelschicht auf der Unterseite ist wie die Schweißdrüse des Kamels. Sie lässt Wasser verdampfen und sorgt für eine kühlende Wirkung. Die darüberliegende Aerogelschicht spielt die gleiche Rolle wie das Fell des Kamels und sorgt für die entscheidende Isolierung. Sie verhindert, dass die Wärme der Umgebung durchdringt, aber da sie porös ist, kann das Wasser aus dem Hydrogel trotzdem entweichen. Durch die gleichzeitige Verdunstung und Isolierung wird die Kühlzeit erheblich verlängert, wobei die beiden Gelschichten beziehungsweise die sogenannte Doppelschicht nur einen Zentimeter dick ist.

Das Team hat sein zweischichtiges Gel im Labor in einer speziellen Kammer getestet, in der Temperatur und Feuchtigkeit kontrolliert wurden. Sie entdeckten, dass die Doppelschicht in der Lage war, ein Objekt auf eine Temperatur zu kühlen, die 7 Grad niedriger ist als die Umgebung, und im Vergleich zu einer einzelnen Hydrogelschicht wuchs die Zeitspanne, die diese Doppelschicht ein Objekt kühl halten konnte, um 400 Prozent. Wie Jeffrey Grossman hervorhebt, entspricht dies einer Kühlzeit von über 250 Stunden oder 10 Tagen. Der nächste Schritt besteht darin, das Material besser skalierbar zu machen. Mit anderen Worten, es muss ein Weg gefunden werden, es in größeren Größen und Mengen herzustellen. Das Team hat darauf hingewiesen, dass dieses Material auch zur Kühlung von Gebäuden verwendet werden kann, was den Gesamtenergieverbrauch senken würde.

Wenn man bedenkt, wie oft wir Lebensmittel und Medikamente transportieren müssen – nicht nur innerhalb eines Landes, sondern auch weltweit, wo der Zugang zu Kühlschränken oder Strom problematisch sein kann –, wird deutlich, wie wertvoll ein passives Kühlsystem wie dieses sein könnte. Es wäre eine positive Nachricht für die Umwelt und hätte zudem das Potenzial, eine lebensrettende Technologie zu werden – und das alles dank eines in der Wüste lebenden Helden.

KAMELNASENKLIMAANLAGE

Selbstverständlich leben seit jeher auch Menschen in der Wüste, Seite an Seite mit den besonders gut angepassten Pflanzen und Tieren, und auch sie mussten sich an die rauen und trockenen Bedingungen anpassen. Nehmen wir etwa die Beduinen in der Arabischen Wüste. Ihr nomadischer Lebensstil bedeutet, dass sie nicht allzu lange an einem Ort bleiben, um die wenigen Ressourcen zu erschöpfen – was gut ist für die Umwelt. Wenn sie den Ort wechseln, nehmen sie ihre Zelthäuser mit. Diese sind so gebaut, dass die Luft darin zirkulieren kann, sodass sie in der Hitze des Tages kühl bleiben, und wenn die Temperaturen in der Nacht sinken, bleiben sie warm.

In modernen Zeiten hat der Mensch die Wüste buchstäblich erobert. Denken Sie nur an die glänzenden, glitzernden Wüstenstädte Las Vegas oder Dubai. Ich habe beide besucht und fand sie ziemlich spektakulär – atemberaubende Meisterleistungen menschlicher Ingenieurskunst. Es scheint, als gäbe es nichts, was in diesen ehrfurchtgebietenden, von Menschenhand geschaffenen Umgebungen nicht möglich wäre; man vergisst sogar leicht, dass man sich in einer Wüste befindet, vor allem, wenn man sich atemberaubende Shows ansieht oder die Pisten in einem überdachten Skigebiet hinuntersaust – ja, man kann in der Wüste Ski fahren, unglaublich!

All diese Bauten bedeuten aber auch einen hohen Verbrauch fossiler Brennstoffe – Hotels, Casinos und Skizentren müssen kühl gehalten werden. Wie wäre es also, wenn man ein umweltfreundlicheres Gebäude entwerfen könnte? Genau das hat sich ein Architektenteam in Ägypten gefragt und sich dafür das Kamel genauer angesehen. Dabei stellte sich heraus, dass die Kamelnase ein geniales biologisches Gerät zur Luftkühlung ist und einen weiteren wichtigen Schlüssel beim Überleben des Kamels darstellt. Wie das Sprichwort schon sagt: Im Zweifelsfall sollte man seinen Instinkten vertrauen und seiner Nase folgen. Und genau das haben die Architekten getan.

Wenn Sie in die Nase eines Kamels schauen würden, würden Sie eine Struktur vorfinden, die sich von der Innenseite unserer Nasen stark unterscheidet. Dort, wo wir in jedem Nasenloch einen Durchgang haben, hat die Kamelnase ein kompliziertes Labyrinth aus vielen Kanälen, die alle von einer feuchten Schleimhaut bedeckt sind. Dadurch kann die Kamelnase innerhalb desselben Atemzyklus sowohl als Befeuchter als auch als Entfeuchter fungieren. Mit anderen Worten: Wenn das Kamel ein- und ausatmet, kann es der Luft sowohl Feuchtigkeit hinzufügen als auch entziehen. So hält es sich selbst kühl und hydriert.

Wenn das Kamel einatmet, strömt die Luft in seine Nasengänge, wo die feuchten Membranen Wasser hinzufügen und die Luft abkühlen. Dieser Effekt ist Ihnen sicher bekannt, wenn Sie schon einmal ein nasses Tuch vor einen Ventilator gehalten haben. Wenn die Luft durch das Tuch bläst, wird sie etwas kühler. Das ist genau das, was mit der Luft passiert, wenn das Kamel einatmet. Diese kühlere Luft wandert in die Lunge des Kamels, wo sie auf Körpertemperatur bleibt. Wenn das Kamel ausatmet, ist diese Luft voller Wasserdampf. Normalerweise wird dieser Dampf bei Menschen und anderen Säugetieren direkt in die Atmosphäre ausgeatmet. Das ist einer der Hauptwege, über die wir Wasser aus unserem Körper verlieren. Das Kamel lebt in einer Umgebung, in der Wasser extrem knapp ist, also muss es so viel wie möglich von diesem Wasserdampf zurückhalten.

An dieser Stelle kommen die Membranen in den Nasengängen wieder zum Einsatz. Sie sind nicht nur feucht, sondern auch mit einer speziellen wasserabsorbierenden Substanz überzogen, die in der Lage ist, der Luft Feuchtigkeit zu entziehen. Wenn das Kamel also ausatmet, nimmt die Nase Wasserdampf aus der Atemluft auf. Da das Kamel so viele dieser membranbedeckten Nasengänge hat – mit anderen Worten viel Oberfläche –, erhöht das die Verdunstung und Kondensation, die beim Ein- und Ausatmen stattfindet. Das führt dazu, dass das Kamel fast 70 Prozent des Wassers zurückhält, das normalerweise bei einem Atemzyklus verloren gehen würde.

Dieser Prozess trägt auch dazu bei, dass das Gehirn des Kamels kühl bleibt. Das liegt daran, dass die kühle Luft in den Nasengängen die Temperatur des Blutes abkühlt, das um sie herum zirkuliert, bevor es zum Gehirn aufsteigt. Das führt zu einer erheblichen Abkühlung des Hirngewebes, was den Kamelen hilft, bei Temperaturen zu überleben, die für andere Tiere tödlich wären.

Die Architekten unter der Leitung von Dr. Merhan Shahda von der Port Said University fragten sich, ob sie all das nachmachen könnten. Nach mehreren Monaten des Entwerfens und Experimentierens kamen sie auf ein spezielles, von der Kamelnase inspiriertes Kühlsystem, das in neue Gebäude eingebaut oder an bestehende Gebäude angebaut werden kann und das ohne den Einsatz von teurem Strom betrieben werden kann. Der erste Teil des Kühlungssystems ahmte nach, was passiert, wenn ein Kamel ausatmet und Wasserdampf sammelt. Die Architekten bauten einen Glaskasten in Form eines dreieckigen Prismas, der auf der Südseite eines Gebäudes angebracht wurde, der Seite, die auf der Nordhalbkugel die meiste Sonne abbekommt. Das Dach des Prismas – der schräge Teil – war mit einem Scharnier verbunden, sodass es geöffnet werden konnte. Im Inneren war der Boden mit einer Schicht aus Calciumchlorid bedeckt, einem Material, das die Fähigkeit hat, Wasser aus der Luft zu absorbieren.

Die Wüstenluft enthält in der Kühle der Nacht mehr Feuchtigkeit als in der brütenden Hitze des Tages, daher wurde das Prisma so gebaut, dass sein schräges Dach nachts aufschwingt, um diese feuchte Luft hereinzulassen. Sobald die Luft im Inneren zirkuliert, kommt sie mit der Schicht der wasserabsorbierenden Chemikalie in Berührung. Diese agiert genau wie die Schleimhäute in den Nasengängen des Kamels, wenn es ausatmet. Mit anderen Worten: Es entnimmt der Luft Wasserdampf.

Um dieses Wasser aus dem Calciumchlorid zu lösen, nutzte das Prisma die natürliche Wärme der Wüste aus. Zur Erinnerung: Dieses Prisma war an der Südseite des Gebäudes angebracht worden, wo das meiste Sonnenlicht einfiel. Um diesen Effekt zu verstärken, umgaben die Architekten das Prisma mit einer gebogenen, reflektierenden Platte. Wenn dann tagsüber die Sonne schien, wurde das schräge Dach geschlossen, und die reflektierenden Platten konzentrierten die Sonnenenergie direkt auf die Calciumchloridschicht. Das führt dazu, dass das absorbierte Wasser verdampft und zum Schrägdach aufsteigt. Dort angekommen, kühlt es ab und kondensiert zu flüssigen Wassertröpfchen, die an der Innenseite der Schräge hinunter zu einem Rohr fließen. Das Wasser floss in einen darunterliegenden Sammelbehälter ab.

Sobald sie herausgefunden hatten, wie man auf diese Weise Wasser sammelt – wir befinden uns schließlich in der Wüste –, haben die Architekten ein System entwickelt, um dieses Wasser zur Kühlung des Gebäudes zu nutzen. Dabei ahmten sie nach, was passiert, wenn Kamele atmen. Sie verwendeten zwei natürliche Materialien: Stroh und Sackleinen. Diese wurden in einer Belüftungsöffnung direkt unter dem Glasprisma und dem Wassertank drapiert. Dann wurden kleine Löcher in den Tank gebohrt, damit Wasser auf das Stroh und das Leinen darunter tropfen konnte, um es feucht zu halten. Schließlich wurde ein solarbetriebener Ventilator aufgestellt, um heiße Luft von außen auf das Stroh und das Sackleinen zu blasen.

Die Idee dahinter war, dass das feuchte Stroh und das feuchte Sackleinen der nach innen strömenden heißen Luft Feuchtigkeit hinzufügen würden. Das war eine Anlehnung an die Schleimhäute des Kamels, die der Luft beim Einatmen Feuchtigkeit beifügen. Und da diese Luft Feuchtigkeit aufnimmt, kühlt sie sich natürlich ab. Da Stroh und Sackleinen aus vielen Fasern bestehen, haben sie eine große Oberfläche, wie die Nase des Kamels, was wiederum den Kühleffekt erhöht. Das Ergebnis ist ein Gebäude in einer heißen Wüste, das kühl gehalten wird, ohne dass fossile Brennstoffe verbrannt werden müssen.

Schließlich wurde dem Kühlungssystem noch der letzte Schliff gegeben. Die Architekten haben spezielle Löcher im oberen Teil des Gebäudes angebracht, damit die heiße Luft, die im Inneren des Gebäudes entsteht, aufsteigt und auf natürliche Weise entweicht. So entsteht ein konstanter Luftstrom von kühler Luft, die durch die mit Stroh und Sackleinen bedeckte Lüftungsöffnung an der Seite des Gebäudes einströmt, während die warme Luft durch die Lüftungsöffnungen im oberen Stockwerk entweicht.

Dieses Kühlungssystem befindet sich noch in der Entwicklung, aber erste Tests zeigen, dass es sehr erfolgreich ist, sowohl bei der Senkung der Temperatur in Gebäuden als auch beim Hinzufügen dringend benötigter Luftfeuchtigkeit. Die Architekten hoffen, dass ihr Entwurf mit der Zeit in wüstenartigen Gegenden eingesetzt werden kann, um kostenlos Wasser aus der Luft zu gewinnen und Häuser und Büros zu kühlen, ohne Strom zu verbrauchen. Diese Art von Technologie soll es Menschen ermöglichen, stärker in Harmonie mit der Natur zu leben, so wie es die Beduinen seit Jahrhunderten in ihren mobilen, belüfteten Zelten tun. Und diese gesamte neue Entwicklung ist dem Kamel zu verdanken, dem treuen Wüstenschiff, einer Inspiration für eine harmonische Lebensweise inmitten der Wüstendünen.

26
Hummer und Weltraumteleskope

Was haben das Weltall und die Tiefsee gemeinsam? Allein schon diese Frage erfüllt mich mit Begeisterung, denn ich interessiere mich für alles, was mit dem Kosmos zu tun hat. Uralte Rätsel des Universums faszinieren mich genauso wie die Idee, dass wir neue Welten entdecken und sie eines Tages besiedeln könnten. Der Weltraum gilt als die letzte große Grenze, die der Mensch noch nicht überschritten hat, Gleiches gilt jedoch auch für die Tiefen der Ozeane. Weltall und Tiefsee sind die letzten großen Unbekannten, die noch eine Fülle an Geheimnissen bergen.

Wenn man einmal genauer darüber nachdenkt, ist es schon erstaunlich, dass wir Menschen, eine Spezies, die 98,8 Prozent ihrer DNA mit Schimpansen teilt, überhaupt in der Lage sind, Sonden in den Weltraum zu schicken. Vor über 40 Jahren hat die NASA zwei solcher Sonden gestartet: *Voyager 1* und *Voyager 2*. Sie haben längst alle Planeten, Monde, Asteroiden und Kometen unseres Sonnensystems passiert und sind in den Milliarden Kilometer entfernten interstellaren Raum eingedrungen. Die beiden Sonden haben die weiteste Reise hinter sich, die je ein von Menschen gebautes Objekt zurücklegen konnte. Und erstaunlicherweise senden sie immer noch Informationen zu uns auf der Erde!

Die Erforschung der Tiefsee ist ein ganz ähnlich kompliziertes Abenteuer. Wir müssen dafür zwar nicht den Planeten verlassen, aber es bringt all die logistischen Herausforderungen mit sich, denen sich Weltraumforschende stellen müssen. Bemannte und unbemannte Tauchboote – im Grunde genommen U-Boote, die großen Druck aushalten – können mittlerweile die tiefsten Tiefen erreichen, wie etwa den Marianengraben im westlichen Teil des Pazifiks. Mit mehr als 11 Kilometern Tiefe ist er der tiefste Punkt; der Druck beträgt hier etwa das Tausendfache des normalen Luftdrucks auf Meereshöhe. Bis heute waren mehr Menschen auf dem Mond als in dieser Tiefe, im Challengertief, aber wäre es nicht wunderbar, dort hinuntertauchen zu können und dabei ebenfalls die Schwerelosigkeit des Weltraums zu erleben? Der britische Entdecker Richard Garriott war wohlhabend genug, um genau das zu tun. 2021 tauchte er in einer Unterseekapsel in den Marianengraben hinab. Er hat auch den Nord- und Südpol besucht und war im Weltraum – er ist bisher der einzige Mensch, dem dies gelungen ist.

Bei seinem Tieftauchgang hat Garriott sicher aus der verstärkten Sichtluke geschaut und die verschiedensten Tiefseebewohner gesehen, darunter garnelenartige Krebstiere, Amphipoden genannt, sowie Verwandte von Krabben und Hummern, die bei diesem unglaublichen Druck leben können. Und hier schließt sich der Kreis: Ein Krustentier aus dieser Tiefe hat die Weltraumforschung inspiriert. Dieses Tier lebt in vielen Meeren, auch in der Tiefsee, aber Ihnen ist sein Anblick auf einem Teller wahrscheinlich am vertrautesten – vielleicht in Butter getränkt oder in einem Brötchen mit Pommes. Sie haben es erraten! In diesem Kapitel geht es um den Hummer, und ich versichere Ihnen, dass dieses faszinierende Tier weit mehr zu bieten hat als nur ein köstliches Mahl.

Ich betrachte Hummer gerne als die Aristokraten des Meeres, und das nicht nur, weil sie blaues Blut haben, genauer gesagt, blaue Hämolymphe. Die blaue Farbe kommt von einem Molekül auf Kupferbasis, das Hämocyanin, das Hummer anstelle des eisenbasierten Hämoglobins haben, das in unserem Körper den Sauerstoff transportiert. Diese Tiere sind auch deshalb etwas Besonderes, weil sie schon seit sehr langer Zeit in den Meeren schwimmen, seit etwa 360 Millionen Jahren. Im Laufe der Erdzeitalter haben sich viele verschiedene Arten entwickelt, aber es sind die großschaligen Hummer der Gattung *Homarus*, die sich vor etwa 100 Millionen Jahren entwickelt hat, die wir in der Regel mit dem Wort »Hummer« verbinden. Heutzutage leben zwei Hummerarten auf der Erde – der Amerikanische und der Europäische Hummer. Wenn wir an einen Hummer denken, stellen wir ihn uns leuchtend rot vor, aber das ist die Farbe, die er annimmt, wenn er gekocht wird. In seinem natürlichen Lebensraum hat der Amerikanische Hummer eher eine bräunliche Farbe, während die europäische Art im Allgemeinen blau ist.

Wie alle Krustentiere sind auch Hummer wirbellose Tiere. Sie haben weder ein Rückgrat noch ein inneres Skelett, sondern eine harte, schützende äußere »Schale« oder ein Exoskelett, an dem Muskeln befestigt sind, genau wie an unserem inneren Skelett. Sie haben fünf

Paar Laufbeine, die jeweils mit winzigen Haaren bedeckt sind, die sie zusammen mit ihren Fühlern benutzen, um ihre Umgebung wahrzunehmen. Das vordere Beinpaar des Hummers entwickelt sich zu den charakteristischen großen Scheren.

Es mag Sie überraschen zu erfahren, dass Hummer entweder die linke oder die rechte Schere bevorzugen und demnach vermehrt einsetzen. Die dominante Schere ist größer, dicker und wird auch Knackschere genannt. Sie wird zum Töten von Beute benutzt – Fische, Muscheln, Schnecken, Würmer und andere Krustentiere – und im Kampf mit anderen Hummern. Die schlankere Schere ist die Greifschere. Sie wird zum Festhalten oder Zerschneiden von Nahrung verwendet.

Das hört sich alles vielleicht ein bisschen brutal an, aber Hummer haben auch eine kommunikative Seite. Sie können einander mithilfe von Chemikalien, die sie in ihrem Urin absondern, Signale geben. Für Sie und mich mag das nicht wie die beste Art der Kommunikation wirken, aber für viele Tiere – Hunde, Löwen und Bären eingeschlossen – ist es ganz normal. Hummer finden durch diese Art der Kommunikation heraus, welcher Hummer am dominantesten ist; darüber hinaus hilft sie ihnen bei der Partnersuche.

Sehr interessant an Hummern ist auch die Tatsache, dass sie sehr lange leben. Es wird angenommen, dass einige 100 Jahre alt werden. Es gibt auch den Mythos, dass der *Homarus* unsterblich ist, weil er nie aufhört zu wachsen. Im Laufe seines Lebens durchläuft er eine Reihe von Häutungen. Das ist der Prozess, bei dem er sein altes

Exoskelett abwirft, ein bisschen wächst und es dann durch ein größeres Exoskelett ersetzt, das unter dem alten herangewachsen ist. Obwohl der Hummer diesen Prozess sein ganzes Leben lang wiederholt, verlangsamt sich die Häutung mit zunehmendem Alter, bis er schließlich stirbt. Sein langes Leben ist dennoch bemerkenswert, da er bis ins hohe Alter stark und gesund bleibt, und anders als bei uns Menschen hat das Alter keine Auswirkungen auf seine Fortpflanzungsfähigkeit.

Die meiste Zeit seines Lebens verbringt der Hummer damit, nach Nahrung zu suchen und sich vor Fressfeinden zu schützen, was zu bestimmten Zeiten des Jahres – vor allem im Frühjahr und Sommer – schwierig ist, denn aufgrund der Phytoplanktonblüte ist die Sicht im Meer eingeschränkt. Schlick oder Sedimente können auch zur Trübung beitragen, weshalb Hummer eine besonders ausgeklügelte Methode entwickelt haben, dennoch etwas zu sehen. Sie liefert zwar keine scharfen Bilder, aber sie hilft ihnen zu erkennen, was sich zu fressen lohnt oder was potenziell gefährlich sein könnte. Forschende haben diese Anpassung des Hummers kopiert, um im Weltall in weitere Fernen blicken zu können.

Das menschliche Auge arbeitet mit einer Eigenschaft der optischen Physik, die Brechung heißt. Energiewellen wie etwa Licht oder Töne brechen sich, wenn sie durch eine Substanz in eine andere gelangen. Wenn das Licht durch den gekrümmten, klaren vorderen Teil unseres Auges wandert, der die Hornhaut und die Linse umfasst, wird es so gebrochen, dass es auf eine spezielle sensorische Schicht im hinteren Teil unseres Augapfels – die Netzhaut – fokussiert wird. Das ist eine dünne Gewebeschicht, die mit Zellen bedeckt ist und Licht in Nervensignale umwandelt, die über den Sehnerv zu unserem Gehirn gelangen und die wir dann als Visualisierung der Welt um uns herum interpretieren. Dieses Prinzip funktioniert bei uns sehr gut, weil wir in der Regel in einer Umgebung mit viel Licht leben. Der Hummer jedoch verbringt einen Großteil seiner Zeit in der Dunkelheit, deshalb müssen seine Augen anders arbeiten. Sie haben sich so entwickelt, dass sie die Reflexion anstelle der Brechung nutzen.

Stellen Sie sich die Augen eines Hummers vor: ein Paar schwarze, glänzende Kugeln, die auf beweglichen Stielen auf beiden Seiten des Hummerkopfes sitzen, ähnlich wie bei einer Garnele. Und wenn Sie jetzt genau hinschauen – und damit meine ich, wenn Sie durch ein Mikroskop schauen –, sehen Sie, dass jedes dieser Augen mit Tausenden winzigen, präzise angeordneten Quadraten bedeckt ist – der Hummer hat Facettenaugen! Die Quadrate, die man sieht, sind die Enden von über 10 000 Ommatidien, lange Röhren mit einem quadratischen Querschnitt, die an der gekrümmten Oberfläche des Auges ein geometrisches Muster bilden. Die Ommatidien haben gerade Seiten, die flach und stark reflektierend sind, genau wie ein Spiegel, und wie Tausende winzige Spiegel reflektieren sie einfallendes Licht auf die Netzhaut (Retina) des Hummers. Diese Spiegel sind über die gesamte gekrümmte Oberfläche des Augapfels verteilt, sodass sie in der Lage sind, Licht aus einem sehr weiten Winkel zu reflektieren, was dem Hummer ein Sichtfeld von 180 Grad ermöglicht. (Um das ins Verhältnis zu setzen: Unser Sichtfeld beträgt

150 Grad.) Diese reflektierende Anordnung ist äußerst nützlich, da sie dem Hummer hilft, sich in einer Umgebung mit sehr schlechter Sicht zu bewegen. Und es stellt sich heraus, dass das Innenleben des Hummerauges auch sehr nützlich ist, wenn es darum geht, Ereignisse in den Tiefen des Weltraums zu beobachten.

Wenn Astronomen ins Weltall blicken, hoffen sie unter anderem, Röntgenstrahlen zu entdecken. Ich höre Sie fragen: Aber sind Röntgenstrahlen nicht das, was Ärzte verwenden, um zu prüfen, ob wir gebrochene Knochen haben? Richtig. Ein Röntgengerät kann unseren Körper durchstrahlen, weil es eine Art von elektromagnetischer Strahlung nutzt, die Röntgenstrahlung genannt wird, ein durchdringender Strahl von hoher Energie, der 1895 von dem deutschen Physiker Professor Wilhelm Conrad Röntgen entdeckt worden ist. Sie können sich Röntgenstrahlen ähnlich einem Lichtstrahl vorstellen, aber in diesem Fall haben sie ein viel höheres Energielevel, was bedeutet, dass diese Strahlen, anders als Licht, Gegenstände durchdringen können. Genau das passiert, wenn eine medizinische Röntgenaufnahme gemacht wird. Röntgenstrahlen werden auf der einen Seite durch unseren Körper geschossen, während auf der anderen Seite ein röntgenempfindlicher Film ein Bild aufnimmt. Da Knochen und Zähne relativ dicht sind, absorbieren sie mehr Röntgenstrahlen als die Haut und anderes weiches Gewebe. Auf dem Röntgenfilm bleiben Silhouetten der Knochen zurück, während so ziemlich alles andere – was weniger dicht ist – transparent erscheint.

Was hat das alles mit der Erweiterung unseres Wissens

über das Weltall zu tun? Das All ist voller Röntgenstrahlen! Hochenergetische Objekte wie Sterne und schwarze Löcher strahlen sie aus. Der Nachteil für Astronomen ist jedoch, dass diese Röntgenstrahlen von der Erde aus nicht sichtbar sind, weil unsere Atmosphäre so dick ist, dass sie von ihr absorbiert werden. Es gibt jedoch eine Möglichkeit, dies zu umgehen: Man kann Röntgenstrahlen mithilfe von Teleskopen entdecken, die auf Satelliten installiert sind, die unseren Planeten umkreisen. Besonders wichtig dabei ist, dass sie außerhalb unserer Atmosphäre funktionieren müssen.

Ein herkömmliches Röntgenteleskop ist ein schweres Gerät, das sich immer nur auf einen kleinen Bereich des Himmels fokussieren kann. Das heißt, man muss genau wissen, woher die Röntgenstrahlen kommen, damit man das Teleskop darauf ausrichten kann. Das funktioniert, wenn man etwas messen will, von dem man weiß, dass es passieren wird, aber nicht, wenn man einen größeren Teil des Himmels auf Anzeichen unerwarteter Aktivität überwachen will. Letzteres könnte aber möglich sein, wenn man ein Teleskop baut, das wie das Auge eines Hummers funktioniert. Die Idee wurde erstmals 1977 von Roger Angel von der University of Arizona entwickelt und war die Grundlage für einen röntgenbasierten »All-Sky Monitor«. Seitdem hat es fast 30 Jahre gedauert, und mehrere Universitäten auf der ganzen Welt haben an diesem Konzept gearbeitet, um die optische Technologie zu perfektionieren.

Wie funktioniert es also? Im Inneren des »Hummeraugenteleskops« befindet sich eine dünne, gekrümmte

Glasplatte, die mit winzigen Röhren bedeckt ist, genau wie die Facettenaugen eines Hummers. Röntgenstrahlen treten in diese Röhren ein und werden in einem einzigen Punkt reflektiert, um ein Bild zu erzeugen. Da die Röhren auf einer Kurve angeordnet sind – stellen Sie sich das wie die obere Hälfte einer Kugel vor –, sind sie in der Lage, Röntgenstrahlen aus einem sehr weiten Winkel aufzunehmen. Das bedeutet, dass ein Teleskop wie dieses sehr gut geeignet ist, um unerwartete und flüchtige Röntgenstrahlen aufzuspüren. Darüber hinaus ist es viel leichter als die traditionellen Teleskope, was von großem Vorteil ist, wenn man bedenkt, dass es auf eine Rakete gepackt und ins All geschickt werden muss.

Inzwischen gibt es eine Reihe von Hummeraugenteleskop-Projekten in China, den USA und Frankreich sowie im Vereinigten Königreich an der University of Leicester in Zusammenarbeit mit anderen internationalen Raumfahrtprogrammen. Diese Projekte zielen darauf ab, einen großen Bereich des Weltalls zu beobachten. Sie halten auch Ausschau nach einer anderen Art von hochenergetischer Strahlung, den sogenannten Gammastrahlenausbrüchen oder Gammablitzen.

Das sind Energieausbrüche sehr hoher Leistung, und man nimmt an, dass es dazu kommt, wenn ein schwarzes Loch entsteht, zwei Sterne zusammenstoßen oder wenn ein riesiger Stern in sich selbst kollabiert. Stellen Sie sich diese Kraft vor! Bei diesen Energieausbrüchen wird ebenfalls Röntgenstrahlung freigesetzt. Die Hummeraugenteleskope sollen dazu genutzt werden, den allgemeinen Standort dieser Gammablitze zu identifizieren.

Auf der Basis dieser Informationen könnten wir dann eine andere Raumsonde oder einen Satelliten, der mit ähnlichen Detektoren ausgestattet ist, zu dem Stern oder in die jeweilige Gegend schicken, um genauer zu untersuchen, was dort passiert.

Was die Wissenschaftler:innen zu verstehen versuchen, ist, was in dem Moment passiert, in dem ein Schwarzes Loch entsteht. Das ist wichtig, weil es uns viel über die Bedingungen in der Umgebung eines Sterns verrät – wie heiß das Material ist, was die Materie tut und wie schnell sie sich verändert. Durch eine so tiefe und gründliche Vermessung des Alls trägt das Hummeraugenteleskop dazu bei, die Art und Weise zu revolutionieren, wie wir das Universum verstehen. Es ist sogar dabei behilflich, eine Theorie Albert Einsteins zu beweisen.

1916 sagte Einstein voraus, dass gewaltige intergalaktische Explosionen dazu führen würden, dass sich Wellen im ganzen Universum ausbreiten, ähnlich wie ein Kieselstein, den man in einen Teich wirft, Wellenkreise auslöst, die sich auffächern. Die Wellen, die Einstein meinte, heißen Gravitationswellen und sind erst kürzlich entdeckt worden. Das Hummeraugenteleskop soll Astronomen dabei helfen herauszufinden, woher sie kommen und unter welchen Bedingungen sie entstehen. Ich denke, Sie werden mir zustimmen, dass das ziemlich spektakulär ist, und umso erstaunlicher ist es, dass unsere verbesserten Einblicke ins Weltall auf den optischen Fähigkeiten eines Hummers aus der Tiefsee beruhen.

27
Die Waterloo Station und der Schuppentierpanzer

Mehr als die Hälfte der Weltbevölkerung lebt im städtischen Raum, es ist also sehr wahrscheinlich, dass Sie, wenn Sie unterwegs sind, in eine Großstadtlandschaft mit großen Gebäuden und hellen Lichtern eintauchen. Ich denke, nichts veranschaulicht unsere Fähigkeit, unsere Umgebung zu beherrschen, mehr als die Majestät der architektonischen Wunderwerke, die die Skylines unserer Städte dominieren. Die Vorstellung, dass wir uns komplexe Strukturen erträumen und sie dann in etwas Reales und Greifbares verwandeln, ist einfach großartig. In zunehmendem Maße haben wir uns beim Bauen von der Natur inspirieren lassen. Der Mensch hat Geometrie, Muster und Prinzipien aus der Natur kopiert, seit er überhaupt damit angefangen hat, Dächer über seinem Kopf zu bauen, und er hat sogar Strukturen gebaut, um die Natur zu imitieren.

Nehmen wir zum Beispiel die korinthische Säule. Sie ist die kunstvollste aller griechischen Säulen: eine zylindrische Säule mit einem Kapitell, das mit Blatt- und Blumenornamenten verziert ist. Diese korinthischen Säulen, die viele griechische Tempel schmücken, wurden auch verwendet, um modernen Gebäuden wie dem amerikanischen Supreme Court oder dem Kapitol etwas mehr Grandezza zu verpassen. Als Inspirationsquelle sollen die Blätter der Akanthuspflanze, auch bekannt als Bärenklau, gedient haben. Die Geschichte dieser Inspiration ist recht charmant, wenn auch ein bisschen traurig. Sie taucht in den ersten Architekturbüchern der Welt auf, *De architectura,* eine zehnbändige Ausgabe aus dem 1. Jahrhundert v. Chr. Der römische Architekt Vitruv erzählt darin von einem Mädchen im heiratsfähigen Alter, das im Stadtstaat Korinth lebte und verfrüht starb. Auf ihr Grab wurde ein Korb mit ihren Lieblingssachen gestellt, und ganz in der Nähe befand sich die Wurzel einer Akanthuspflanze. Im folgenden Frühling wuchsen Triebe, Blätter und Blüten aus dem Korb und fielen dem griechischen Architekten und Bildhauer Kallimachos auf. Er übernahm ihr Motiv auf Säulenkapitellen, und die Säulen, die sie tragen, wurden korinthische Säulen benannt.

In Neu-Delhi hat der Lotustempel weiße, marmorverkleidete Wände, die so gestaltet sind, dass sie genau wie die Blütenblätter der heiligen Lotusblume aussehen, und bei der berühmten Kathedrale Sagrada Família in Barcelona erinnern die riesigen Betonsäulen an Stämme und Äste von Bäumen. Der Architekt der Kathedrale, Antoni Gaudí, glaubte, dass die Natur die schönsten und besten Entwürfe hat, und auch andere Architekten haben Mutter Natur kopiert oder sie zurate gezogen bei neueren, konzeptionellen Designherausforderungen. So inspirieren Schwämme den Bau leichterer, höherer und widerstandsfähigerer Strukturen, wie Sie in Kapitel 24 dieses Buches nachlesen können. In diesem Kapitel werden wir herausfinden, wie ein eher ungewöhnliches Säugetier einem Londoner Architektenteam dabei geholfen, ein sehr kompliziertes Gebäude in einen sehr engen Raum zu zwängen. Das Tier, um das es sich handelt, ist das Schuppentier.

Schuppentiere gehören zu den wundersamsten Lebewesen der Welt. Sie leben in freier Wildbahn in Afrika und Asien, dort bewohnen sie tropische Wälder, Trockenwälder und Savannen. Es gibt acht Arten, die alle hauptsächlich nachtaktiv sind; einige verbringen die meiste Zeit auf Bäumen und nisten in Baumhöhlen, während andere lieber in unterirdischen Höhlen schlafen. Die meisten Arten sind etwa so groß wie eine große Hauskatze, einige werden aber auch doppelt so groß. Sie haben alle eine ähnliche Form: einen kleinen, spitzen Kopf, eine lange Schnauze und einen langen, kräftigen Schwanz, der ihnen beim Klettern hilft. Ihr markantestes Merkmal ist jedoch, dass sie das einzige Säugetier sind, das fast vollständig mit Schuppen bedeckt ist. Sie sehen eher wie ein Reptil aus als wie ein Säugetier.

Wie Ameisenbären ernähren sich Schuppentiere von Ameisen, Termiten und anderen kleinen Insekten, insbesondere von Insektenlarven, aber trotz der gemeinsamen Nahrungsvorliebe sind sie nicht miteinander verwandt. Schuppentiere sind näher verwandt mit Fleischfressern wie Katzen, Hyänen, Hunden und Bären als mit anderen Ameisenfressern, obwohl man das bei ihrem Anblick nicht vermuten würde, vor allem nicht, wenn man sich ihre Zungen ansieht.

Da Schuppentiere zahnlos sind, benutzen sie zum Fangen und Festhalten von Insekten ihre lange Zunge, die mit klebrigem Schleim bedeckt ist. Sie ist tief in der Brusthöhle verankert und kann auf wundersame Weise länger werden als der ganze Körper. Ein einzelnes erwachsenes Tier verzehrt schätzungsweise 70 Millionen Insekten pro Jahr, seine Zunge ist also eindeutig hocheffektiv! Schuppentiere sind inzwischen solche Experten im Ameisenfressen, dass sie sogar die praktische Fähigkeit entwickelt haben, die Öffnungen ihrer Ohren und der Nase während des Fressens zu verschließen, damit sie nicht gestochen oder gebissen werden. Außerdem haben sie scharfe, kräftige Vorderklauen, mit denen sie in Termitenhügeln nach Nahrung suchen.

Die englische Bezeichnung Pangolin kommt von *pengguling,* einem malaiischen Wort aus dem späten 18. Jahrhundert, das »der, der sich aufrollt« bedeutet. Es bezieht sich auf die Art und Weise, wie ein Schuppentier, wenn es erschrickt oder angegriffen wird, seinen Kopf mit den Vorderbeinen bedeckt und sich zu einem engen Ball zusammenrollt und so dem potenziellen Feind eine Wand aus Schuppen hinhält – erfolgreich! Der schuppige Panzer schützt es vor den Klauen der Raubtiere wie Löwen, Tiger und Leoparden. Das Schuppentier nutzt auch die scharfen Schuppen am Rand seines Schwanzes, um auszuschlagen – eine weitere nützliche Verteidigungsmethode. Und wenn das noch nicht reicht, kann es wie ein Stinktier eine übelriechende Flüssigkeit aus einer Drüse am Schwanzansatz absondern.

Die wichtigste Verteidigung für das Schuppentier ist jedoch sein »Panzer«. Seine Schuppen bestehen aus Keratin, dem Protein, aus dem auch unsere Haare und Nägel bestehen. Während Haare und Nägel nur einen relativ kleinen Prozentsatz unserer Masse ausmachen, machen die Keratinschuppen des Schuppentiers etwa 15 bis 20 Prozent seines Gesamtgewichts aus. Sie erstrecken sich über die gesamte Körperlänge; ihre Größe und Form variieren, je nachdem, wo am Körper sie sich befinden. Die Schuppen sind in einem sich überlappenden Muster angeordnet, das sich verjüngt, um sich dem langen Schwanz des Schuppentiers anzupassen. Das bietet ihnen Schutz und gleichzeitig Flexibilität – und genau dieses sich überlappende Schuppenmuster erregte die Aufmerksamkeit eines Londoner Architekturbüros.

Unsere Geschichte beginnt in den 1990er-Jahren, als der Eurotunnel, das größte jemals von Großbritannien und Frankreich durchgeführte Bauprojekt, kurz vor seiner Fertigstellung stand. Einen Tunnel zu bauen, der Großbritannien mit dem europäischen Festland verbindet, war schon lange Zeit ein Traum vieler, darunter befand sich kein Geringerer als Napoleon Bonaparte. Die ersten Pläne für den Bau eines solchen Tunnels wurden bereits 1802 erstellt. Es dauerte jedoch fast zweihundert Jahre, bis der Traum endlich Wirklichkeit wurde. 1994 wurde der 50,45 Kilometer lange Tunnel fertiggestellt, 37,9 Kilometer davon verlaufen unter dem Meeresboden zwischen Dover und Calais. Bis heute ist es die längste Unterwasserstrecke der Welt.

Der Eurotunnel ist für Züge gebaut, Güterzüge sowie Personenzüge. Diese neuen, sehr langen Personenzüge benötigten einen speziell konzipierten Bahnhof im Zentrum Londons, an dem die Passagiere ein- und aussteigen konnten. Die britische Regierung wählte die bereits bestehende Waterloo Station als Standort für dieses neue internationale Terminal aus, und sie lud Architekturbüros ein, sich um den Auftrag zu bewerben. Die Aufgabenstellung klang einfach: ein stromlinienförmiges Terminal, das die Passagiere mit einem Minimum an Aufwand und mit maximaler Geschwindigkeit passieren können. Aber es war gar nicht so einfach, wie sich viele erhofft hatten.

Waterloo Station ist einer der meistfrequentierten Bahnhöfe Europas, und es gab nicht besonders viel Platz, um weitere Züge unterzubringen. Was zur Verfügung stand, war eine ungünstig lange, schmale und unregelmäßige Fläche seitlich der bestehenden Bahnhofshalle, mit elektrischen Zugleitungen auf der linken Seite und den Londoner U-Bahn-Tunnels unter sich. In diesen Raum mussten nicht nur fünf neue Zuglinien und Bahnsteige passen, sondern auch eine Immigration Hall, Zollkontrollbereiche und eine spezielle Abfahrtshalle – und als ob das alles nicht schon genug gewesen wäre, gab es da noch ein kleines Problem mit dem Dach.

Das Dach des neuen Bahnhofs sollte das asymmetrische Gelände berücksichtigen, das sich an der Stelle verengt, an der die neuen Gleise den Bahnhof verlassen. Auf der einen Seite, die an ein bestehendes Bahngleis grenzt, musste das Dach steiler ansteigen als auf der anderen Seite. Außerdem musste es die gesamte Länge des 400 Meter langen Bahnsteigs abdecken, um die wartenden Fahrgäste zu schützen. Wenn Sie London kennen, wissen Sie, wie wichtig ein solches Dach ist, denn es regnet wirklich sehr viel! Und um die ganze Sache noch komplizierter zu machen, waren diese Bahnsteige nicht gerade, sondern folgten einer ausgeprägten Kurve. Die To-do-Liste war demnach sehr lang, und der Entwurf der Architekten musste selbstverständlich auch glänzend aussehen. Wie also haben sie diese Mammutaufgabe gelöst? Das in London ansässige Architekturbüro Grimshaw Architects, das eng mit dem Dachdeckerteam des Hightech-Ingenieurs Anthony Hunt zusammenarbeitete, hat eine perfekte, elegante und schöne Lösung gefunden, die sich am Schuppentier orientiert.

Die Architekten entschieden sich dafür, rund 50 Prozent des Bahnhofsdaches mit Glas zu verkleiden, was dem Dach den nötigen »Wow-Faktor« verleihen würde. Wegen der asymmetrischen Fläche, die zur Verfügung stand, hätte man für das Dach bei einer traditionellen Bauweise keine andere Wahl gehabt, als unterschiedlich große Glasscheiben zu verwenden. Dabei hätten viele von ihnen im Gegensatz zu den üblicherweise verwendeten rechteckigen Glasscheiben eine sehr unregelmäßige Form haben müssen. Mit der in den 1990er-Jahren verfügbaren Technologie wäre das sehr teuer und schwierig zu bauen gewesen. Die Architekten brauchten also eine andere Lösung, und da fiel ihnen die Anordnung der Schuppen auf dem Schuppentierpanzer ein, insbesondere, wie sich die Schuppen überlappen, aber dennoch beweglich sind. Das inspirierte die Architekten zu einem Ansatz, den sie als »loose fit« (Laufpassung) bezeichneten.

Sie verwendeten die günstigere Option von rechteckigen Standardglasplatten und entwarfen ein Verbindungssystem für die Dachstruktur, bei dem die Platten zwar zusammenpassten, aber auch an die Gesamtform des Gebäudes angepasst werden konnten. Die Glasplatten wurden so angebracht, dass sie sich am Anfang und Ende überlappen, wie die sich überlappenden Ziegel eines traditionellen Dachs. Verstellbare Halterungen und Schiebestifte, die ebenfalls nach einer einheitlichen Spezifikation hergestellt wurden, hielten sie in Position. An den Seiten wurden die Platten mit speziellen dehnbaren Dichtungen aus Neopren zusammengehalten, dem gleichen Material, aus dem Neoprenanzüge hergestellt werden. Diese sorgen für die nötige Flexibilität, damit die Glasplatten der ausgeprägten Kurve des Bahnhofs folgen können.

Das Ergebnis war ein wunderschönes und sehr elegantes Glasdach, das zu einem beeindruckenden Symbol für eine neue Ära des internationalen Zugverkehrs geworden ist. Noch erstaunlicher war die Tatsache, dass es nur 10 Prozent der Gesamtkosten des Projekts ausgemacht hat. Bei vielen vergleichbaren Projekten liegt der Anteil der Kosten fürs Dach oft um ein Vielfaches höher. Die Bauarbeiten für den gesamten Bahnhof wurden 1993 abgeschlossen, ein Jahr vor der Fertigstellung des Eurotunnels, und der Bahnhof erhielt mehrere renommierte Architekturpreise. Allerdings wurde er dreizehn Jahre später als Eurostar-Bahnhof stillgelegt, nachdem die Londoner Haltestelle auf den Bahnhof St Pancras verlegt wurde; die Bahnsteige werden nun für Regionalzüge genutzt. Jeder, der ihn durchquert, wird zustimmen, dass Waterloo International nach wie vor ein atemberaubendes Monument für einfallsreiches Design bleibt, und das alles inspiriert von den Schuppen dieses kleinen insektenfressenden Tiers! Darüber sollten Sie bei Ihrer nächsten Zugfahrt nach London mal nachdenken.

Zu diesem Kapitel gibt es noch ein trauriges und ziemlich ernstes Postskriptum, und das könnte der Grund sein, warum Sie bereits von Schuppentieren gehört haben: Sie gehören zu den am meisten gehandelten Tieren der Welt. Ihr Fleisch gilt in einigen Ländern nicht nur als Delikatesse, Schuppentiere werden vor allem wegen ihrer Schuppen geschätzt. Sie werden geröstet und zu einem Pulver gemahlen, das in der traditionellen chinesischen und afrikanischen Medizin verwendet wird. Das ist der hauptsächliche Grund, warum Zehntausende Schuppentiere jährlich gewildert und getötet werden. Bei den großen Herausforderungen, die die Welt 2020 mit dem Ausbruch der Corona-Pandemie stemmen musste, gab es auch eine positive Nachricht: Die chinesische Regierung hat offiziell die Schuppen des Schuppentiers von einer der Listen der zugelassenen medizinischen Inhaltsstoffe entfernen lassen. Hoffentlich trägt diese Art von gesetzgeberischer Maßnahme in Zukunft zu einem erhöhten Schutz des Schuppentiers bei. Obwohl es ein Schritt in die richtige Richtung ist, sind viele Schuppentierarten nach wie vor vom Aussterben bedroht. Laut der Internationalen Roten Liste der Weltnaturschutzunion (IUCN) sind drei Arten »stark gefährdet«, drei weitere »vom Aussterben bedroht« und zwei »gefährdet«. Als Säugetierfamilie stehen die Schuppentiere kurz vor dem Rand des Abgrunds.

28
Ameisenschwärme und Miniroboter

Und nun zu einer Quizfrage: Welches Tier kann schneller zuschnappen, als ein Schuss sich löst? Wenn Sie als Allererstes an einen Hai oder ein Krokodil denken, liegen sie nicht ganz falsch. Diese beiden Tiere sind berüchtigt für ihren Biss, aber die Geschwindigkeit, mit der sie zuschnappen, ist nichts im Vergleich zu dem, was das Tier kann, um das es in diesem Kapitel geht. Verglichen mit den massiven Raubtieren, ist dieses Tier eher klein, sogar so klein, dass man es leicht übersieht.

Es lebt in Mittel- und Südamerika und auf den Galapagosinseln. Es ist dunkelbraun, hat sechs Beine, einen breiten Kiefer und wird nur 12 Millimeter lang. Haben Sie nun erraten, um welches Tier es sich handelt? Hier sind noch ein paar Hinweise: Es ist ein aktiver Jäger, der mit einem giftigen Stachel bewaffnet ist, und es gehört zu den aggressivsten Raubtieren der Insektenwelt. Jetzt haben Sie es aber erraten, oder? Es handelt sich um Ameisen, genauer um Schnappkieferameisen. Wenn Sie bisher noch nichts über diese Tierchen gehört haben, können Sie gespannt sein, denn sie haben einige erstaunliche Talente. Sie sind so erstaunlich, dass Forschende, die an der Entwicklung von Robotern arbeiten, sich von ihnen haben inspirieren lassen – schauen wir sie uns also genauer an.

In den letzten 37 Millionen Jahren haben sich die Schnappkieferameisen unabhängig voneinander bis zu zehnmal in der Ameisenfamilie *Formicidae* weiterentwickelt, aber für diese Geschichte konzentrieren wir uns nur auf eine bestimmte Art. Sie trägt den wissenschaftlichen Namen *Odontomachus bauri*. Der Name Schnappkieferameise kommt daher, dass sie Mundwerkzeuge haben, die unwahrscheinlich schnell zuschnappen – mit bis zu 233 Kilometern pro Stunde. Diese Fähigkeit hat ihnen einen Platz in den Rekordbüchern eingebracht als das Tier mit einem der schnellsten Mundwerkzeuge der Welt. Unsere *Odontomachus*-Ameise hat wie alle Schnappkieferameisen große und auffällige Kiefer, die sich bis zu 180 Grad weit öffnen lassen und die sich nach einer Stimulation von nur 0,01 Sekunden 2300-mal schneller schließen als der Wimpernschlag des menschlichen Auges.

Die Dracula-Ameise übertrifft *Odontomachus*, ihr Kiefer schließt sich mit einer Schnelligkeit von 321 Kilometern pro Stunde in 0,000 015 Sekunden. Von allen bekannten Tieren bewegt sie ihren Schnappmechanismus am schnellsten, aber die Art und Weise, wie sie sich ernährt, ist noch außergewöhnlicher. Sie ernährt sich nicht direkt von der Beute, die sie fängt. Wie viele Insekten, darunter Wespen und andere Ameisenarten, fängt sie Beute für ihre Larven und versorgt sich dann selbst mit wichtigen Nährstoffen, indem sie den Körper der Larven ansticht und ihnen Blut absaugt, daher der Name Dracula.

Die Larven werden zu Futterverteilungszentren für die Kolonie; es ist eine Form von Kannibalismus, den Biologen als »sozialen Magen« bezeichnen.

Auch wenn diese beiden Ameisenarten kaum etwas wiegen, verleiht ihnen die Geschwindigkeit ihrer Kiefer genug Kraft, um die äußeren Hüllen und die gepanzerten Exoskelette ihrer Beuteinsekten zu durchbrechen. Sie können eine Termite in einem Sekundenbruchteil enthaupten, die Beute hat nicht die mindeste Chance, sich zu wehren. Die Ameisen können auch Fliegen betäuben, fangen und aufbrechen, ebenso Spinnen, Käfer, Schmetterlinge und andere Ameisen. Die Kiefer sind jedoch nicht die einzigen Waffen in ihrem Arsenal. Sie haben auch einen kräftigen Stachel am Ende ihres Hinterleibs, und da er nicht mit Widerhaken versehen ist wie der Stachel einer Honigbiene, kann er immer wieder eingesetzt werden.

Wenn Sie dachten, das sei nun aber genug Erstaunliches bei einem solch kleinen Tier, habe ich noch eine weitere Überraschung für Sie: Die *Odontomachus*-Ameise kann sich mit ihren Kiefern in die Luft katapultieren. Ihre Bisskraft ist so groß, dass sie bis zu acht Zentimeter in die Höhe und über vierzig Zentimeter nach hinten springen kann. Für ein solch winziges Insekt ist das eine beeindruckende Antriebskraft.

Naturwissenschaftler:innen, die dieses Verhalten im Detail studiert haben, glauben, dass die Ameisen zwei verschiedene Arten von Sprüngen entwickelt haben. Die erste ist als »Fluchtsprung« bekannt. Die Ameise platziert Kopf und Kiefer im rechten Winkel zum Boden und schlägt dann mit dem Gesicht nach unten, wodurch die Kiefer mit einer Kraft, die etwa dem 400-Fachen ihres Körpergewichts entspricht, aufschnappen. Dies schleudert sie zehn Körperlängen in die Luft, manchmal auch mehr. Das ist ein praktischer Trick, um der tastenden Zunge eines hungrigen Ameisenbären zu entkommen.

Die zweite Sprungart wird als »Bouncer Sprung« bezeichnet und tritt häufig auf, wenn Feinde in ein Ameisennest eindringen. Schnappkieferameisen leben in Kolonien, die aus mehreren Nestern mit jeweils etwa 200 Ameisen bestehen. Anders als bei anderen Ameisenarten sind die Nester nicht in Erdhügeln oder unter der Erde, sondern in einer dünnen Laubstreu gebaut, sodass sie leichter angreifbar sind. Tritt ein Eindringling ein, schlägt eine der Ameisen mit dem Kiefer in seine Richtung in der Hoffnung, ihn herauszuschleudern. Aufgrund der immensen Kieferkraft führt diese Aktion dazu, dass die Ameise selbst waagerecht in die entgegengesetzte Richtung geschleudert wird. Dadurch entsteht auf geschickte Weise ein gewisser Abstand zwischen der Ameise und dem Eindringling. Wenn ein Nest angegriffen wird, ist es nicht ungewöhnlich, dass sich eine Gruppe von Ameisen gleichzeitig in verschiedene Richtungen katapultiert, wie knallendes Popcorn. Die Wissenschaftler:innen glauben, dass dieses kooperative Kolonieverhalten eine weitere Taktik der Ameisen ist, um potenzielle Fressfeinde zu verwirren.

Wie aber funktioniert der Federmechanismus? Stellen Sie sich vor, eine Arbeiterinnen-Schnappkieferameise sucht nach Nahrung. Während sie sich über und unter den Blättern und anderen Abfällen bewegt, sind ihre riesigen Mandibeln – die beiden beweglichen Teile ihres Kiefers – in einer offenen Position fixiert. Die Ameise kann sie so halten, weil sich die Muskeln in ihrem Kopf zusammenziehen, dadurch die Mandibeln auseinanderziehen und so halten. Dadurch werden die Kiefer zu einem federbelasteten Fangmechanismus voller potenzieller Energie, die freigesetzt werden kann.

Man muss sich das folgendermaßen vorstellen. Sie nehmen Pfeil und Bogen zur Hand, legen den Bogen aber zur Seite. Wenn Sie keinen Bogen haben, haben Sie nur Ihren Arm, um den Pfeil durch die Luft zu schießen. Sie werfen ihn mit so viel Kraft wie möglich, aber das Ergebnis ist enttäuschend. Der Pfeil fliegt nicht sehr weit. Jetzt nehmen Sie den Bogen zur Hand. Er ist biegsam und geschmeidig; wenn Sie die Bogensehne zurückziehen, dehnen sich die Wurfarme des Bogens und spannen sich an. Das bedeutet, dass sich eine Menge potenzieller Energie anstaut. Wenn Ihr Abzugsfinger den Pfeil loslässt, schickt diese Energie den Pfeil in Richtung des Ziels – Volltreffer!

Die Ameise hat einen ähnlichen Mechanismus. Sobald ihre großen Muskeln angespannt und Ober- und Unterkiefer verriegelt sind, wird der Kiefer der Ameise zu einem gespannten Bogen voller Energie, die darauf wartet, losgelassen zu werden. Wenn winzige Härchen am inneren Rand der Mandibeln mit potenzieller Beute in Berührung kommen, signalisieren sie den Muskeln, die den Kiefer verriegelt haben, sich zu öffnen. Das Ergebnis: Die Kiefer schnappen mit explosiver Kraft zu. Dieser Mechanismus ist so stark, dass er, wenn die Kiefer auf den Boden schlagen, die Ameise hoch in die Luft schleudert.

Stellen Sie sich nun vor, Sie könnten die Fähigkeit, sich in die Luft zu katapultieren, mit der Arbeit im Team kombinieren und darauf basierend einen Schwarm von Minirobotern bauen. Für einige hört sich das zweifellos wie der absolute Horror an, aber für meinen inneren Science-Fiction-Geek wäre es der Himmel. Wissenschaftler:innen in der Schweiz arbeiten bereits daran.

Zhenishbek Zhakypov und sein Team am Robotics Lab an der Schweizer EPFL haben sich zum Ziel gesetzt, kleine Roboter zu bauen, die die Fähigkeiten von Schnappkieferameisen nachahmen, insbesondere das Springen und die Teamarbeit. Sie erkannten darin das Potenzial für in Serie gefertigte kleine Roboter, die bestimmte Arbeiten weitaus besser erledigen können als große, teuer hergestellte Roboter, und das zu einem Bruchteil der Kosten. Einer der wichtigsten Einsatzbereiche wären Such- und Rettungsaktionen.

Wenn sich eine Katastrophe ereignet hat, etwa ein Erdbeben oder sogar ein Atomunfall, würde man herausfinden wollen, ob es Überlebende gibt. Da es eine sehr gefährliche Aktion ist, schickt man Roboter auf die Suche. Was aber, wenn es auch für die teure Hightech-Maschine gefährlich ist? Vielleicht ist das Gelände zu uneben, vielleicht ist es zu heiß, oder vielleicht ist der Roboter einfach zu groß, um in den Trümmern zu suchen. Die Antwort könnte lauten, viele günstig produzierte, leicht zu bauende kleine Roboter einzusetzen, die in Schwärmen das Katastrophengebiet durchforsten, wobei jeder eine andere Aufgabe hat, sie aber alle zusammen als Team arbeiten. Wenn sie klein und leicht sind, können sie gut in Bereiche gelangen, die andere Roboter nicht erreichen können. Sie gleiten durch kleine Ritzen, und wenn einer von ihnen dabei beschädigt wird, ist das nicht schlimm. Inspiriert von der Schnappkieferameise, machten sich die Forschenden also daran, einen solchen Roboter zu bauen, und sie verwendeten eine ausgeklügelte Konstruktionsmethode.

Sie kennen vielleicht die *Terminator*-Filme, in denen es um Maschinen geht, die wie Menschen aussehen und aus der Zukunft geschickt werden, um ihre Feinde in der Vergangenheit zu ermorden. Das Beängstigende an einigen dieser Humanoiden ist, dass sie aus einem Material bestehen, das immer wieder seine ursprüngliche Form annimmt. Was auch immer mit ihnen geschieht – ob auf sie geschossen wird oder ob sie sonst wie beschädigt werden –, das Material kehrt immer wieder in seine Form zurück. Klingt nach Science-Fiction? Tja, nicht ganz, bald könnte es eine wissenschaftliche Tatsache sein.

Das Forschungsteam wollte seine kleinen Roboter aus einem ähnlich flexiblen, intelligenten Material bauen, das seine Form behalten kann. Um dies zu erreichen, schichteten sie mehrere verschiedene Materiallagen übereinander, jede mit einer anderen Funktion. Die erste Schicht, die sogenannte Aktuatorschicht, bewegt den Roboter, so wie ein menschlicher Muskel einen Arm oder ein Bein bewegt. Das Team verwendete eine Substanz namens Formgedächtnislegierung, die aus Nitinol (einer Nickel-Titan-Legierung) besteht. Das ist ein Metall, das mithilfe von Wärme oder Strom so programmiert werden kann, dass es mechanische Bewegungen erzeugt, wenn es wieder in seine ursprüngliche »gespeicherte« Form zurückkehrt. Dadurch braucht der Roboter keinen separaten, sperrigen Motor. Mit nur zehn Gramm ist er klein, leicht und leistungsstark.

Das Team fügte auch eine Schicht von Sensoren hinzu, damit der Roboter mit seinen Teamkollegen kommunizieren und herausfinden kann, ob sich Hindernisse in der Umgebung befinden. Darüber kamen eine Schicht aus flexiblem Material für faltbare Gelenke, eine Schicht aus starren elektronischen Schaltkreisen für den Körper und eine Schicht aus wiederaufladbaren Batterien, mit denen sie aus der Ferne betrieben werden können. Jetzt hatten die Forschenden ein intelligentes »Material-Sandwich«, das in der Lage war, sich selbst mit Energie zu versorgen – ohne eine externe Energiequelle – und seine Umgebung wahrzunehmen. Das Team druckte das »Material-Sandwich« in rechteckigen Formen aus und faltete sie – wie einen Origami-Papierkranich – zu einem dreieckigen 3D-Objekt mit drei Beinen und etwa fünf Zentimeter Höhe. Es nannte diesen Origami-Roboter »Tribot«.

Nun werden Sie sich fragen, wann die Schnappkieferameise ins Spiel kommt. Die Forschenden fügten ihrem Roboter eine weitere Funktion hinzu. An der Stelle, an der sich die Gelenke des Tribots falten, fügten sie einen einstellbaren Federmechanismus hinzu, der Energie ansammelt – analog zum Schnappmechanismus der Ameise. Dies bedeutet, dass der Tribot alle Arten von Bewegungen ausführen kann. Wenn er auf ein Hindernis stößt, führt die in seinem Federmechanismus gespeicherte Energie dazu, dass er einen vertikalen oder horizontalen Sprung macht oder sogar einen Purzelbaum schlägt. Der Tribot hat auch verschiedene Möglichkeiten, sich fortzubewegen. Wenn das Terrain flach ist, kann er kriechen und gleiten, ist das Gelände uneben, reagieren die Gelenke, indem sie eine Art Flickflack-Beinbewegung durchführen. Diese Auswahl an Bewegungsmöglichkeiten ist wichtig, denn wenn man klein ist, wie ein Tribot, sind die Unebenheiten und Hindernisse um einen herum relativ groß. Und das ist noch nicht alles …

Das Forscherteam wollte, dass ihr Roboter über eine weitere Fähigkeit verfügt, die die Schnappkieferameise hat: im Team zu arbeiten. So wie die Ameisen gleichzeitig in alle Richtungen springen, um einen Fressfeind zu verschrecken, wollten sie, dass die Tribots sich zusammentun, um Dinge zu erledigen, die normalerweise von höher entwickelten Robotern ausgeführt werden. Dazu wurde jeder Roboter mit einer anderen Aufgabe vorprogrammiert. Einige würden Arbeiter sein und ihre Kraft einsetzen, um etwa ein Objekt zu bewegen, während andere als Anführer eingesetzt werden würden, die nach Hindernissen Ausschau halten. So wurden die Tribots als Team intelligenter und waren in der Lage, komplexere Aufgaben zu erfüllen.

Die Wissenschaftler:innen sehen viele potenzielle Einsatzmöglichkeiten für ihren Roboterschwarm. Eine könnte die Erforschung des Weltraums sein. Tribots sind leicht und klein, sodass es nicht viel kosten würde, sie auf einer Rakete zu platzieren, und die Tatsache, dass sie programmiert werden können, um ihre Form zu behalten, bedeutet, dass Tribots sich sogar selbst zusammenbauen und in Bewegung setzen könnten – ziemlich clever, aber vielleicht auch ein bisschen gruselig. Zurzeit sind Tribots noch ein Forschungsprojekt, aber wer weiß – in ein paar Jahren könnten wir uns daran gewöhnen, Schwärme von winzigen Robotern zu sehen, die laufen, springen und zusammenarbeiten, um uns bei der Lösung von Problemen zu helfen, und das alles dank der Schnappkieferameise.

29
Implantate und elektrisierende Geschichten

Im Amazonas lauert ein besonders furchterregendes Raubtier, also stellen Sie sich einen Moment lang vor, Sie wären ein kleiner Fisch, der in einem der langsam fließenden Bäche schwimmt, die in den mächtigen Amazonas münden. Es gibt fast keine Sicht. Das braune und trübe Wasser ist voller Gerbstoffe aus dem Zerfall unzähliger Blätter, aber auch wenn Sie nichts sehen können, haben Sie andere Sinne und die Fähigkeit, schnell vor der Gefahr zu flüchten. Während Sie die Hindernisse umschlängeln, melden Ihnen Ihre Sinne plötzlich: Gefahr in der Nähe! Und dann, zack, passiert es! Schneller, als Sie blinzeln können, innerhalb einer Zweitausendstelsekunde wurden Sie betäubt. Ihre Muskeln zucken und ziehen sich unkontrolliert zusammen, und dann sind Sie taub, machtlos und unfähig zu entkommen. Bevor Sie überhaupt eine Chance haben, wieder zu sich zu kommen, befinden Sie sich im dunklen, höhlenartigen Maul eines großen Fisches. Sie sind die Beute eines Zitteraals geworden.

Der Zitteraal ist eines der faszinierendsten Raubtiere, die die großen Flussgebiete Südamerikas bewohnen. Es ist ein Tier mit einer unglaublichen Superkraft: Der

Zitteraal kann in seinem eigenen Körper Elektrizität erzeugen und Hochspannungsstöße abgeben, die unseren kleinen hypothetischen Fisch bewegungsunfähig machen. Aber Fische sind nicht seine einzige Beute. Er verpasst auch wirbellosen Süßwassertieren, Amphibien, Vögeln und sogar kleinen Säugetieren einen Stromschlag und frisst sie anschließend. Um sie zu fangen und zu töten, folgt der Zitteraal einem präzisen Jagdmuster: Er erzeugt Hochspannungsimpulse, die im Abstand von zwei Millisekunden abgegeben werden, um seine Beute aufzuspüren und zu lokalisieren. Durch die Hochspannungsimpulse fängt das Opfer an, unkontrolliert zu zucken, der Zitteraal spürt diese Bewegung und führt den tödlichen Schlag aus – einen Stoß von Hochspannungsimpulsen mit einer Geschwindigkeit von 400 Impulsen pro Sekunde, der die Beute betäubt oder lähmt. Seine Fähigkeit, Stromschläge zu verpassen, dient ihm jedoch nicht nur zur Jagd.

Ein Stromstoß ist auch sehr praktisch, um sich zu verteidigen. Ein größeres Raubtier, wie etwa ein Jaguar oder eine Anakonda, kann damit lahmgelegt oder zumindest abgeschreckt werden, sodass der Fisch entkommen kann. Zitteraale springen sogar aus dem Wasser, um Raubtiere an Land zu warnen. Laut der Forschung können Zitteraale das nur tun, weil sie in einer sehr hoch entwickelten Art arbeiten. Indem sie in die Luft springen, können sie einen viel stärkeren Stromschlag abgeben, und in der Luft verlieren sie weniger Energie.

Was an diesen »strombesessenen« Tieren noch interessanter ist, ist, dass sie auch elektrische Niederspannungsimpulse aussenden, die es ihnen ermöglichen, mit anderen Zitteraalen zu kommunizieren und sich sogar zusammenzuschließen, um in einer koordinierten Gruppe zu jagen. Früher dachte man, Zitteraale seien Einzelgänger, bis Douglas Bastos vom brasilianischen Instituto Nacional de Pesquisas da Amazônia mehr als hundert von ihnen in einem abgelegenen Wasserlauf im Amazonas-Regenwald entdeckt hat. Sie jagten Salmler, kleine und farbenfrohe Süßwasserfische. Die sich windende Masse von Aalen begann, in einem großen Kreis zu schwimmen, und als die winzigen Fische zu engen Bällen zusammengepresst waren, versetzten die Zitteraale ihnen ein koordiniertes Elektroschocksperrfeuer. Die Salmler sprangen aus dem Wasser, um zu entkommen, aber viele wurden betäubt und verschluckt. Dr. Bastos geht davon aus, dass die Menge an elektrischer Energie, die während dieses Angriffs erzeugt wurde, stark genug sein könnte, um 100 Glühbirnen zu betreiben.

Obwohl wir diese Tiere »Aale« nennen, sind sie wissenschaftlich gesehen keine Aale. Der Zitteraal gehört zur Familie der Messeraale, zu ihren nahen Verwandten gehören auch die Welse. Mit seinem schlanken, glitschigen Körper – oben graubraun und unten gelb oder orange – und einer lang gestreckten, gewellten Afterflosse, die bis zur Spitze des langen Schwanzes reicht, sieht er einem Aal sehr ähnlich. Er ist auch ein großer Fisch. Er kann bis zu zweieinhalb Meter lang werden und mehr als 20 Kilogramm wiegen.

Zitteraale leben vor allem auf dem schlammigen Grund von langsam fließenden Flüssen und Bächen und bevorzugen unauffällige schattige Waldbereiche. Diese Gewässer sind jedoch oft mit verrottender Vegetation verstopft, die ihnen den lebenswichtigen Sauerstoff entzieht. Deshalb hat der Zitteraal eine kluge Anpassung entwickelt. Obwohl er Kiemen hat, erhält er etwa 80 Prozent seines Sauerstoffs dadurch, dass er an der Oberfläche atmet, ähnlich wie der Arapaima-Fisch aus Kapitel 19, der etwa alle zehn Minuten auftaucht, um Luft zu holen. Anders als der Arapaima, der eine modifizierte Lunge aus seiner Schwimmblase entwickelt hat, nimmt der Zitteraal den Sauerstoff durch große Blutgefäße in seinem Mund auf, eine Form der Atmung, die »bukkales Pumpen« genannt wird, also mit den Wangen atmen. Außerdem unterscheidet er sich vom Arapaima durch seine Nacktheit: Er hat keine Schuppen.

Obwohl es sich um ein Tier handelt, mit dem wir gut vertraut sind, lernen wir doch immer noch viel über diese elektrisierenden Fische. Erst 2019 entdeckten Wissenschaftler:innen, dass es tatsächlich nicht nur eine, sondern drei Arten von Zitteraalen gibt, die in Südamerika heimisch sind. Von diesen drei Arten hat sich *Electrophorus voltai* einen Spitzenplatz in den Rekordbüchern verdient. Er ist in der Lage, einen verheerenden Stromschlag von 860 Volt abzugeben. Das ist der stärkste Stromschlag, den ein uns bekanntes Tier abgeben kann, und er ist stark genug, um bei einem erwachsenen Menschen einen Herzinfarkt auszulösen. Es ist schon vorgekommen, dass Menschen nach einer unglücklichen Begegnung mit diesen Tieren in seichtem Gewässer ertrunken sind.

Jetzt aber nutzen Forschende diese tödliche Kraft für

eine neue medizinische Technologie. Der Zitteraal ist die Inspiration für eine neue Art von Energiequelle – eine weiche, fleischähnliche Batterie –, die an unserem Körper und sogar in unserem Inneren verwendet werden könnte, um Implantate zu betreiben. Das bedeutet, dass sie für Geräte wie Herzschrittmacher verwendet werden könnten, die das Herz stimulieren und ihm helfen, regelmäßig und richtig zu schlagen. Man könnte also sagen, dass sich dieses Raubtier von einem Herzstopper zu einem Herzretter gewandelt hat.

Es ist nicht das erste Mal, dass der Zitteraal als Inspirationsquelle wissenschaftlicher Durchbrüche gedient hat. Die Erfindung der Batterie etwa geht auch auf diesen Fisch zurück. Im 18. Jahrhundert wurden Zitteraale von Naturforschern gefangen und ausgestellt. Menschen zahlten Unsummen, um sie zu sehen, und Wissenschaftler:innen verbrachten ihre Zeit damit, sie zu studieren, um zu verstehen, wie sie Strom erzeugen konnten. Auch der italienische Physiker Alessandro Volta war vom Aal fasziniert – 1799 stützte er die Konstruktion seiner ersten Batterie, der ersten Batterie der Welt, auf die Anatomie des Aals. Der Begriff Volt ist Ihnen sicher vertraut, er bezeichnet den Druck, der den Strom durch einen Stromkreis treibt – und er wurde nach ihm benannt.

Wie funktioniert das alles? Das Schlüsselelement in diesem System ist eine besondere Zellenart im Körper des Zitteraals, Elektrocyten. Diese Zellen sind dünn und scheibenförmig, und der Zitteraal hat Tausende von ihnen in speziellen Organen, die sowohl Ladungen mit hoher als auch mit niedriger Spannung erzeugen können.

Sobald der Aal seine Beute ausfindig gemacht hat, sendet sein Gehirn über sein Nervensystem ein Signal an die Elektrocyten, die in langen Reihen mit flüssigkeitsgefüllten Zwischenräumen angeordnet sind. Um das besser zu verstehen, stellen Sie sich einen Stapel Pfannkuchen vor – vielleicht zehn oder zwanzig –, und jeder einzelne ist mit köstlichem Sirup übergossen. Drehen Sie diesen Stapel auf die Seite, stehen die Pfannkuchen auf ihren Kanten. Nun haben Sie eine gute Vorstellung davon, wie die Elektrocytenzellen und die Flüssigkeit zwischen ihnen aussehen. Das Ganze sieht in der Tat ein bisschen aus wie das Innere einer Autobatterie.

Um zu verstehen, was in diesen Strukturen vor sich geht, müssen wir uns die physikalischen Zusammenhänge vor Augen führen. Alles um uns herum, einschließlich unseres eigenen Körpers, besteht aus winzigen Teilchen. Jedes Teilchen kann eine positive oder negative Ladung haben. Elektrizität ist das Ergebnis dieser Ladung, die sich von einem Teilchen zum anderen bewegt. Wenn der Aal ruht, stößt jeder Elektrocyt positiv geladene Teilchen – oder Ionen – durch die Membranwände auf der Vorder- und Rückseite der Zelle aus. Wenn sich diese positiven Ionen in den flüssigkeitsgefüllten Zwischenräumen treffen, heben sie sich gegenseitig auf, und es passiert nichts. Aber wenn der Aal den Elektrocyten das Signal sendet zu handeln, findet etwas Erstaunliches statt. Die Rückseite der Zelle »dreht« sich und lässt positiv geladene Teilchen zurückströmen. Da die positiven Ionen nun von hinten nach vorne durch die Zelle fließen, wird ein elektrischer Strom erzeugt.

Im Inneren des Aals befinden sich drei spezielle stromerzeugende Organe, die die hohen und niedrigen Spannungsladungen erzeugen. Sie befinden sich im Schwanzteil, der fast vier Fünftel des gesamten Körpers einnimmt. Darin befinden sich Tausende Elektrocyten, die so aufgereiht sind, dass die Ionen durch sie hindurchfließen können. Sie sind in mehreren Reihen übereinander angeordnet, was die Gesamtspannung erhöht, die zu einem bestimmten Zeitpunkt abgegeben werden kann. Taschenlampen funktionieren oft nach demselben Prinzip – mehrere Batterien sind in ihnen aufgereiht.

Das erste dieser Organe wird als Hauptorgan bezeichnet. Es befindet sich auf der Oberseite des Aals und erstreckt sich von direkt hinter dem Kopf bis zur Mitte des Schwanzes. Direkt darunter, aber sich über die gesamte Länge des Schwanzes erstreckend, befindet sich das Huntersche Organ. In dem Zwischenraum, der sich zwischen den beiden Organen befindet, produzieren diese Organe die Hochspannungsimpulse, mit denen der Aal seine Beute betäubt und Fressfeinde abschreckt. Wenn sie angegriffen werden, können Aale Hunderte von Stromschlägen während eines einzigen Angriffs abgeben.

Das dritte Organ befindet sich hinter den beiden anderen und wird als Sachs'sches Organ bezeichnet. Es erzeugt die niedrigeren Spannungsimpulse, die dem Aal helfen, seine Beute zu finden und Hindernisse im Fluss zu überwinden. Um den Körper des Aals bildet sich ein elektrisches Feld, das sich wie eine »Blase« aus elektrischem Strom verhält. Wenn ein anderes Tier diese »Blase« betritt, spürt der Zitteraal, dass sich sein elektrisches

Feld verzerrt. Er kann die Position des Eindringlings ausfindig machen und sogar, was für eine Tierart es ist – und das alles in den dunklen, trüben Gewässern.

Um den Bogen zu spannen von Organen voller Elektrocyten zu weichen, kleinen Batterien, die im menschlichen Körper funktionieren könnten, müssen wir an die Universität Freiburg in der Schweiz reisen, wo Michael Mayer, Thomas Schroeder und Anirvan Guha beschlossen haben, elektrische Organe zu bauen, die mit Elektrocyten gefüllt sind. Sie stellten schnell fest, dass dies eine größere Herausforderung war, als sie zunächst angenommen hatten, vor allem weil die synthetischen Elektrocyten, die sie herstellten, außergewöhnlich empfindlich waren. Wenn eine kaputtginge, würde das gesamte künstliche Organ versagen, weil der Strom nicht mehr durchfließen könnte. Also beschlossen sie, das Verfahren zu vereinfachen.

Das Forschungsteam entschied sich für Gelklumpen, die auf einem Blatt angeordnet sind. Einige dieser Gele enthalten Wasser mit einem hohen Salzgehalt, während andere Süßwasser enthalten. Sie wurden abwechselnd in Reihen mit Zwischenräumen angeordnet – also einmal Salzwasser, einmal Süßwasser. In diesem Zustand taten die Gele nichts, aber wenn sie miteinander verbunden waren, führten die unterschiedlichen Salzkonzentrationen dazu, dass Ionen aus dem Salzwassergel in das Süßwassergel fließen konnten. Dies, genau wie die fließenden Ionen in den Elektrocytenzellen des Zitteraals, würde eine kleine elektrische Ladung erzeugen – aber wie verbindet man die Gelklumpen miteinander?

Die Forschenden lösten dieses Problem, indem sie eine weitere Folie anfertigten, auf der sie weitere Gelklumpen anbrachten, ebenfalls in Reihen angeordnet. Wenn dieses Blatt mit der Vorderseite nach unten auf das erste Blatt gedrückt wurde, füllten die neuen Gelklumpen die Zwischenräume, verbanden alle Klumpen miteinander und ließen die Ionen fließen. Dies führte zu einer elektrischen Ladung von bis zu 110 Volt. Der Nachteil war jedoch, dass sie, um dieses Ergebnis zu erzielen, ein unglaublich großes Blatt mit Gel verwenden mussten, was ein Problem darstellte, weil sie Batterien entwickeln wollten, die klein genug sind, um in den menschlichen Körper zu passen.

Das Schweizer Team holte Max Shtein und Aaron Lamoureux von der University of Michigan zu Hilfe, und sie kamen auf eine geniale Lösung: Origami. Ja, Sie haben richtig gelesen, Origami, die japanische Kunst des Papierfaltens, war der Schlüssel. Durch das Entwickeln eines speziellen Faltmusters für das Blatt, das es den richtigen Gelen ermöglichte, in der richtigen Reihenfolge miteinander in Kontakt zu kommen, gelang es, die Batterie viel kleiner zu machen, ohne dass sie dabei an Leistung verliert. Sie ist klein genug, um in eine schicke, körperkompatible Technologie zu passen, wie etwa eine Kontaktlinse – wie man sie in Spionagefilmen sieht, wo wichtige Daten direkt in die Augen der Heldin oder des Helden gebeamt werden. Diese neue Batterie wäre klein genug, um überall im Körper für Implantate wie etwa Herzschrittmacher Verwendung zu finden.

Zum jetzigen Zeitpunkt kann diese gelbetriebene Batterie nur etwa eine Stunde lang funktionieren, bevor sich die Ionenwerte aller Gele ausgleichen und die Batterie leer ist. In Zukunft soll aber ein Weg gefunden werden, die Chemikalien, die in unserem Körper natürlich vorkommen, zu nutzen, um die Batterie aufzuladen. Wenn wir das können, sind wir in der Lage, unseren eigenen Strom zu erzeugen, genau wie die Zitteraale.

30
Kleine Spinne, große Wirkung

Mit einer Spinne auf Tuchfühlung zu gehen, ist wohl das Letzte, was sich die meisten von uns wünschen. Arachnophobie, die Angst vor Spinnen, gehört zu den am weitesten verbreiteten Phobien, etwa fünf Prozent der Weltbevölkerung leiden darunter. Ich würde nicht sagen, dass ich große Angst vor Spinnen habe, aber ihre Art, sich zu bewegen, macht mich ein wenig nervös, wobei Vogelspinnen seltsamerweise eine Ausnahme bilden. Als Kind haben sie mich regelrecht fasziniert. Ich hielt sie für eins der coolsten Tiere überhaupt, und als ich zehn Jahre alt war, wollte ich unbedingt eine eigene. Daraus ist natürlich nichts geworden. Meine Mutter hätte mir selbstverständlich keine Vogelspinne als Haustier erlaubt. Fünfzehn Jahre später durfte ich dann aber endlich eine Vogelspinne in der Hand halten, in ihrer ganzen achtbeinigen Pracht. Ich war in der Mojave-Wüste in Nordamerika. Der Tierpfleger, der mich begleitete, setzte mir die Spinne vorsichtig auf den Handrücken. Ich konnte kaum glauben, wie sanft sie meine Hand mit langsamen und bedächtigen Schritten erkundete. Ich weiß, dass das für manche Menschen der reine Albtraum ist, aber ich hatte überhaupt keine Angst. Viele Aspekte der Anatomie, der Physiologie und des Verhaltens der vielseitigen Spinne haben weltweit die Aufmerksamkeit der Wissenschaft und Forschung auf sich gezogen. Die Spinne könnte eine Lebensretterin werden.

SPINNEN ALS RETTER

Ein interessanter Aspekt an der Spinne ist ihre Art, sich fortzubewegen. Anders als Insekten, die drei Hauptkörperteile und sechs Beine haben, haben Spinnen zwei Körperteile und acht Beine. Sie laufen, indem sie die Beinpaare abwechseln. Während zwei Beinpaare in der Luft sind, sind die anderen beiden auf dem Boden. Die Art und Weise, wie sie diese Beine bewegen, indem sie den hydrostatischen Druck ihres Hämolymphsystems nutzen, könnte für Menschen von hohem praktischem Wert sein.

Da sie keine Streckmuskeln hat, streckt die Spinne ihre Beine, indem sie Druck in ihrem Körper aufbaut und Flüssigkeit in die Beine pumpt. Sie kontrolliert den hydrostatischen Druck, indem sie die Herzfrequenz verändert – je schneller der Herzschlag, desto höher der Druck. Der Druck ist relativ niedrig, wenn sie ruht oder sich langsam fortbewegt; beim Laufen und Springen ist mehr Kraft erforderlich, bis zum Achtfachen des Ruhedrucks. Das bedeutet, dass Spinnen für ihre Körpergröße sehr schnell laufen und sehr gut springen können. Der Sprinter unter den Spinnen ist die Große Winkelspinne,

Tegenaria duellica. Sie kann einen halben Meter in einer Sekunde zurücklegen – deshalb kann sie auch so schnell hinterm Sofa verschwinden. Eine der besten Springspinnen ist eine neu entdeckte Art aus Australien. Ihre Sprünge können fast das fünfzigfache der eigenen Körperlänge betragen.

Wem das schon gruselig erscheint, auf den wirkt eine Riesenspinne mit 20 Zentimeter langen Beinen, die auf einen zukommt, wie das absolute Grauen. Aber stellen Sie sich dann eine Naturkatastrophe vor – ein Erdbeben oder einen Tsunami –, bei der Sie in den Trümmern gefangen sind, und ein riesiger Spinnenroboter könnte Ihr Lebensretter sein.

Ein Team am Fraunhofer-Institut für Produktionstechnik und Automatisierung (IPA) hat eine Spinne als Vorbild für einen neuen Roboter genommen. Der hochmobile Roboter ist wendig und zielgerichtet und könnte in Umgebungen eingesetzt werden, die für Menschen zu gefährlich oder für Rettungskräfte schwer zu erreichen sind. Er könnte auch so ausgestattet sein, dass er Livebilder überträgt oder Gefahrenquellen wie undichte Gasleitungen aufspürt und die Informationen an die Rettungsteams weiterleitet.

Mit seinen langen Gliedern ähnelt der Spinnenroboter einer echten Spinne, er nutzt aber Luft statt Flüssigkeit, um seine Glieder zu bewegen. Die acht Beine und der Körper sind mit pneumatisch elastischen Antriebsbälgen ausgestattet, um die künstlichen Gliedmaßen zu biegen, während hydraulisch betriebene Bälge die Gelenke bilden und die Gliedmaßen beweglich halten. Durch die

Kombination aus Scharnieren und Faltenbälgen können sich die Beine vorwärtsbewegen und nach Bedarf drehen. Diagonal gegenüberliegende Beine bewegen sich gemeinsam. Das Beugen der vorderen Beinpaare zieht den Körper des Spinnenroboters nach vorne, während das Strecken der hinteren Beine ihn anschiebt. Wie bei einer echten Spinne bleiben immer vier Beine auf dem Boden, während sich die anderen vier drehen und für den nächsten Schritt vorbereiten. Dies erhöht die Stabilität und bedeutet, dass sich der Roboter über unebenes Gelände bewegen kann, ohne umzukippen. Es ist sogar möglich, ihn springen zu lassen.

Die verschiedenen für die Fortbewegung erforderlichen Komponenten – die Steuereinheit, die Ventile und die Kompressorpumpe – sind im Inneren des Hauptteils des Roboterkörpers untergebracht, der bei Bedarf auch verschiedene Messgeräte und Sensoren tragen kann. Der Spinnenroboter ist außerdem so konzipiert, dass er sehr leicht ist. Das Team hat ihn mit einem 3D-Druckverfahren namens »selektives Lasersintern« (SLS) gebaut, bei dem dünne Schichten eines feinen Pulvers nacheinander aufgetragen und mit einem Laserstrahl zum Zerfließen gebracht werden. Dieses Verfahren ermöglicht es, dass komplexe Kunststoffformen und leichte Bauteile hergestellt werden.

Das Team hat einen Prototyp des Roboters hergestellt, der Roboterkörper kann aber verschiedentlich angepasst werden, etwa mit speziellen Sensoren zur Erkennung chemischer Lecks, mit Strahlungsmonitoren oder sogar Schallsensoren und Videokameras für Such- und

Rettungseinsätze. Dank des 3D-Drucks halten sich auch die Kosten niedrig – aber das ist vielleicht nicht das, was Sie hören wollen, wenn Sie eine Heidenangst vor Spinnen haben.

FLICKFLACK-SPINNE

Professor Ingo Rechenberg, ein deutscher Ingenieur an der Technischen Universität Berlin und einer der Gründerväter der Bionik, untersucht eine etwas andere Form der Fortbewegung von Spinnen. Obwohl er Ingenieur ist, hat er eine Leidenschaft für die Wüste und die darin lebenden Tiere. 2009 entdeckte er eine ungewöhnliche Spinne im Herzen der Wüste Erg Chebbi in Marokko. Sie ist ein Sonderling unter den Spinnen, denn sie ist ein Akrobat, der Fressfeinden ausweicht, indem er sich in Sicherheit bringt; tatsächlich ist sie die einzige bekannte Spinne, die ihre Geschwindigkeit durch aktives Rollen verdoppeln kann. Sie kann sich bergauf, bergab und über ebenes Gelände rollen und wird auch »Radlerspinne« genannt. Als neue Art erhielt sie den wissenschaftlichen Namen *Cebrennus rechenbergi*, nach dem Mann, der sie entdeckt hat, aber Rechenberg zieht es vor, sie Flick-Flack-Spinne zu nennen, nach der deutschen Bezeichnung für einen Akrobaten, der einen Rückwärtssalto macht. Man wusste schon seit Längerem von den Wüstenspinnen in Namibia, die sich eine Sanddüne hochrollen und die Schwerkraft nutzen, um die Düne wieder hinunterzurollen, um parasitären Wespen zu entkommen, aber die Flickflack-Spinne ist ganz anders.

Es handelt sich um eine mittelgroße (zwei Zentimeter Körperlänge) Jagdspinne, eine Familie sich schnell bewegender, langbeiniger Arten, die eine oberflächliche Ähnlichkeit mit Krabben haben, daher der weitere Name – Riesenkrabbenspinnen. Sie neigen dazu, ihre Beute zu umzingeln. Nachts jagt die Flickflack-Spinne Motten, tagsüber versteckt sie sich in röhrenförmigen, mit Seide ausgekleideten Gruben unter dem Sand. Aber was Rechenbergs Aufmerksamkeit wirklich erregte, ist ihre außergewöhnliche Art, sich fortzubewegen. Als Bionik-Experte, der Methoden und Systeme aus der Natur auf die Erforschung technischer Systeme und moderner Technologien anwendet, brachte ihn die Spinne auf die Idee, einen sich drehenden Roboter zu entwickeln. Er könnte in der Landwirtschaft, in der Tiefsee und sogar auf dem Mars eingesetzt werden.

Der Mars ist ein Gesteinsplanet wie die Erde, und viele der dort entdeckten Gesteine und Mineralien finden sich auch bei uns. Die Oberfläche ist trocken und staubig, zerklüftet mit massiven Kratern im Süden, aber flacher und mit trockenen Flussbetten und Becken im Norden, die alle mit verstreuten Felsbrocken bedeckt sind. Eiskappen, die im Laufe der Jahreszeiten wachsen und schrumpfen, gibt es an beiden Polen, sodass die Erkundung der Oberfläche des »roten Planeten« mit Robotern eine Herausforderung ist.

Um eine Lösung zu finden, machte sich Rechenberg an den Bau eines 25 Zentimeter langen Modells eines

Spinnenroboters, der die Flickflack-Spinne nachahmt. Seiner Meinung nach wäre er ideal für die Navigation unter den rauen Oberflächenbedingungen des Mars, er muss aber mehr Ausdauer als die Spinne haben. Rechenberg zufolge kann die Flickflack-Spinne, wenn sie mehr als vier- oder fünfmal am Tag ihre rollende Bewegung macht, an Erschöpfung sterben.

Für die Entwicklung seiner Robo-Spinne arbeitete Rechenberg mit dem deutschen Automatisierungsunternehmen Festo zusammen. Die Ingenieure dort nannten die Roboterspinne BionicWheelBot, und sie sieht aus wie von einem anderen Planeten. Der BionicWheelBot ist viel größer als eine echte Spinne – etwa so lang wie ein Regenschirm –, aber wie die echte Spinne hat er acht Beine, die von 15 Motoren in den Kniegelenken und im Körper gesteuert werden. Er benutzt sechs Beine, wenn er läuft, und wenn es Zeit ist, sich zu überschlagen, macht er einen Salto mit dem ganzen Körper, wobei er sechs Beine einklappt und sich mit den verbleibenden zwei bei jedem Salto vom Boden abstößt. Dank seiner integrierten Sensoren kennt der Roboter seine genaue Position und weiß, wann er sich abstoßen muss. Wie die Rad schlagende Spinne ist die Roboterspinne viel schneller, wenn sie sich überschlägt, als wenn sie läuft. Sie kann sich auch auf schwierigem Gelände vorwärtsbewegen, und diese Fähigkeit könnte sie extrem effizient machen, wenn es darum geht, mit den schwierigen Bedingungen auf dem Mars zurechtzukommen.

Aber warum ist diese Flickflack-Bewegung so wichtig? Ein Roboter mit einer rotierenden oder rollenden Bewegung kann mehr Kontakt zwischen seinem Körper und der Oberfläche herstellen. Dadurch verteilt sich sein Gewicht auf eine größere Fläche und ermöglicht eine bessere Haftung und Gewichtsverteilung als Räder oder Beine – daher die höhere Stabilität auf unregelmäßigen Oberflächen. Professor Rechenberg hat den BionicWheelBot in seiner »natürlichen Umgebung« – der Wüste – getestet, und er funktionierte tadellos!

KÜNSTLICHE SPINNENSEIDE

Eine meiner frühesten Erinnerungen ist es, einer Spinne beim Weben ihres Netzes zuzusehen. Ich hatte Spinnen schon oft dabei beobachtet, aber diese bestimmte Spinne war dabei, ein riesiges Gebilde zu erschaffen, etwa 60 Zentimeter im Durchmesser, das größte, das ich je gesehen hatte. Auch die Insekten, die sie gefangen hatte, waren riesig. Das Netz selbst sah so zart und zerbrechlich aus, dass man meinen konnte, sie könnten durchfliegen, aber das taten sie nicht und waren gefangen.

Spinnenseide ist ein ganz erstaunliches Material. Im Verhältnis zu ihrem Gewicht ist sie fünfmal so stark wie Stahl, sie ist aber feiner als ein menschliches Haar und kann um das Mehrfache ihrer Länge gedehnt werden, bevor sie bricht. Das alles sind Gründe genug, damit sich Wissenschaftler:innen zum Ziel gesetzt haben, sie künstlich herzustellen. Sie kennen den genetischen Aufbau und haben die Gene identifiziert, die für die Produktion von Spidroin zuständig sind, dem Hauptprotein in Spinnenseide. Für die Herstellung künstlicher Spinnenseide müssen die Spidroine jedoch in Konzentrationen von bis zu 50 Prozent (Gewicht zu Volumen) löslich gehalten und dann schnell in Fäden umgewandelt werden. Um Proteine industriell herzustellen, braucht es viel Zeit, Geld und Energie, denn es muss verhindert werden, dass sie sich zusammenfalten und verklumpen. Aber auch bei diesem Problem kann man sich an den Lösungen der Spinne orientieren.

Spinnen sind sehr gut darin, Proteine in hoher Konzentration löslich zu halten. Wissenschaftler:innen in Schweden haben sich dies mit einem Verfahren zunutze gemacht, das kilometerlange Fasern aus künstlicher Spinnenseide herstellt. Professor Anna Rising von der Swedish University of Agricultural Sciences in Uppsala und Professor Jan Johansson vom Karolinska-Institut in Stockholm haben die Arbeit durchgeführt. Es ist ein komplexer Prozess, aber sie haben einen Weg gefunden, neue Spinnenseidenproteine so herzustellen, dass sie in Konzentrationen von bis zu 50 Prozent löslich gehalten werden können, wie in den seidenproduzierenden Drüsen der Spinnen. Diese Seide wird von Bakterien hergestellt.

Um diese Fasern herzustellen, ahmten die Forscher die Spinndrüsen einer Spinne nach, indem sie die Proteinlösung durch eine Kapillare (extrem enges Rohr) in eine Lösung mit niedrigem pH-Wert gepumpt haben. Die resultierenden künstlichen Fasern haben die gleiche Struktur oder Konformation wie natürliche Spinnenseide und halten Belastung in ähnlicher Weise aus. Das Team erforscht nun Möglichkeiten, wie diese Fasern in Konstruktionen und in dreidimensionalen Strukturen in der Forschung sowie in der klinischen Anwendung benutzt werden können.

MEDIKAMENTE ABSONDERNDE FÄDEN

In der Zwischenzeit haben ein Spinnenexperte und ein Chemiker an der Nottingham University eine synthetische Spinnenseide hergestellt, die antibiotische Eigenschaften hat. Dies könnte in zweierlei Hinsicht nützlich sein – um Medikamente zu verabreichen und um das Infektionsrisiko bei der Versorgung offener Wunden niedrig zu halten. Spinnenseide hat viele Vorteile bei der Wundversorgung: Sie ist nicht giftig, ist biologisch abbaubar, basiert auf Proteinen, und, ungewöhnlich für ein Protein aus einem anderen Organismus, sie führt nicht zu Entzündungen oder allergischen Reaktionen bei Säugetieren. Seit Jahrhunderten wird sie als Wundverband verwendet. Die alten Griechen und Römer haben sie auf die Wunden von Soldaten aufgetragen. Eine Mischung aus Honig und Essig wurde als Antiseptikum verwendet, um die Wunde zu reinigen, und dann wurden Knäuel aus Spinnenseide verwendet, um die Blutung zu stillen.

Das Team aus Nottingham begann mit Seide, die es mithilfe von Bakterien geklont hatte. Sie enthielt spezielle Aminosäuren, die normalerweise nicht in Proteinen vorkommen und die chemische Verbindungen mit Medikamenten oder anderen nützlichen Molekülen eingehen können. Die Seidenproteine verbinden sich zu Fasern, die bis zu einem Meter lang werden können. Sie ahmen nach, was passiert, wenn sie aus der Seidendrüse der Spinne ausgestoßen werden, ähnlich wie im schwedischen Experiment. An die Seide sind verschiedene Arten von Molekülen gebunden, darunter das Antibiotikum Levofloxacin, ein Medikament, das häufig zur Behandlung bakterieller Infektionen eingesetzt wird, sowie ein fluoreszierendes Molekül, mit dem der Abbau des Seidenverbands, der auf Wunden gelegt wird, überwacht wird.

Die Moleküle werden in einer Lösung aus synthetischer Spinnenseide befestigt, bevor die Proteine in die eigentlichen Stränge verwandelt werden. Das Ergebnis sind Seidenfasern, die mit sich langsam freisetzenden Antibiotika versehen sind. Eine mögliche Anwendung, so schlägt das Team vor, könnte die Behandlung von langsam heilenden Wunden sein wie bei diabetischen Fußgeschwüren. Die kontrollierte Freisetzung von Antibiotika bedeutet, dass eine Infektion verhindert werden kann. Geweberegeneration und Wundheilung könnten auch durch die Verwendung eines aus Seidenfasern gebildeten Netzes gefördert werden, das wie ein temporäres Gerüst wirken würde, an dem sich Zellen festsetzen können. Die Seide würde dann biologisch abgebaut werden. Es ist erstaunlich, dass das Spinnennetz, das mich als Kind so fasziniert hat, zu solch revolutionären Fortschritten in der Humanmedizin beitragen könnte.

DAS SPINNENNETZ ALS WARNZEICHEN

Ist Ihnen das auch schon einmal passiert? Sie sitzen ganz ruhig da, und plötzlich gibt es einen lauten Knall am Fenster. Wenn Sie sich umdrehen, sehen Sie nur den staubigen Abdruck eines Vogels. Was wie Staub aussieht, ist in Wirklichkeit Pulver, eine Substanz, die neue Federn schützt. Diese Zusammenstöße kommen erstaunlich häufig vor. Ornithologen schätzen, dass allein in den USA jährlich über 350 Millionen Vögel sterben, nachdem sie gegen Fenster, Mauern und andere von Menschenhand geschaffene Strukturen geknallt sind. Diese Zusammenstöße gehören zu den größten Bedrohungen für Vögel. Ihr Retter, zumindest was das Glas betrifft, könnte die Spinne und ihr Netz sein.

Spinnennetze sind ein magisches Naturspektakel. Während meiner Kindheit in England waren der Nebel, der über den Feldern hängt, und die vom Tau glitzernden Spinnennetze, die von Sträuchern und Bäumen baumeln, das Schönste an einem frühen Herbstmorgen. Einige dieser Netze, insbesondere die der großen Gartenspinnen – die Echten Radnetzspinnen –, können einen Durchmesser von bis zu einem Meter erreichen, aber das ist winzig im Vergleich zum Netz einer in Madagaskar lebenden Spinne – die *Caerostris darwini* (»Darwins Rindenspinne«). Ihr Netz kann bis zu 25 Meter breit sein, was der Standardlänge eines Schwimmbeckens entspricht. Und das Bemerkenswerte an diesen Netzen ist, dass sie im Allgemeinen intakt sind. Vögel fliegen darüber hinweg, wenn sie Insekten jagen, sie verfangen sich nicht in den feinen Maschen. Wie kommt das?

Es hat sich herausgestellt, dass die Spinnen ihre Netze mit UV-reflektierenden Fäden, den Stabilimenta, dekorieren. Wir Menschen können UV-Licht nicht sehen, aber Vögel schon, und die Forschung hat gezeigt, dass diese UV-reflektierenden Fäden dazu beitragen, dass nicht so viele große Vögel ins Netz fliegen. Ein deutsches Unternehmen hat das UV-Muster des Netzes einer Echten Radnetzspinne nachgeahmt, um damit Glasfenster zu beschichten und eine Oberfläche zu schaffen, die Vögel davon abhält, gegen Fenster zu prallen.

Die Idee entstand in den späten 1990er-Jahren, als Dr. Alfred Meyerhuber, Rechtsanwalt und Hobby-Naturforscher, einen Artikel über Echte Radnetzspinnen und ihre Verwendung von Stabilimenta las. Er erzählte seinem Freund Hans-Joachim Arnold davon, dem Inhaber von Arnold Glas, einem Hersteller von Isolierglasprodukten in Remshalden. Meyerhuber fragte sich, ob die Eigenschaften von Spinnennetzen auf Glas übertragen werden könnten, um so die Zahl der Vogelkollisionen zu verringern. Arnold war fasziniert von der Idee.

Angesichts der Beliebtheit von großen Fenstern und Glaswänden in modernen Gebäuden und von Millionen Vögeln, die weltweit jedes Jahr bei Kollisionen mit Fensterglas getötet werden, war keine Zeit zu verlieren. Zunächst brauchte der Vorstand ein wenig Überzeugungsarbeit, aber Arnold gelang es, ihn zu überzeugen, und sein Unternehmen machte sich an die Arbeit, ein Produkt zu entwickeln, das die gleichen UV-reflektierenden

Eigenschaften wie Spinnenseide haben sollte. Sie arbeiteten mit ihrer Schwesterfirma zusammen, um eine gemusterte Beschichtung für Glas zu entwickeln, die nur für Vögel sichtbar ist, die UV-Licht wahrnehmen können, und kaum für das menschliche Auge.

Die Unternehmen testeten viele verschiedene Beschichtungsarten und Muster, und sie fanden heraus, dass eine gemusterte Beschichtung statt einer glatten den Kontrast zwischen den behandelten und unbehandelten Bereichen intensiver macht. Die beschichteten Teile reflektieren das UV-Licht, während der Bereich zwischen den beiden Glasschichten das UV-Licht absorbiert. Die beiden Funktionen zusammen verstärken den Reflexionseffekt, und obwohl das Muster eines Spinnennetzes zur ursprünglichen Idee geführt hatte, entwarf das Team sein eigenes Muster für die Fensterbeschichtung, um sie anwendbar zu machen. Ist das Experiment gelungen?

Wissenschaftler:innen des Max-Planck-Instituts für Ornithologie haben das Glas unabhängig getestet. Eine Vielzahl von Vogelarten wurde in einem neun Meter langen Tunnel freigelassen. Am anderen Ende des Tunnels waren zwei Glasscheiben: eine Kontrollscheibe aus Standardglas und eine Scheibe aus dem UV-Testglas. Es wurden mehr als tausend Testflüge durchgeführt, bei denen die Vögel freigelassen wurden und den Tunnel durch eine der Öffnungen zu verlassen versuchen sollten. Damit sich kein Vogel während des Tests verletzte, wurde ein Netz vor die Scheiben gehängt. Die Forscher zeichneten die Flugbahn jedes Vogels auf, und die Ergebnisse zeigten, dass die Vögel deutlich häufiger zum Standardglas als zum UV-Testglas flogen. Daraus wurde geschlossen, dass die Vögel den UV-Marker als Hindernis wahrnehmen. In jüngerer Zeit hat das Unternehmen mit der American Bird Conservancy zusammengearbeitet und nimmt an deren Testprogramm teil.

Es gibt noch weitere Produkte und andere Arten von Glasfenstern, die Vögel abschrecken, aber in diesem Fall geht die Erfindung auf das Spinnennetz zurück. Wenn Sie also das nächste Mal vor einer Spinne in der Badewanne weglaufen oder sie den Abfluss hinunterspülen wollen, halten Sie inne und denken Sie darüber nach, ob Sie wirklich ein Lebewesen töten wollen, das so vielen Vögeln das Leben retten kann.

DIE MASCHINEN KOMMEN NICHT, SIE SIND SCHON DA

Ich gebe zu, dass die Feststellung »Die Maschinen kommen nicht, sie sind schon da« ziemlich bedrohlich klingt, aber in vielerlei Hinsicht fasst sie die Biomimikry gut zusammen. Bevor wir uns den Einzelheiten zuwenden, möchte ich mich zunächst bei Ihnen bedanken, dass Sie sich die Zeit genommen haben, mein erstes Buch zu lesen. Wenn es um Tiere geht, fühlen wir uns auf eine Weise verbunden, die über Sprache und Kultur hinausgeht. Ich weiß nicht, woher dieses Gefühl kommt. Vielleicht liegt es daran, dass wir uns häufig von den anderen Lebewesen, mit denen wir auf der Erde leben, getrennt sehen, aber wenn wir mit den schieren Wundern und der Schönheit des Planeten konfrontiert werden, haben wir keine andere Wahl, als uns einzugestehen: Wir sind eins mit der Erde, und die Erde ist eins mit uns.

Ich kann mir vorstellen, dass Ihnen jetzt der Kopf schwirrt, nachdem Sie die Natur durch die Brille des biologisch inspirierten Einfallsreichtums betrachtet haben. Welche war Ihre Lieblingsgeschichte? Die unerschrockenen Abenteuer der raumfahrenden Bärtierchen oder die ihre Gestalt und Farbe wechselnden Kraken? Die Eiablage der parasitoiden Wespen ist zweifellos eine der gruseligen Geschichten in diesem Buch, aber ich bin mir sicher, dass Sie sogar diesen Tieren etwas abgewinnen konnten. Wenn Sie Ihre Gedanken über eines dieser Kapitel mit anderen Leser:innen teilen möchten, dann beteiligen Sie sich an der Diskussion unter dem Hashtag #30AnimalsBook.

Und wie geht es jetzt weiter? Nun, ich denke, es gibt keinen Zweifel daran, dass die unglaublich inspirierende Biomimikry weiterhin ein zentraler Bestandteil der Art und Weise sein wird, wie wir Menschen Produkte der Zukunft entwerfen und herstellen. Ein Aspekt dieser Zukunft, den ich faszinierend finde und nicht ignorieren kann, ist die Entwicklung der künstlichen Intelligenz (KI). Die KI ist Teil einer umfassenderen Disziplin der Informatik, die heute weitgehend das Studium des maschinellen Lernens und der künstlichen allgemeinen Intelligenz umfasst. Diese Bereiche sind zwar noch kein Abbild der echten künstlichen Intelligenz, aber sie sind die jungen Wissenschaften, die meiner Meinung nach zweifellos zu einer sich ihrer selbst bewussten, nicht biologischen Intelligenz führen werden.

Das klingt ein wenig beängstigend, vor allem, wenn man eine zukünftige Welt visualisiert, die von Skynet-Terminatoren und Hal 9000 überrannt wird. Das ist ein beunruhigender Gedanke, aber ich habe beschlossen, dass der einzige Weg, diese Angst und Ungewissheit zu überwinden, darin besteht, dass wir uns mit der Entwicklung von KI auseinandersetzen und unser Bestes tun, um zu verstehen, wie sie funktioniert. In Anbetracht des Themas dieses Buches ist es ein geeigneter Ansatzpunkt, die künstliche Intelligenz als ein direktes Ergebnis der Biomimikry zu sehen; schließlich ist es ein Wissenschaftszweig, der versucht, von der Natur zu lernen und sie nachzuahmen.

Nach Ansicht vieler Expert:innen auf dem Gebiet der Computerwissenschaft gibt es angeblich drei wichtige Bausteine für künstliche Intelligenz: Eingabe, Aktion und Verarbeitung. Im Laufe der vergangenen Jahre sind große Fortschritte in jedem dieser Bereiche gemacht worden. Mit »Eingabe« assoziiere ich die Fähigkeit, die Welt um einen herum wahrzunehmen. Tiere sind uns in diesem Spiel schon immer überlegen; ob es Raubvögel sind, die ihre gestochen scharfen Augen nutzen, um Beute zu fangen, oder Elefanten, die das tiefe, unmerkliche Rumpeln von Infraschall aufspüren und so zu Regenwasser gelangen. Im Vergleich zu uns sind viele Tiere mit Supersinnen ausgestattet, und auch in der Welt der Maschinen nimmt die Sinnesfähigkeit viele beeindruckende Formen an. Hochmoderne Kameras gehen leicht über den Bereich des sichtbaren Lichts hinaus und können über das gesamte elektromagnetische Spektrum hinweg sehen; sie erkennen nicht nur Galaxien, sondern auch Planeten, die Lichtjahre von der Erde entfernt sind. Auch das Erkennen von Schall ist für Maschinen ein Kinderspiel. Selbst die Geruchswahrnehmung, ein so komplexer Sinn, dass er unseren Geist in eine bestimmte Zeit, einen bestimmten Ort und ein bestimmtes Gefühl versetzen kann, ist im Bereich der Bioinformatik hervorragend. Forscherteams arbeiten bereits an der Entwicklung einer elektronischen Nase, die die Geruchswahrnehmung von Hunden nachahmt. In Anbetracht der erstaunlichen Fähigkeit von Hunden, die darauf trainiert werden können, die frühen Stadien von Krebs sowie Coronavirus-Infektionen zu erschnüffeln, hat eine elektronische Nase das Potenzial, die medizinische Diagnostik und das gesamte globale Gesundheitssystem zu revolutionieren. Und das alles dank des ältesten und treuesten Freundes des Menschen.

Wenn es um »Aktion« geht, denke ich an die Kategorie Bewegung und an die Fähigkeit eines Geparden, mit bis zu 128 Stundenkilometern zu sprinten, oder an einen Gibbon, der sich geschickt in todesmutigen Sprüngen 60 Meter über dem Boden durch das obere Blätterdach schwingt. Im Tierreich gibt es viele hervorragende Beispiele der Fortbewegung, die uns in den Schatten stellen. Bis vor Kurzem war dies ein Bereich, in dem Maschinen nicht so gut waren. Fortbewegungsversuche von Robotern haben im Laufe der Jahrzehnte immer ziemlich komisch, wenn nicht sogar lächerlich ausgesehen, aber das behalten wir am besten für uns. Wir wollen ja nicht auf der Feindesliste der KIs landen …

1973 war WABOT-1 der erste Roboter, der wie ein Mensch gehen konnte, obwohl er für jeden Schritt quälende 45 Sekunden brauchte. Dann kam ASIMO. Er wurde im Jahr 2000 von Honda entwickelt und konnte nicht nur laufen, sondern auch bewegliche Objekte in seiner Umgebung wahrnehmen sowie Geräusche, Gesichter und Gesten, die es ihm ermöglichen, mit Menschen zu interagieren. Während einer Vorführung im Jahr 2006 endete sein Versuch, eine kleine Treppe zu erklimmen, in einem der ikonischsten »Roboterversagen«-Momente, die sich im Internet finden lassen. Vor einer staunenden Menge kippte er um und wurde zu einem teuren Haufen mit Fehlfunktionen. Das Debakel wurde noch besser, nachdem fassungslose Bühnentechniker herbeieilten, um Wandschirme um ASIMO herum zu platzieren, was einige als vergeblichen Versuch bezeichneten, »seine Würde zu schützen«. Doch zum Glück für uns hat ein aufmerksamer Zuschauer, der die Vorführung live mitverfolgt hat, den gesamten Clip ins Internet gestellt, und er wurde millionenfach angeklickt. Fairerweise sollten wir mit ASIMO nicht zu hart ins Gericht gehen, denn er war ein Laufroboter, der den Weg für die Zweibeinigkeit vieler anderer humanoider Maschinen geebnet hat.

Seitdem hat sich sehr viel weiterentwickelt. Da wir gerade bei viralen Videos waren: Suchen Sie mal im Internet nach »Spot« von Boston Dynamics. Dieser vierbeinige Roboter bewegt sich genau wie ein Hund. Wahrscheinlich ist er eine der fortschrittlichsten lebensechten Maschinen, die Sie jemals zu Gesicht bekommen haben. Er korrigiert sogar seine Haltung, wenn Tester versuchen, ihn zu treten, obwohl ich mir nicht sicher bin, was ich davon halte, Roboter zu treten. Das wirft eine neue Reihe von ethischen Fragen auf. Sollten wir uns Gedanken darüber machen, wie wir mit Robotern umgehen? Im Moment ist das Thema vielleicht noch nicht dringlich genug, aber das ändert sich, sobald der letzte Baustein der künstlichen Intelligenz die endgültige Schwelle zum Bewusstsein überschreitet.

Damit sind wir bei der »Verarbeitung« oder, wie ich es gerne nenne, Gehirnleistung. Für mich fällt diese Gehirnleistung grob in zwei Kategorien: die Fähigkeit, Informationen zu berechnen und Informationen zu verarbeiten, und die Fähigkeit, selbstgesteuerte Entscheidungen zu treffen. Ersteres beherrschen Computer schon seit geraumer Zeit. Zwischen 1943 und 1945 waren die Colossus-Maschinen – die ersten programmierbaren elektronischen Digitalcomputer – von unschätzbarem Wert für die britischen Codebrecher in Bletchley Park bei der Entschlüsselung riesiger Mengen hochrangiger militärischer Informationen des deutschen Oberkommandos, eine Aufgabe, die für unser menschliches Gehirn viel zu hoch war und ist, um sie ohne Hilfe zu bewältigen. 1997 haben wir Computer eingesetzt, um eine andere Art Krieg des Geistes zu führen, als der Schachweltmeister Garri Kasparow zum ersten Mal von IBMs »Deep Blue« besiegt wurde. Einer meiner Favoriten fand erst kürzlich im Jahr 2016 statt, als in einem emotionalen Turnier »AlphaGo«, entwickelt von Googles DeepMind-Projekt, den 18-fachen Weltmeister Lee Sedol in dem 2500 Jahre alten chinesischen Brettspiel Go besiegt hat; ein abstraktes Strategiespiel, das so komplex ist, dass es mehr Positionskombinationen als Atome im gesamten Universum gibt. Abgesehen von den Spielen ist es die Nutzung dieser Rechenleistung, die es uns ermöglicht hat, neue Medikamente zu entdecken, Menschen auf den Mond zu schicken und die uns schließlich zum Mars und darüber hinaus bringen wird. Aber damit ein Computer ein echtes Gefühl der Erkenntnis bekommt und mehr ist als nur die Summe seiner Teile, ist mehr erforderlich, als nur Zahlen zu berechnen.

Intelligenz, und ich meine echte Intelligenz, ist der Heilige Gral der Computertechnik. Um es mit den Worten von Edward Feigenbaum zu sagen, einem bedeutenden interdisziplinären Computerwissenschaftler unserer Zeit: »Das, was wir KI nennen – Computer, die intelligente Dinge tun –, ist die offenkundige Bestimmung der Informatik.« Ich würde sogar noch einen Schritt weitergehen und hinzufügen, dass dies das offensichtliche Schicksal der Menschheit ist.

Viele von uns mögen sich zwar schwertun mit der Idee einer Zukunft, in der wir an der Seite intelligenter Maschinen leben, aber in vielerlei Hinsicht sind wir bereits von intelligenten Computern umgeben. Wir haben Autos, Kühlschränke, Fernseher und ganze Häuser, in denen eine »intelligente« Computerschnittstelle eingebaut ist. Diese Maschinen, denen wir so viele Aspekte unseres Lebens anvertrauen, können sogar – dank des Internets – mit anderen vernetzten Maschinen kommunizieren. In diesen Beispielen tun die Computer jedoch einfach das, wozu sie programmiert wurden. Um über ihre Programmierung hinauszugehen und sich vielleicht sogar ihrer selbst bewusst zu werden, müssen Maschinen die Fähigkeit erlernen, sowohl etwas über ihre Welt zu lernen als auch einen Schritt weiterzugehen und eine fundierte Entscheidung zu treffen, vorherzusagen, was in der Zukunft passiert, basierend auf Erfahrungen aus der Vergangenheit. Dies ist ein wichtiges Element der Intelligenz, das sich bei Menschen wie auch bei anderen Lebewesen, einschließlich Primaten und Vögeln, findet. Ein Beispiel, das mich angenehm überrascht hat, als ich vor ein paar Jahren den BBC-Dokumentarfilm *The Life of Birds* gesehen habe, war, dass superschlaue Krähen in der japanischen Stadt Akita eine geniale Methode entdeckt hatten, schwer zu öffnende Nüsse mithilfe von Autos zu knacken. Diese Vögel sitzen geduldig auf den Ampelschildern von Fußgängerüberwegen und bewegen sich erst dann, wenn sie sehen, dass die Ampel umschaltet. Wenn die Menschen beginnen, die Straße zu überqueren, fliegen die Vögel zum Boden, um ihre hartschaligen Nüsse daraufzulegen, und kehren wieder zu ihrem sicheren Sitzplatz zurück. Auch ohne die Fußgängeraktivität kann man sie immer wieder bei dieser Handlung beobachten. Sobald sich die Autos in Bewegung setzen, rollen sie über die Nüsse und nehmen den Krähen die harte Arbeit des Aufknackens ab. Man nimmt an, dass dieses Verhalten in einer Fahrschule in Sendai, Japan, in den 1970er-Jahren seinen Anfang genommen hat, von dort hat sich das Wissen auf die Vögel in den umliegenden Gebieten ausgebreitet. Es zeigt auf wunderbare Weise, wie Tiere komplizierte Aufgaben lösen, indem sie in die Zukunft gerichtet denken. Forschungsstudien haben gezeigt, dass Krähen genauso intelligent sind wie viele siebenjährige Kinder, wenn nicht sogar noch intelligenter.

Diese Fähigkeit, aus früheren Erfahrungen zu lernen, ist ein typisches biologisches Verhalten. Lässt es sich auch digital nachahmen, und wenn ja, wie? Die Antwort auf diese Frage könnte in genetischen Algorithmen liegen, und das führt uns interessanterweise dorthin zurück, wo alles anfing: zu Charles Darwin und seiner guten, altmodischen Theorie der natürlichen Selektion.

Genetische Algorithmen sind eine Art von Suchheuristik, einfach ausgedrückt »computerbasierte Problemlösungsverkürzungen«. Diese genetischen Algorithmen sind direkt inspiriert von Charles Darwins Theorie der Evolution durch natürliche Selektion. Sie basieren auf Standard-Rechenalgorithmen, die ihrerseits im Wesentlichen eine genau definierte Reihe von Anweisungen sind, die Computern helfen, komplexe Probleme leichter zu lösen. Genetische Algorithmen sind so konzipiert, dass sie biologisch inspirierte Prozesse wie DNA-Mutation, Chromosomenkreuzung und natürliche Selektion nutzen. Wenn Sie jetzt bei all dem Fachchinesisch Lust bekommen haben, Ihre überhitzte Birne in den Gefrierschrank zu stecken, keine Sorge, ich bin auch noch dabei, das Konzept zu begreifen – aber Sie können es sich so vorstellen: Ähnlich wie die Eisbären in der Lage waren, sich an die Herausforderungen einer neuen und extremen Umwelt anzupassen – dank einer Mutation in der Farbe ihres Fells –, können auch Algorithmen mutieren und mit anderen Algorithmen »Nachkommen« zeugen, sich dadurch anpassen und über die Grenzen ihrer ursprünglichen Programmierung hinausgehen. Ich weiß nicht, wie es Ihnen geht, aber für mich klingt das sehr nach »Denken«.

Die künstliche Intelligenz befindet sich eindeutig noch in den Kinderschuhen, aber es könnte gut sein, dass genetische Algorithmen einer der Fortschritte sind, die diese noch junge Technologie auf die nächste Stufe heben. Dennoch bleibt die Frage: Öffnen wir mit all dem eine Büchse der Pandora, die wir nie wieder schließen können? Sollten wir womöglich aufhören, solange wir noch einen Vorsprung haben? Andererseits gibt es viele

Argumente, die für dieses beherzte Unterfangen sprechen. Um noch einmal Edward Feigenbaum zu zitieren: »Wenn wir nicht verstehen, was uns selbst außergewöhnlich gemacht hat, wissen wir nicht genug, um auch in Zukunft außergewöhnlich zu sein.«

Wer weiß, vielleicht ist die Welt der KI näher, als wir denken, und eines Tages wird sich eine Maschine mit Bewusstsein finden, die ein ähnliches Buch wie dieses schreibt. Nur dass es dann um Geschichten gehen wird, wie Menschen die Maschinen klüger gemacht haben.